PROBLEMAS RESUELTOS DE

ACCIONAMIENTOS ELÉCTRICOS

CON MATLAB®

PROBLEMAS RESUELTOS DE

ACCIONAMIENTOS ELÉCTRICOS

CON MATLAB®

Jesús Fraile Mora

Catedrático Emérito de Ingeniería Eléctrica

Universidad Politécnica de Madrid

Jesús Fraile Ardanuy

Departamento de Electrónica Física, Ingeniería Eléctrica

y Física Aplicada

E.T.S. de Ingenieros de Telecomunicación

Universidad Politécnica de Madrid

grupo editorial

PROBLEMAS RESUELTOS DE ACCIONAMIENTOS ELÉCTRICOS CON MATLAB®

Jesús Fraile Mora; Jesús Fraile Ardanuy

ISBN: 978-84-1903-454-0

IBERGARCETA PUBLICACIONES, S.L., Madrid, 2024

Edición: 1ª

Nº de páginas: 278

Formato: 17 × 24 cm.

Materia IBIC: THR. Ingeniería eléctrica

Problemas resueltos de accionamientos eléctricos con MATLAB®

ISBN: 978-84-1903-454-0

© Jesús Fraile Mora; Jesús Fraile Ardanuy

COPYRIGHT © 2024 IBERGARCETA PUBLICACIONES, S.L.

IMAGEN DE PORTADA: Vilkasss en Pixabay

Edición: 1ª.

Impresión: 1ª.

Depósito legal: M-18316-2024

Impresión: Imprime Tu Letra S.L.

OI: 0022/2026

«El aprendizaje continuo es esencial para estar preparados en un mundo en constante evolución»

Alvin Toffler (1928-2016)
(del libro: *El shock del futuro*)

Contenido

Prólogo

Este libro de Problemas de Accionamientos Eléctricos es el complemento ideal del texto de *Accionamientos Eléctricos, 3ª Edición,* escrito por los autores y publicado por Ibergarceta Grupo Editorial en el año 2024. En este libro de problemas se han resuelto con detalle todos los ejercicios propuestos en la obra mencionada y que fueron una gran novedad de esa edición.

Recomendamos con el mayor ahínco a los estudiantes que utilicen este libro de problemas, que se esfuercen al máximo en comprender las ideas físicas subyacentes que aparecen en los diversos ejercicios en lugar de memorizar los mismos. La memorización es antónima del aprendizaje verdadero. Los estudiantes tienden enseguida a aplicar recetas para la resolución de los problemas, olvidándose muy a menudo de las partes más sustanciales de los mismos.

Nuestro consejo es que si al resolver algún problema aparece alguna dificultad, es síntoma de que la parte correspondiente de la asignatura no ha sido suficientemente asimilada y requiere un estudio suplementario. Conviene entonces repasar la teoría nuevamente y volver a intentar la solución. Lo importante no es hacer muchos ejercicios, sino entender lo que se está haciendo. En definitiva hay que *aprender a aprender*; esta es la frase mágica de todo proceso educativo.

En este libro se resuelven los problemas con suficiente detalle para evitar lagunas innecesarias, sintetizando en algunos casos los conceptos teóricos imprescindibles para su correcto empleo e interpretación. En los ejercicios más complejos se ha incluido una «teoría previa» que ayuda a entender los fenómenos que se manifiestan en el problema. Suele ser frecuente que en algunos ejercicios aparezcan ecuaciones de funcionamiento de convertidores electrónicos de tipo trascendente, que se solucionan fácilmente por el procedimiento de «ensayo y error»; a veces también surgen ecuaciones diferenciales o integrales, que no suelen ser muy difíciles de resolver y que en el libro se solucionan de forma analítica para que el estudiante universitario se acostumbre a tener rigor en el planteamiento de los problemas.

Hay que reconocer que en los últimos años se ha difundido extraordinariamente la aplicación de los ordenadores en la ciencia y en la tecnología; es por ello que se ha considerado de gran interés pedagógico el completar la resolución de algunos problemas utilizando el conocido software informático MATLAB® muy divulgado en el mundo universitario. Debido a esta cultura previa que suelen tener los estudiantes, se ha aprovechado este conocimiento para completar algunas soluciones de los ejercicios intercalando instrucciones de MATLAB® para resolver ecuaciones transcendentes y ecuaciones diferenciales o integrales que aparecen en el estudio de los accionamientos eléctricos. También se ha utilizado este software para dibujar las respuestas de los accionamientos de un modo gráfico, lo que contribuye a esclarecer con sus detalles la forma en que trabajan los convertidores electrónicos.

De cualquier manera, es nuestra opinión que lo más importante es que el estudiante comprenda bien los conceptos para enriquecer su formación. Cuando se hacen los cálculos de forma analítica, es cuando se reflexiona y se ahonda en lo que se está trabajando y es después de comprender la teoría cuando es apropiado emplear un software que facilite los cálculos analíticos. Nuestra experiencia docente nos dice que muchos estudiantes utilizan la simulación con ordenador, sin dedicar el tiempo suficiente para comprender los fenómenos físicos que están analizando, que es lo verdaderamente importante. Queremos advertir que esta forma de proceder no es el método más adecuado para lograr un provechoso rendimiento del estudio y supone sin ninguna duda una tara en el proceso de aprendizaje.

Quisiéramos finalizar este prólogo para agradecer a nuestras familias la gran paciencia y tolerancia mostradas durante la preparación de este libro y por comprender nuestra vocación docente, por su aliento y comprensión, y a quienes esta obra les ha restado muchas horas de convivencia.

Los autores quieren también dar las gracias a Concepción Fernández Madrid, editora universitaria de Garceta Grupo Editorial (Ibergarceta Publicaciones, SL), por su tenacidad y esfuerzo para conseguir que este texto fuera ya una realidad.

Jesús Fraile Mora
Jesús Fraile Ardanuy

Madrid, 15 de mayo de 2024
Festividad de San Isidro

Acerca de los autores

Jesús Fraile Mora

Jesús Fraile Mora, natural de Ayerbe (Huesca). Perito Industrial, Rama Eléctrica, por la Escuela Técnica de Peritos Industriales de Zaragoza, 1965. Ingeniero de Telecomunicación, Rama Electrónica, por la E.T.S. de Ingenieros de Telecomunicación de Madrid, 1970. Doctor Ingeniero de Telecomunicación por la Universidad Politécnica de Madrid, 1974. Licenciado en Ciencias, Sección de Físicas, por la Universidad Complutense de Madrid, 1976.

Maestro de Laboratorio de Electrotecnia de la E.T.S. de Ingenieros de Telecomunicación de Madrid, 1967-71. Profesor Adjunto de Laboratorio de Electrotecnia de la E.T.S. de Ingenieros de Telecomunicación de Madrid, 1972-75. Catedrático de Electrotecnia de la Escuela Universitaria de Ingeniería Técnica de Obras Públicas de Madrid, 1972-78. Profesor Adjunto de Máquinas Eléctricas de la E.T.S. de Ingenieros Industriales de Madrid, 1975-78.

Catedrático de Electrotecnia de la E.T.S. de Ingenieros de Caminos, Canales y Puertos de la Universidad de Santander, 1978-80. Catedrático de Electrotecnia de la E.T.S. de Ingenieros de Caminos, Canales y Puertos de la Universidad Politécnica de Madrid, desde el año 1980 hasta su jubilación en el año 2016. Catedrático Emérito de la UPM, desde el año 2016, continuando en la actualidad.

Director del Departamento de Energética de la Universidad de Santander, 1978-80. Secretario General de la Universidad de Santander, 1979-80. Secretario de la E.T.S. de Ingenieros de Caminos, Canales y Puertos de Madrid, 1981-82. Subdirector de Investigación y Doctorado de la E.T.S. de Ingenieros de Caminos de Madrid, 1983-86. Director del Departamento de Ingeniería Civil: Hidráulica y Energética de la UPM, 1994-2004. Desde el año 2012 es *Life Senior Member* del IEEE (Institute of Electrical and Electronic Engineers).

Premio de la Fundación General de la Universidad Politécnica de Madrid, a la labor docente desarrollada por un profesor en su vida académica, año 1991. Medalla de Oro de la Asociación Española para el Desarrollo de la Ingeniería Eléctrica, año 2005. Premio a la Excelencia Docente de la Universidad Politécnica de Madrid, año 2008. Premio Clemente Saénz Ridruejo, al mejor profesor de la E.T.S. Ingenieros de Caminos, Canales y Puertos de la UPM, concedido por la Delegación de Alumnos, Curso 2011-2012. En el año 2020 recibió del Capítulo Español de la Sociedad de Energía y Potencia (PES) del IEEE, el premio *IEEE PES Chapter Outstanding Engineer Award*, en reconocimiento a su contribución por la transferencia de conocimiento a las nuevas generaciones de la comunidad de la ingeniería eléctrica.

Autor de numerosos libros de texto y artículos en el área de Ingeniería Eléctrica que incluyen diversas aportaciones a la historia de la ingeniería eléctrica, presentadas en diversos congresos internacionales y en revistas científicas. A este respecto, es de destacar la publicación de los siguientes libros: Genios de la Ingeniería Eléctrica. De la A a la Z, editado en el año 2006 por la Fundación Iberdrola y Personajes Notables de las Tecnologías de la Información y las Telecomunicaciones, editado en el año 2013, por la Fundación Rogelio Segovia para el Desarrollo de las Telecomunicaciones (Fundetel, ETS de Ingenieros de Telecomunicación de la Universidad Politécnica de Madrid). Ha recibido además el Premio de la Fundación General de la Universidad Politécnica de Madrid al mejor libro de texto escrito por un profesor de la UPM por el libro: Electromagnetismo y Circuitos Eléctricos, año 1993.

Los últimos libros publicados, como autor o coautor en la editorial Ibergarceta son los siguientes: Instrumentación aplicada a la Ingeniería, 3ª edición (año 2013); Problemas de Máquinas Eléctricas, 2ª edición (año 2015); Máquinas Eléctricas, 8ª edición (año 2016); Ingeniería de Control, Aplicaciones en MATLAB (año 2018); Circuitos Eléctricos, 2ª edición (año 2019), Problemas de Circuitos Eléctricos, 2ª edición (año 2019), Electromagnetismo: Teoría y Problemas, 2ª edición (año 2022); Cronología de la Ingeniería Eléctrica (año 2022); Electrotecnia para Ingenieros (año 2022); Accionamientos Eléctricos, 3ª edición (año 2024) y Problemas de Accionamientos Eléctricos (año 2024).

La labor investigadora desarrollada incluye los temas de estabilidad de sistemas eléctricos de potencia; comportamiento transitorio de máquinas síncronas; regulación electrónica de velocidad de motores asíncronos (o de inducción) trifásicos; sistemas de almacenamiento de energía eléctrica mediante bobinas superconductoras SMES; diseño magnético y acondicionamiento de la señal de caudalímetros electromagnéticos; desarrollo de sistemas de transferencia de energía eléctrica por acoplamiento inductivo; investigación de tecnologías de velocidad variable y control inteligente en la generación hidroeléctrica; investigación y desarrollo de un turbogenerador para la generación de energía eléctrica en la recarga artificial de acuíferos.

Está en posesión de dos patentes en colaboración con otros investigadores, una sobre circuitos de control de un caudalímetro electromagnético (N.º ES2.105.945 de España y N.º 543,822 en USA) y otra sobre sistema de transferencia de energía eléctrica por acoplamiento inductivo (N.º ES2.212.752 de España).

Jesús Fraile Ardanuy

Ingeniero de Telecomunicación (1996) y Dr. Ingeniero de Teleco-
municación (2003) por la Universidad Politécnica de Madrid
(UPM). Profesor Titular de Universidad en la UPM desde 2008.
Ha sido profesor invitado en la Universidad San Antonio Abad del
Cusco (Perú) y en la Universidad de Hasselt (Bélgica).

Desde 1997 a 2010 fue profesor en la ETSI de Caminos, Canales y Puertos (UPM),
donde impartió docencia en el área de ingeniería eléctrica y automática, desarrollando su
labor investigadora en el diseño de estabilizadores de sistema de potencia, generación y control de centrales hidroeléctricas de velocidad variable y diseño de controladores de tensión
de parques eólicos.

Desde 2010 es profesor en la ETSI de Telecomunicación, donde trabaja en sistemas de
generación eléctrica distribuida, vehículos eléctricos y redes inteligentes, siendo el represen-
tante de la UPM en el área de Vehículos Eléctricos en el convenio de colaboración de Cam-
pus Sostenible UPM-Illinois Institute of Technology (IIT). Ha colaborado también con
UPMRacing y UPM-MotoStudent en diversas labores de difusión de sus actividades sobre
movilidad eléctrica en distintos foros y pertenece a la Comunidad de Investigación Interdis-
ciplinar Transición hacia una Universidad Libre de Emisiones-TULE de la UPM.

Ha participado en más de 40 proyectos de I+D+i, liderando varios proyectos nacio-
nales y 2 proyectos europeos, siento autor de más de 40 artículos en revistas indexadas y
congresos internacionales y publicando más de 10 libros relacionados con el área de ingeniería eléctrica.

Es *Senior Member* del Institute of Electrical and Electronics Engineers, IEEE, donde ha
ocupado diversos puestos en la directiva de la Sección Española (siendo presidente de la
misma en el bienio 2018-2019) y siendo en la actualidad, el coordinador de la región 8 en el
comité IEEE Admission & Advancement Committee.

Pertenece al grupo de trabajo sobre Movilidad Cero Emisiones en el Transporte Pesado,
al Working Group WG6 sobre digitalización del sistema eléctrico y participación del cliente
del European Technology & Innovation Platforms (ETIPs) dentro Plan Estratégico de Tecnología Energética (*Strategic Energy Technology Plan, SET Plan*) y forma parte *del Electro-
Mobility Task Force* de la Alliance for Internet of Things Innvation (EMTF-AIOT).

A nivel de gestión, ha sido adjunto al subdirector Jefe de Estudios en la ETSI de Caminos, Canales y Puertos (2008-2010) y subdirector del departamento Tecnologías Especiales
Aplicadas a la Telecomunicación en la ETSI de Telecomunicación (2012-2014).

Desde mayo de 2021, es el Subdirector de Relaciones Internacionales y Empresas de la
ETSIT-UPM.

1

Dispositivos y convertidores electrónicos de potencia

1.1. En el circuito de la Figura 1.1, la corriente inicial en la inductancia de 200 mH es de 3 A en el sentido indicado. El interruptor S se cierra en $t = 0$ y permanece cerrado durante 100 ms y pasado este tiempo se abre.

a) Calcular la corriente que habrá alcanzado la inductancia al cabo de esos 100 ms.

b) Contestar a la pregunta anterior si la inductancia tiene una resistencia de 0,1 Ω.

c) En el caso anterior, ¿cuál será el valor de la corriente en la inductancia después de haber transcurrido otros 100 ms después de abrir el interruptor?

Nota. El diodo es ideal.

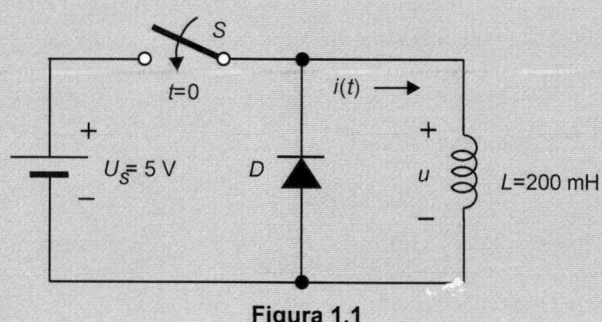

Figura 1.1

Solución

Teoría previa

Antes de abordar este ejercicio, vamos a recordar al lector la resolución sistemática de los transitorios de circuitos eléctricos de primer orden y que le será muy útil para resolver los problemas de este capítulo. Supóngase para ello que se parte de una ecuación diferencial del circuito de la forma normalizada siguiente:

$$\frac{df(t)}{dt} + \frac{f(t)}{\tau} = g(t) \tag{1}$$

En la expresión anterior $g(t)$ es la función de excitación de la ecuación diferencial (red eléctrica), $f(t)$ es la variable dependiente cuya evolución se quiere determinar y τ es la constante de tiempo, cuyo significado se comentará después. Como sabemos, la solución de la ecuación diferencial anterior tiene dos componentes: la *natural* o *libre* $f_n(t)$ y la *forzada* o *particular* $f_p(t)$ y que obedecen a las expresiones siguientes:

$$f_n(t) = A\ e^{-t/\tau} \quad : \quad f_p(t) = f_\infty(t) \tag{2}$$

La primera ecuación anterior, representa la respuesta natural del circuito, donde A es una constante y τ es la constante de tiempo y que para circuitos R-L tiene el valor $\tau = L/R$ y para circuitos R-C vale $\tau = RC$ (en general, la resistencia anterior R suele ser la resistencia del circuito equivalente de Thévenin R_{Th} que tiene como carga la inductancia L o la capacidad C). La segunda Ecuación (2) es la respuesta de régimen permanente de la red, es decir para $t = \infty$ y por ello se ha representado como $f_\infty(t)$. De este modo la solución completa de la ecuación diferencial (1) es la suma de las expresiones anteriores (2), es decir se cumple:

$$f(t) = A\ e^{-t/\tau} + f_\infty(t) \tag{3}$$

Hay que tener en cuenta que la constante A de la respuesta natural se determina para el tiempo inmediatamente posterior a la conmutación, cierre o cambio del circuito y que si éste se produce en el tiempo cero ($t = 0$), el inmediato siguiente se escribe $t = 0^+$ y el inmediato anterior se escribe $t = 0^-$), por lo que teniendo en cuenta (3) se puede escribir:

$$f(0^+) = A + f_\infty(0^+) \ \Rightarrow\ A + f(0^+) - f_\infty(0^+) \tag{4}$$

que al sustituir en (3) nos da la solución general de la ecuación diferencial de primer orden (1) y que responde a la expresión siguiente:

$$f(t) = [f(0^+) - f_\infty(0^+)] \cdot e^{-t/\tau} + f_\infty(t) \tag{5}$$

Esta ecuación representa por tanto la respuesta completa de un sistema de primer orden, en el que el primer término es la respuesta natural y el último es la respuesta en régimen permanente. Conviene recalcar algo más sobre la solución anterior. En primer lugar $f(0^+)$ se determina por el principio de continuidad de tensiones (condensadores) o corrientes (bobinas) en la red, por lo que $f(0^+)$ será igual a $f(0^-)$. El cálculo de la componente permanente $f_\infty(t)$ es bastante simple cuando se trata de redes de corriente continua, ya que en estos casos las inductancias se pueden sustituir por cortocircuitos y los condensadores por circuitos abiertos, dando lugar a una red resistiva que se resuelve fácilmente. En el caso de que los generadores presentes en la red sean de corriente alterna sinusoidal, la componente permanente $f_\infty(t)$ se determina con las técnicas que se conocen del estudio de los circuitos de c.a., es decir trasladando el circuito al *dominio del plano complejo* para calcular la respuesta fasorial de la red y retornando después al dominio del tiempo.

Debe recordarse de un curso de Teoría de circuitos, que generalmente el proceso de cálculo de transitorios en un circuito eléctrico de primer orden se suele realizar aplicando los siguientes pasos:

1. Se dibuja el circuito para $t < 0$ y se calcula el valor de régimen permanente de la corriente en la bobina (o tensión en bornes del condensador) en este circuito. Se determinan entonces las magnitudes correspondientes en $t = 0$. Se obtiene así la corriente previa en la inductancia $i_L(0^-)$ o la tensión previa en el condensador $u_C(0^-)$.

2. Se utiliza a continuación el principio de continuidad de la corriente en la inductancia, es decir se aplica la igualdad: $i_L(0^+) = i_L(0^-)$ o el de la tensión en el condensador y que es: $u_C(0^+) = u_C(0^-)$. Debe recordarse que estas igualdades proceden del hecho físico de que para una inductancia o bobina, la corriente no puede variar bruscamente, ya que la tensión en la misma debería hacerse infinita. Y de forma análoga o dual, la tensión en un condensador no puede variar bruscamente ya que la corriente debería hacerse infinita.

3. Se dibuja el circuito para $t > 0$ y se calcula la resistencia de Thévenin R_{Th} vista desde los bornes de la bobina o del condensador. Con ello se determina la constante de tiempo de la respuesta natural: $\tau = L/R_{Th}$, o $\tau = R_{Th}C$.

4. Se calcula la respuesta en régimen permanente (corriente en la bobina o tensión en el condensador) en el circuito para $t > 0$. Para ello si los generadores de la red son de c.c. entonces se debe sustituir previamente la bobina por un cortocircuito (impedancia nula en c.c.) y el condensador por un circuito abierto (impedancia infinita en c.c.). En el caso de que los generadores de la red sean de c.a. sinusoidal, se deben aplicar las técnicas de cálculo de los circuitos de c.a. en régimen permanente utilizando fasores.

5. Para concluir, se escribe finalmente la solución completa para $t > 0$ aplicando la Ecuación (5).

Con esta breve introducción teórica vamos a resolver el problema propuesto y así se tiene:

a) Al cerrar el interruptor S en $t = 0$, la fuente de c.c. de 5 V, alimentará a la inductancia L, (ya que no puede circular corriente por el diodo D al quedar polarizado inversamente) y de este modo se cumple la siguiente ecuación de carga de la inductancia:

$$u = L\frac{di}{dt} = U_s = 5 \tag{6}$$

Esta ecuación es muy simple y se puede integrar directamente sin problemas, lo que da lugar a:

$$\left[i(t)\right]_0^t = \int_0^t \frac{U_s}{L}dt = \frac{U_s}{L}t = i(t) - i(0) \quad \Rightarrow \quad i(t) = \frac{U_s}{L}t + i(0) = \frac{U_s}{L}t + 3 \tag{7}$$

que al sustituir los parámetros del circuito, es decir para:

$$U_s = 5 \text{ V}, L = 200 \text{ mH} = 0,2 \text{ H}, i(0) = 3 \text{ A}$$

y para un tiempo $t = 100$ ms $= 0,1$ s da lugar al siguiente resultado:

$$i(t) = \frac{5}{0,2}0,1 + 3 = 2,5 + 3 = 5,5 \text{ A} \tag{8}$$

En la Figura 1.2 se muestra la evolución correspondiente de la corriente anterior que circula por la inductancia L y que alcanza el valor final de 5,5 A a los 100 ms y esta magnitud se mantiene constante ya que a partir de este tiempo se abre el interruptor S.

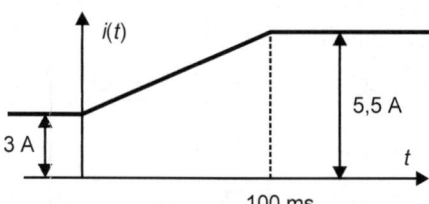

Figura 1.2

b) Si se supone que la inductancia tiene una resistencia de 0,1 Ω, al cerrar el interruptor S en $t = 0$, la fuente de c.c. de 5 V alimentará a la inductancia L y la ecuación diferencial de la carga entre 0 y 100 ms (0,1 s) es la siguiente:

$$U_s = 5 = Ri(t) + L\frac{di(t)}{dt} \tag{9}$$

De este modo la solución de la ecuación anterior, teniendo en cuenta (5) es de la forma:

$$i(t) = \left[i\left(0^+\right) - i_\infty\left(0^+\right)\right] \cdot e^{-t/\tau} + i_\infty(t) \tag{10}$$

donde se cumple:

$$i\left(0^{+}\right)=i\left(0^{-}\right)=3\text{A} \;\; ; \;\; i_{\infty}\left(t\right)=\frac{U_{s}}{R}=\frac{5}{0,1}=50 \text{ A} \;\; \Rightarrow \;\; i_{\infty}\left(0^{+}\right)=50 \text{ A};$$

$$\tau=\frac{L}{R}=\frac{0,2}{0,1}=2 \text{ s} \tag{11}$$

La primera ecuación anterior es la aplicación de la propiedad de continuidad de la corriente en la bobina y que parte de un valor inicial previo de 3 A. La segunda ecuación es la corriente permanente en la rama R-L de la inductancia y que al estar alimentada por una tensión continua, la reactancia de la bobina en régimen permanente es nula (actúa como un cortocircuito), por lo que la corriente es simplemente el cociente entre la tensión de alimentación U_s y la resistencia R de la inductancia. La tercera expresión es el valor de la constante de tiempo del circuito. Al sustituir estos valores en (10) se obtiene la solución siguiente:

$$i\left(t\right)=\left(3-50\right)\cdot e^{-t/2}+50=50\left(1-e^{-0,5t}\right)+3e^{-0,5t} \tag{12}$$

cuyo valor para un tiempo $t = 100 \text{ ms} = 0,1$ s es:

$$i(t=0,1\text{s})=50\left(1-e^{-0,05}\right)+3e^{-0,05}=50(1-e^{-0,05})+3e^{-0,05}=2,439+2,854=5,293 \text{ A}$$

c) Si se abre el interruptor para $t = 100 \text{ ms} = 0,1$ s, habiendo alcanzado la corriente en la bobina el valor de 5,293 A calculado en el apartado anterior, entonces la bobina queda cortocircuitada por el diodo D de acuerdo con el circuito de la Figura 1.1, de modo que se cumple que $i_L(0^-) = 5,293 = i_L(0^+)$ y la ecuación de funcionamiento de la red R-L-D y su respuesta son las siguientes:

$$Ri\left(t\right)+L\frac{di\left(t\right)}{dt}=0 \;\; \Rightarrow \;\; i\left(t\right)=i\left(0^{+}\right)e^{-t/\tau} \text{ con } \tau=\frac{L}{R}=\frac{0,2}{0,1}=2 \text{ s} \tag{13}$$

donde en la última ecuación anterior el tiempo t se cuenta a partir del momento de apertura del interruptor S. Es por ello que la corriente que alcanzará la inductancia para $t = 100 \text{ ms} = 0,1$ s será:

$$i\left(t\right)=i\left(0^{+}\right)e^{-t/\tau}=5,293e^{-0,1/2}=5,923e^{-0,05}=5,035 \text{ A} \tag{14}$$

En la Figura 1.3 se muestra en la parte superior la evolución de la tensión que se aplica a la combinación en paralelo de la inductancia con el diodo y en la parte inferior la forma de la corriente en la inductancia, cuyo primer tramo entre 0 y 100 µs representa un crecimiento exponencial y que en su segundo tramo 100 ms y 200 ms supone una descarga de la inductancia sobre el diodo D.

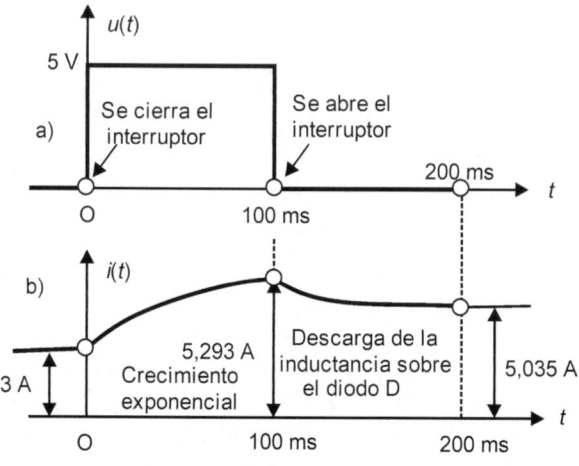

Figura 1.3

1.2. En el circuito de la Figura 1.4, el condensador de 10 μF está cargado con una tensión inicial de $u_c = 100$ V con la polaridad indicada. Si el interruptor S se cierra en $t = 0$, calcular:

a) La corriente $i(t)$ que circulará por la malla del circuito y la d.d.p. instantánea en el condensador.

b) Repetir la pregunta anterior si la tensión inicial del condensador es $u_c = -100$V.

Nota. El diodo es ideal.

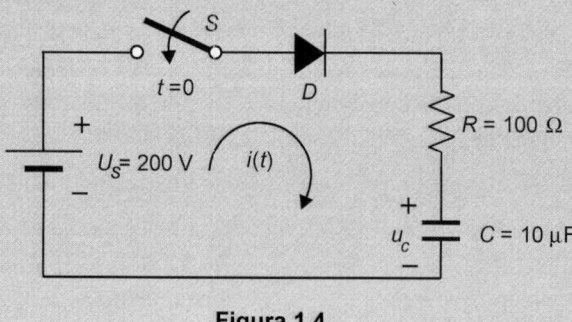

Figura 1.4

Solución

a) Es un circuito capacitivo de orden 1 y la corriente que circulará por la malla para $t>0$ responderá a la siguiente expresión:

$$i(t) = \left[i\left(0^+\right) - i_\infty \left(0^+\right) \right] \cdot e^{-t/\tau} + i_\infty (t) \tag{1}$$

donde el valor de la corriente inicial $i(0^+)$ se determina mediante la ecuación:

$$i(0^+) = \frac{U_s - u_C(0^+)}{R} = \frac{200 - 100}{100} = 1 \text{ A}$$

Téngase en cuenta para comprender la ecuación anterior que la tensión de la fuente es de 200 V y que el condensador tiene una tensión inicial de 100 V. Por otro lado para $t > 0$ y en régimen permanente el condensador en c.c. actúa como un circuito abierto, por lo que no circulará corriente, es decir, se cumplirá que $i_\infty (t) = 0$. Teniendo en cuenta que la constante de tiempo es:

$$\tau = RC = 100 \cdot 10^{-5} = 10^{-3}$$

al llevar los valores anteriores a la ecuación general (1) se obtiene una expresión de la corriente de malla siguiente:

$$i(t) = \left[\frac{U_s - u_C(0^+)}{R}\right]e^{-t/\tau} = \left[\frac{U_s - u_C\left(0^+\right)}{R}\right]e^{-t/10^{-3}} = \frac{U_s - u_C\left(0^+\right)}{R}e^{-1000t} = 1e^{-1000t} \quad (2)$$

y, por tanto, la tensión del condensador será:

$$u_C(t) = \frac{1}{C}\int_0^t i\,dt + u_C\left(0^+\right) = \frac{1}{C}\int_0^t \frac{U_s - u_C(0^+)}{R}e^{-t/\tau}\,dt + u_C\left(0^+\right) =$$

$$= -\tau\frac{U_s - u_C\left(0^+\right)}{RC}\left[e^{-t/\tau}\right]_0^t + u_C\left(0^+\right) \quad (3)$$

es decir:

$$u_C(t) = \left[U_s - u_C\left(0^+\right)\right]\cdot\left[1 - e^{-t/\tau}\right] + u_C\left(0^+\right) = U_s\left[1 - e^{-t/\tau}\right] + u_C\left(0^+\right)e^{-t/\tau} \quad (4)$$

que al sustituir valores nos da:

$$u_C(t) - 200\left[1 - e^{-1000t}\right] + 100e^{-1000t} = 200 - 100e^{-1000t} \text{ V} \quad (5)$$

En la Figura 1.5a se ha representado la evolución de la corriente de malla que parte de una corriente inicial de 1 A y que decrece hasta cero de forma exponencial. En la Figura 1.5b se muestra la evolución de la tensión en el condensador y que en $t = 0$ es de 100 V (la tensión previa que tenía el condensador) y que va aumentando exponencialmente hasta alcanzar los 200 V en régimen permanente y que se debe a la tensión del generador.

b) En el caso de que la tensión inicial en el condensador sea de -100 V se cumplirá:

$$i(t) = \left[i\left(0^+\right) - i_\infty\left(0^+\right)\right] \cdot e^{-t/\tau} + i_\infty(t) \quad (6)$$

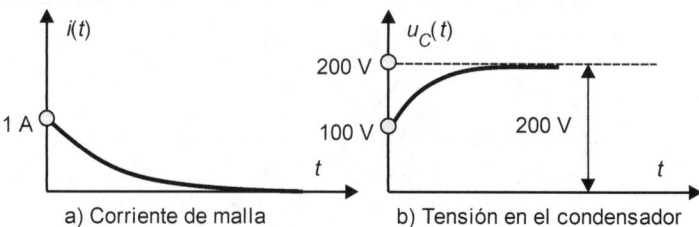

Figura 1.5

donde el valor de la corriente inicial $i(0^+)$ se determina mediante la ecuación:

$$i\left(0^+\right) = \frac{U_s - u_C\left(0^+\right)}{R} = \frac{200 - (-100)}{100} = 3 \text{ A}$$

Como la corriente final es nula, al comportarse el condensador como un circuito abierto, es decir $i_\infty(t) = 0$, la aplicación de estos resultados a la Ecuación (6) nos da:

$$i(t) = \left[\frac{U_s - u_C\left(0^+\right)}{R}\right]e^{-t/\tau} = \frac{200 - (-100)}{100}e^{-1000t} = 3e^{-1000t} \qquad (7)$$

es decir, la corriente inicial es de 3 A y se reduce exponencialmente hasta anularse en régimen permanente, tal como se muestra en la Figura 1.6a. A partir de la expresión anterior se puede calcular la tensión del condensador y que viene definida por la ecuación:

$$u_C(t) = \frac{1}{C}\int_0^t idt + u_C\left(0^+\right) = \frac{1}{C}\int_0^t \frac{U_s - u_C\left(0^+\right)}{R}e^{-t/\tau}dt + u_C\left(0^+\right) =$$

$$= U_s\left[1 - e^{-t/\tau}\right] + u_C\left(0^+\right)e^{-t/\tau} \qquad (8)$$

esto es:

$$u_C(t) = \left[U_s - u_C\left(0^+\right)\right]\cdot\left[1 - e^{-t/\tau}\right] + u_C\left(0^+\right) = U_s\left[1 - e^{-t/\tau}\right] + u_C\left(0^+\right)e^{-t/\tau} \qquad (9)$$

que al sustituir valores nos da:

$$u_C(t) = 200\left[1 - e^{-1000t}\right] - 100e^{-1000t} = 200 - 300e^{-1000t} \text{ V} \qquad (10)$$

lo que significa que para $t = 0$, la tensión en el condensador es de −100 V y aumenta exponencialmente hasta alcanzar los 200 V en régimen permanente y que es la tensión de la fuente del circuito y esta tensión $u_C(t)$ se muestra en la Figura 1.6b.

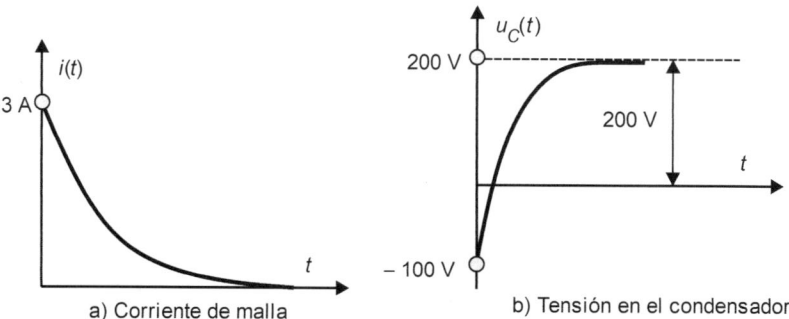

a) Corriente de malla   b) Tensión en el condensador

Figura 1.6

1.3. En el circuito de la Figura 1.7, cuando el interruptor S está abierto, la corriente que circula por la malla R–L–D es de 10 A. Se cierra el interruptor S en $t = 0$. Calcular la evolución de la corriente $i(t)$ que suministra la pila de alimentación del circuito.

Nota. El diodo es ideal.

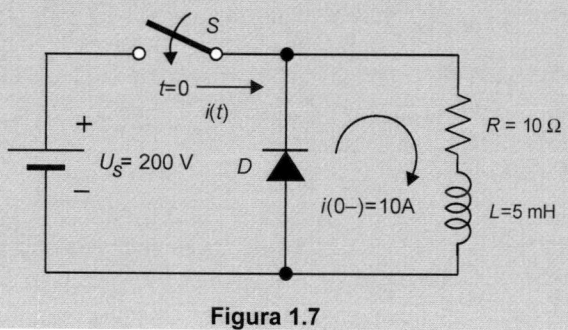

Figura 1.7

Solución

Es un circuito inductivo de orden 1 y la corriente que suministra la pila de alimentación y que circulará por la rama R-L tiene la siguiente solución:

$$i(t) = \left[i\left(0^+\right) - i_\infty\left(\left(0^+\right)\right) \right] \cdot e^{-t/\tau} + i_\infty(t) \tag{1}$$

donde el valor de la corriente inicial $i(0^+)$ inmediatamente después de cerrar el interruptor S coincide con la corriente previa que circulaba por la bobina $i(0^-) = 10$ A (cuando el interruptor estaba abierto). Por otra parte al cerrar el interruptor en $t = 0$, el diodo D queda polarizado inversamente y no circulará corriente por él y la corriente que circulará por la malla formada por el generador (pila)-resistencia-inductancia y cuyo valor en régimen permanente es la siguiente:

$$i(\infty) = \frac{U_S}{R} = \frac{200}{10} = 20 \text{ A} \tag{2}$$

Se ha aplicado la propiedad de que la inductancia en régimen permanente se comporta como un cortocircuito, al ser su impedancia nula en corriente continua. Y llevando estos resultados a la ecuación general (1) se tiene:

$$i(t) = (10 - 20) \cdot e^{-t/\tau} + 20 = 20 - 10e^{-2000t} \tag{3}$$

donde se ha tenido en cuenta que la constante de tiempo del circuito es

$$\tau = L/R = 5 \cdot 10^{-3}/10 = 5 \cdot 10^{-4} \, \text{s}$$

(por lo que $1/\tau = 2000$). En definitiva, la corriente en la malla en $t = 0$ vale 10 A (corriente previa de la inductancia) y crece exponencialmente hasta alcanzar los 20 A para $t = \infty$. En la Figura 1.8 se muestra la evolución de la corriente (3) con el tiempo.

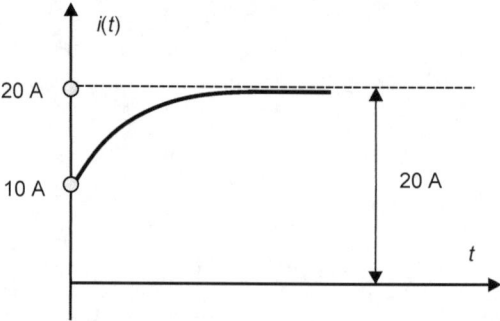

Figura 1.8

1.4. En el circuito de la Figura 1.9, la tensión inicial del condensador es

$$u_c = (0-) = -50 \, \text{V}$$

Se cierra el interruptor S en $t = 0$, calcular:

a) La corriente $i(t)$ y las tensiones $u_L(t)$ y $u_C(t)$.

b) El tiempo de conducción del diodo D.

c) Las tensiones que adquirirán en régimen permanente el condensador y el diodo.

Nota. El diodo es ideal.

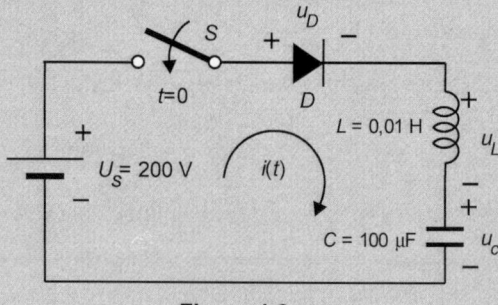

Figura 1.9

Solución

a) La condición inicial para el condensador es $u_c = (0-) = -50$ V y para la bobina no se dice que haya corriente inicial, por lo que se tiene $i_L = (0-) = 0$ A. Al cerrar el interruptor S y aplicar el segundo lema de Kirchhoff a la malla formada se cumple la siguiente ecuación integro-diferencial:

$$U_s = L\frac{di}{dt} + \frac{1}{C}\int i\,dt$$

La ecuación anterior es de segundo orden y para resolverla se va a aplicar la transformada de Laplace, lo que da lugar a:

$$\frac{U_s}{s} = L\left[sI(s) - i_L(0)\right] + \frac{1}{C}\left[\frac{I(s)}{s}\right] + \frac{u_C(0)}{s}$$

y teniendo en cuenta que la corriente inicial en la bobina es nula, la ecuación anterior se transforma en:

$$\frac{U_s}{s} - \frac{u_C(0)}{s} = \left[Ls + \frac{1}{Cs}\right]I(s)$$

de donde se deduce la expresión de la corriente $I(s)$ siguiente:

$$I(s) = \frac{U_s - u_C(0)}{s\left[Ls + \dfrac{1}{Cs}\right]} = C\frac{U_s - u_C(0)}{LCs^2 + 1} \tag{1}$$

Denominando pulsación propia o de resonancia ω_0 a la expresión:

$$\omega_0 = \frac{1}{\sqrt{LC}}$$

entonces la Ecuación (1) se puede escribir de la forma siguiente:

$$I(s) = \left[U_s - u_C(0)\right]\sqrt{\frac{C}{L}}\frac{\omega_0}{s^2 + \omega_0^2}$$

cuya transformada inversa es directa y que vale:

$$i(t) = \left[U_s - u_C(0)\right]\sqrt{\frac{C}{L}}\,\mathrm{sen}\,\omega_0 t \tag{2}$$

Como los parámetros del circuito son:

$$U_s = 200 \text{ V} \; ; \; u_C(0) = -50 \text{ V} ; \; \omega_0 = \frac{1}{\sqrt{LC}} = \frac{1}{\sqrt{0,01 \cdot 100 \cdot 10^{-6}}} = 1000 \text{ rad/s} ;$$

$$\sqrt{\frac{C}{L}} = \sqrt{\frac{100 \cdot 10^{-6}}{0,01}} = 0,1$$

al sustituir los parámetros anteriores en la ecuación temporal de la corriente (2) se obtiene la siguiente expresión de la corriente:

$$i(t) = 250 \cdot 0,1 \cdot \text{sen} 1000t = 25\text{sen}1000t \text{ A} \tag{3}$$

y, de este modo, la tensión en la inductancia es:

$$u_L(t) = L\frac{di}{dt} = 0,01 \cdot 25 \cdot 1000 \cos 1000t = 250 \cos 1000t \text{ V} \tag{4}$$

La tensión en el condensador es:

$$u_C(t) = \frac{1}{C}\int_0^t idt + u_C(0) = \frac{1}{10^{-4}}\int_0^t 25\text{sen}1000t \; dt + u_C\left(0^+\right) =$$

$$= \frac{1}{10^{-4}}\left[-\frac{25 \cos 1000t}{1000}\right]_0^t - 50 = 250(1 - \cos 1000t) - 50$$

b) En la Figura 1.10 se han dibujado las señales de la corriente en el circuito en la parte superior, en la parte central se muestra la forma de la tensión en la inductancia y en la parte inferior la tensión en bornes del condensador.

Es evidente que el diodo D conducirá mientras la corriente sea positiva (polarización directa del diodo) y que corresponde al tramo **AB** de la onda de la Figura 1.10a; es decir el diodo conduce durante π radianes, por lo que el tiempo de conducción del diodo será:

$$\omega_0 t_{\text{diodo}} = \pi \;\; \Rightarrow \;\; t_{\text{diodo}} = \frac{\pi}{\omega_0} = \frac{\pi}{1000} = 3,14 \text{ ms} \tag{6}$$

y que simplificando es:

$$u_C(t) = 200 - 250 \cos 1000t \tag{5}$$

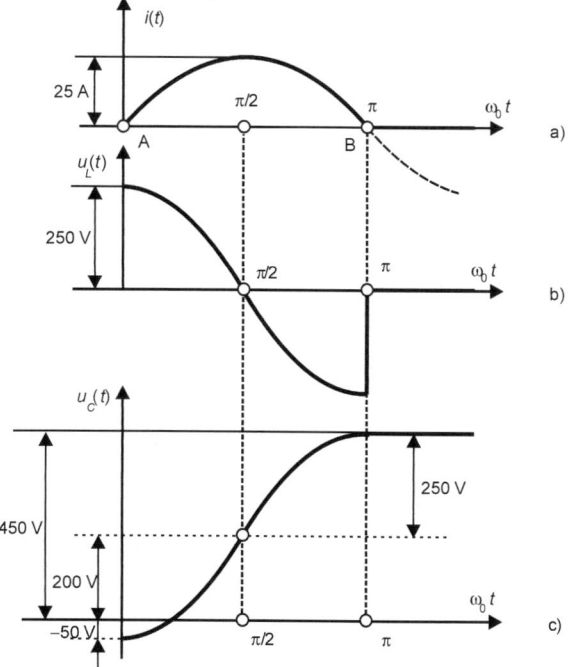

Figura 1.10

c) A partir del punto **B**, es decir para $\omega_0 t > \pi$, se anulará la tensión en la inductancia, tal como se muestra en la Figura 1.10b, porque su impedancia es nula, mientras que en el condensador la tensión entre sus terminales y según se muestra en la Figura 1.10c será de 450 V y éstas serán las tensiones de régimen permanente en ambos elementos. Es por ello que la d.d.p. que aparecerá entre los terminales del diodo será la diferencia entre la tensión de alimentación $U_s = 200$ V y la tensión en el condensador de 450 V, es decir será una tensión de $u_D = 200 - 450 = -250$ V.

Resolución con MATLAB®

1. Para resolver el apartado a) del problema con MATLAB® se escriben las siguientes sentencias:

```
>> Us = 200; L = 0.01; C = 0.0001;u0 = -50; % Se introducen los
parámetros del circuito.
>> syms s t; % convierte las variables s y t en simbólicas.
>> I = C*(Us-u0)/(L*C*s^2+1); % Se escribe la ecuación de la co-
rriente (1) de este problema en el dominio de Laplace.
>> i = ilaplace(I) % Se calcula la transformada inversa de Laplace
de la corriente anterior.
```

y se obtiene el resultado siguiente:

```
i = 25*sin(1000*t)
```

que coincide con la solución (3) obtenida analíticamente.

Para calcular la expresión de la tensión instantánea en la inductancia se escribe a continuación:

```
>> uL = L*diff(i) % se escribe la expresión de la tensión en la
inductancia, donde diff(i) indica la derivada de la corriente.
```

y se obtiene el resultado siguiente:

```
uL = 250*cos(1000*t)
```
que coincide con la solución (4) obtenida analíticamente.

Para calcular la expresión de la tensión instantánea en el condensador se escribe a continuación:

```
>> uC = (1/C)*int(i,0,t)+u0
```

y se obtiene el resultado siguiente:

```
 500*sin(500*t)^2 - 50
```

El resultado anterior se puede escribir de la forma siguiente:

$$u_C(t) = 500\text{sen}^2 500t - 50 = 500\frac{1-\cos 1000t}{2} - 50 =$$
$$= 250 - 250\cos 1000t - 50 = 200 - 250\cos 1000t$$

que coincide con la solución (5) obtenida analíticamente.

1.5. En el circuito de la Figura 1.11, las condiciones iniciales son nulas. Se cierra el interruptor S en $t = 0$. Calcular:

   a)   La corriente $i(t)$.

   b)   El tiempo de conducción del diodo D.

Nota. El diodo es ideal.

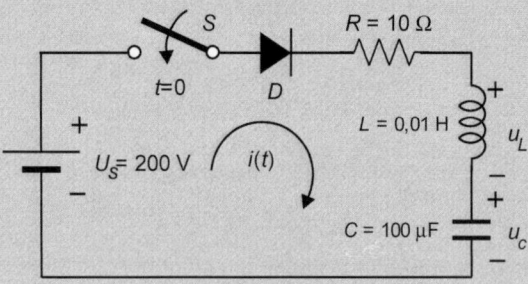

Figura 1.11

Solución

a) Al cerrar el interruptor S y aplicar el segundo lema de Kirchhoff a la malla del circuito se cumple la siguiente ecuación integro-diferencial:

$$U_S = Ri + L\frac{di}{dt} + \frac{1}{C}\int i\,dt$$

Aplicando a la ecuación anterior la transformada de Laplace y teniendo en cuenta que las condiciones iniciales son nulas se tiene:

$$\frac{U_S}{s} = RI(s) + LsI(s) + \frac{1}{Cs}I(s) = \left(R + Ls + \frac{1}{Cs}\right)I(s) \tag{1}$$

de donde se deduce:

$$I(s) = \frac{CU_S\dfrac{1}{LC}}{s^2 + \dfrac{R}{L}s + \dfrac{1}{LC}} = \frac{U_S}{L}\cdot\frac{1}{s^2 + 2as + \omega_0^2} \tag{2a}$$

donde se han denominado a y ω_0 a las magnitudes siguientes:

$$a = \frac{R}{2L} = \frac{10}{2\cdot 0,01} = 500 \;\; ; \;\; \omega_0 = \frac{1}{\sqrt{LC}} = \frac{1}{\sqrt{0,01\cdot 10^{-4}}} = 1000 \text{ rad/s}$$

y la transformada inversa de la corriente (2a) es:

$$i(t) = \frac{U_S}{\omega_d L}e^{-at}\,\text{sen}\,\omega_d t \tag{2b}$$

donde se cumple que

$$\omega_d = \sqrt{\omega_0^2 - a^2} = \sqrt{1000^2 - 500^2} \approx 866 \text{ rad/s} \tag{3}$$

por lo que según (2b) la expresión numérica de la corriente del circuito es:

$$i(t) = \frac{200}{866\cdot 0,01}e^{-500t}\,\text{sen}\,866t = 23,09\,e^{-500t}\,\text{sen}\,866t \tag{4}$$

que es una onda sinusoidal amortiguada como se muestra en la Figura 1.12 y que se ha dibujado con el software MATLAB, de acuerdo con las instrucciones que se han escrito al final de este problema

Nota. La figura está retocada con un programa especial de dibujo para destacar algunos detalles de la representación.

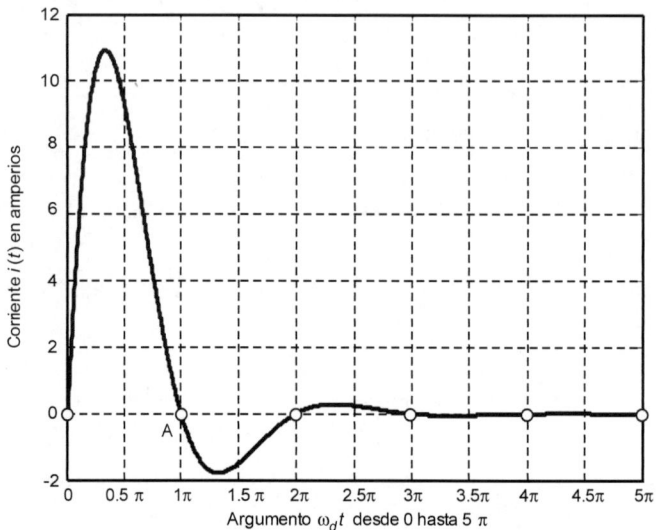

Figura 1.12

b) El diodo D conducirá durante el primer semiciclo hasta el punto A de la Figura 1.12 y en el que se cumple:

$$\omega_d t_{diodo} = \pi \quad \Rightarrow \quad t_{diodo} = \frac{\pi}{\omega_d} = \frac{\pi}{866} = 3,63 \text{ ms} \tag{6}$$

Resolución con MATLAB®

1. Para resolver el apartado a) del problema con MATLAB se escriben las siguientes sentencias:

```
>> Us = 200; R = 10; L = 0.01; C = 0.0001; % se introducen los
parámetros del circuito.
```

```
>> syms s t; % convierte las variables s y t en simbólicas.
>> I = (Us/s)/(R+L*s+1/(C*s)); % Se escribe el numerador y el deno-
minador de la corriente (1) de este problema en el dominio de Laplace.
>> i = ilaplace(I) % Se calcula la transformada inversa de Laplace
de la corriente anterior I.
```

y se obtiene el resultado siguiente:

```
i = (40*3^(1/2)*exp(-500*t)*sin(500*3^(1/2)t))/3
```

que coincide con la solución (4) obtenida analíticamente.

2. La curva de la Figura 1.12 se ha programado y dibujado con MATLAB escribiendo las siguientes sentencias:

```
>> x = 0:0.01:5*pi; % se introduce la variable x = ωt, para que x
varíe entre 0 y 5π.
```

```
>> i = (23.09*sin(x)).*exp(-0.577*x); % se escribe la expresión de
la corriente del circuito utilizando la variable x = ωt (con ω =
866 rad/s). (Nota: es importante poner el punto después de la función
seno y antes del signo * para que de este modo se opere elemento por
elemento).
>> plot(x/pi,i,'linewidth',2) % es la sentencia para dibujar la evo-
lución de la corriente (se ha dividido la variable x por π, para que
de este modo el argumento en el eje de abscisas sea múltiplo de π).
Se ha utilizado un espesor de línea de tamaño 2 para que se destaque
la respuesta temporal de la corriente.
>> grid % esta instrucción es optativa y se emplea para poner una
rejilla en el gráfico para ver los detalles de la curva.
>> xlabel ('Argumento \omegat desde 0 hasta 5\pi'),ylabel ('Co-
rriente i(t) en amperios') % Esta instrucción pone etiquetas en los
ejes del gráfico. El símbolo \ se escribe pulsando la tecla Alt a
la vez que con el teclado numérico del ordenador se teclea el nú-
mero 92 ya que ésta es la forma de escribir letras griegas en el
gráfico de MATLAB.
```

1.6. En el circuito de la Figura 1.13, las condiciones iniciales son nulas. Se cierra el interruptor S en $t = 0$.

a) Calcular la corriente $i(t)$.

b) Determinar la tensión en el condensador $u_C(t)$.

c) El tiempo de conducción del diodo D.

d) A partir del momento en que el diodo deja de conducir, ¿cuál es el valor de la corriente $i(t)$?

e) ¿Cuál será el tiempo para el cual el diodo volverá a conducir?

Nota. El diodo es ideal.

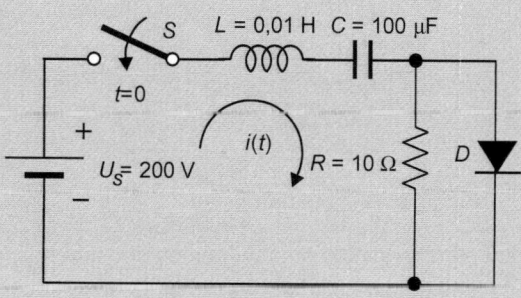

Figura 1.13

Solución

a) Para $t > 0$ el diodo conduce porque queda polarizado directamente y equivale a un cortocircuito. En la Figura 1.14 se muestra el circuito eléctrico equivalente en el que se cumple la siguiente ecuación integro-diferencial:

$$U_s = L\frac{di}{dt} + \frac{1}{C}\int i\,dt \tag{1}$$

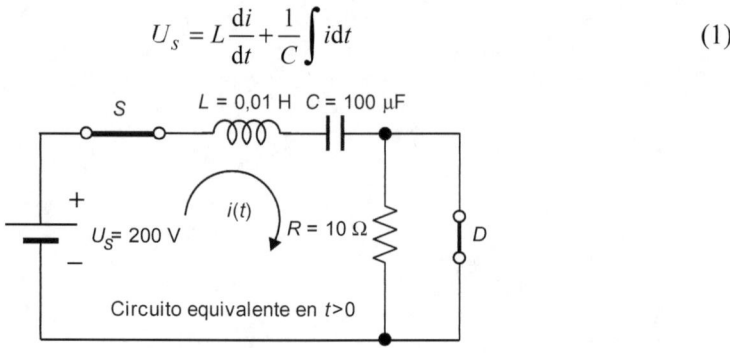

Figura 1.14

Al tomar la transformada de Laplace en la ecuación anterior (1) y teniendo en cuenta que las condiciones iniciales son nulas, resulta:

$$\frac{U_s}{s} = LsI(s) + \frac{1}{Cs}I(s) = \left(Ls + \frac{1}{Cs}\right)I(s) \tag{2}$$

de donde se deduce:

$$I(s) = U_s\sqrt{\frac{C}{L}}\frac{\omega_0}{s^2 + \omega_0^2} \tag{3}$$

donde se ha denominado ω_0 a la siguiente magnitud:

$$\omega_0 = \frac{1}{\sqrt{LC}} = \frac{1}{\sqrt{0,01\cdot10^{-4}}} = 1000\ \text{rad/s}$$

y la transformada inversa de la corriente (3) es:

$$i(t) = U_s\sqrt{\frac{C}{L}}\,\text{sen}\,\omega_0 t = 200\sqrt{\frac{10^{-4}}{0,01}}\,\text{sen}\,1000t = 20\,\text{sen}\,1000t \tag{4}$$

b) La tensión en el condensador es:

$$u_C(t) = \frac{1}{C}\int_0^t U_s\sqrt{\frac{C}{L}}\,\text{sen}\,\omega_0 t\,dt = U_s\int_0^t \sqrt{\frac{1}{LC}}\,\text{sen}\,\omega_0 t\,dt = U_s\omega_0\left[-\frac{\cos\omega_0 t}{\omega_0}\right]_0^t = \tag{5}$$

$$= U_s(1-\cos\omega_0 t) = 200(1-\cos\omega_0 t)$$

c) De acuerdo con la Expresión (4) de la corriente que atraviesa el circuito, el diodo conducirá durante todo el primer medio ciclo en el que la corriente es positiva y mantiene al diodo en conducción, lo que supone un argumento de π radianes y que corresponde a un tiempo de conducción del diodo t_{diodo} de valor:

$$\omega_0 t_{\text{diodo}} = \pi \quad\Rightarrow\quad t_{\text{diodo}} = \frac{\pi}{\omega_0} = \frac{\pi}{1000} = 3,14\ \text{ms}$$

d) A partir del tiempo anterior de 3,14 ms, el diodo deja de conducir y el circuito eléctrico equivalente es el mostrado en la Figura 1.15, donde las condiciones iniciales son:

$$i_L = 0 \; ; u_C\left(t = \frac{\pi}{\omega_0}\right) = 200\left(1 - \cos\omega_0 t\right) = 200\left(1 - \cos\pi\right) = 400 \text{ V} \;\Rightarrow\; u_C\left(t = 0^+\right) = 400 \text{ V}$$

La última expresión anterior es la condición inicial de tensión en el condensador y el tiempo $t = 0^+$ representa el tiempo inmediato siguiente al momento en que deja de conducir el diodo rectificador.

Nota. El tiempo de 3,14 ms, se cuenta desde el inicio (caso a) y a partir de este momento se toma otra referencia de tiempo que empieza en $t = 0^+$.

En el circuito de la Figura 1.15 se cumple:

$$U_s = Ri + L\frac{di}{dt} + \frac{1}{C}\int i dt \tag{6}$$

y al tomar la transformada de la Laplace de la ecuación integro-diferencial anterior y teniendo en cuenta el valor inicial de la tensión en el condensador, resulta

$$\frac{U_s}{s} = RI\left(s\right) + LsI\left(s\right) + \frac{1}{Cs}I\left(s\right) + \frac{u_C\left(0^+\right)}{s} \tag{7}$$

de donde se deduce:

$$I\left(s\right) = \frac{U_s - u_C\left(0^+\right)}{L}\frac{1}{s^2 + 2as + \omega_0^2} \tag{8}$$

donde se han denominado a y ω_0 a las magnitudes siguientes:

$$a = \frac{R}{2L} = \frac{10}{2 \cdot 0,01} = 500 \; ; \; \omega_0 = \frac{1}{\sqrt{LC}} = \frac{1}{\sqrt{0,01 \cdot 10^{-4}}} = 1000 \text{ rad/s}$$

y la transformada inversa de Laplace de la corriente (8) es:

$$i(t) = \frac{U_s - u_C\left(0^+\right)}{\omega_d L}e^{-at}\operatorname{sen}\omega_d t$$

donde se tiene que

$$\omega_d = \sqrt{\omega_0^2 - a^2} = \sqrt{1000^2 - 500^2} \approx 866 \text{ rad/s} \tag{9}$$

y de este modo resulta finalmente:

$$i(t) = \frac{U_s - u_C\left(0^+\right)}{\omega_0 L}e^{-at}\operatorname{sen}\omega_d t = \frac{200 - 400}{866 \cdot 0,01}e^{-500t}\operatorname{sen}866t = -23,09e^{-500t}\operatorname{sen}866t \tag{10}$$

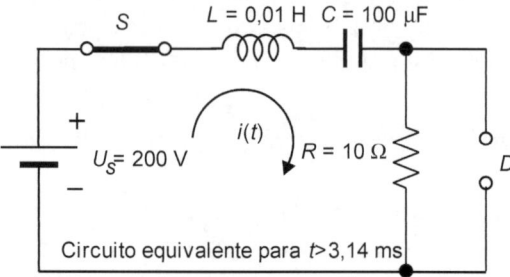

Figura 1.15

En la Figura 1.16 se detalla la forma de la corriente en los diversos periodos de tiempo y que se ha realizado con el software MATLAB con el programa que se señala al final de este problema. El primer semiciclo **OA** corresponde a la respuesta sinusoidal (4) y que es cuando conduce el diodo. Este diodo deja de conducir en el punto **A** correspondiente a un tiempo de 3,14 ms y es a partir de este momento cuando se aplica la respuesta amortiguada (10) del circuito. Es por ello que en **A** comienza la zona en el que diodo no conduce y que llega hasta el punto **B**, en el que el diodo queda polarizado inversamente. En el tercer semiciclo a partir de **B** vuelve a hacerse positiva la corriente y el diodo volverá a conducir hasta el punto **C** y así, sucesivamente.

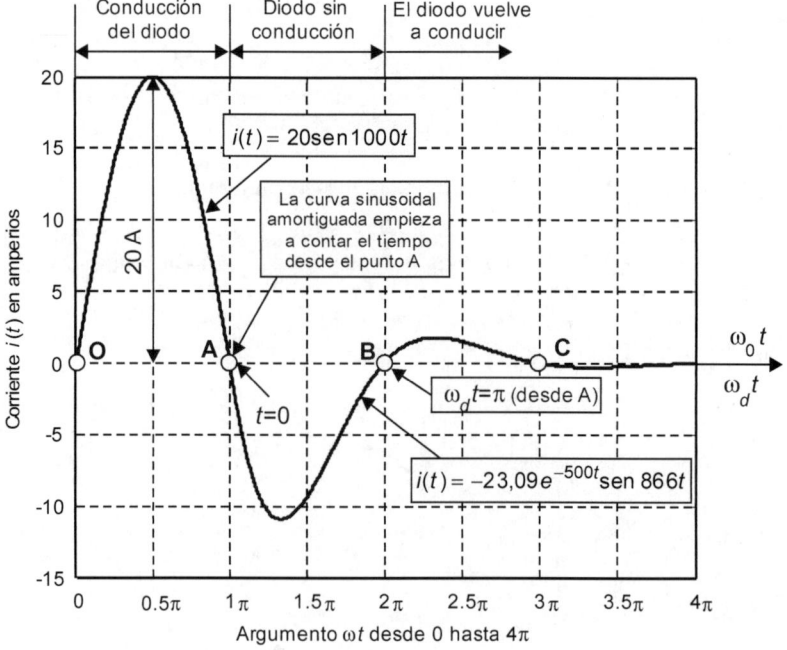

Figura 1.16

e) Si se cuenta el tiempo a partir del punto **A** y con la nueva corriente calculada en el apartado anterior, el tiempo que transcurre para que se inicie la nueva conducción en el punto **B** se obtiene de la expresión siguiente:

$$\omega_d t_{\text{diodo}} = \pi \;\Rightarrow\; t_{\text{diodo}} = \frac{\pi}{\omega_d} = \frac{\pi}{866} = 3,63 \text{ ms}$$

que es el tiempo que se solicita en este apartado del problema.

Resolución con MATLAB®

1. Para resolver el apartado a) del problema con MATLAB se escriben las siguientes sentencias:

```
>> Us = 200;L = 0.01; C = 0.0001; % se introducen los parámetros del
circuito.
>> syms s t; % convierte las variables s y t en simbólicas.
>> I = (Us/s)/(L*s+1/(C*s)); % Se escribe el numerador y el denomi-
nador de la corriente (1) de este problema en el dominio de Laplace.
>> i = ilaplace(I) % Se calcula la transformada inversa de Laplace
de la corriente anterior I.
```

y se obtiene el resultado siguiente:

```
i = 20*sin(1000*t)
```

que coincide con la solución (4) obtenida analíticamente.

2. Para resolver el apartado d) del problema con MATLAB se escriben las siguientes sentencias:

```
>> Us = 200;R = 10; L = 0.01; C = 0.0001;uC0 = 400; % se introducen
los parámetros del circuito incluyendo la condición inicial de ten-
sión en el condensador.
>> syms s t; % convierte las variables s y t en simbólicas.
>> I = (Us-uC0)/s/(R+L*s+1/(C*s)); % Se escribe el numerador y el
denominador de la corriente (8) de este problema en el dominio de
Laplace.
>> i = ilaplace(I) % Se calcula la transformada inversa de Laplace
de la corriente anterior I.
```

y se obtiene el resultado siguiente:

```
i = -(40*3^(1/2)*exp(-500*t)*sin(500*3^(1/2)*t))/3
```

que coincide con la solución (10) obtenida analíticamente.

3. La curva de la Figura 1.16 se ha programado con MATLAB de acuerdo con las siguientes sentencias:

```
>> x = 0:0.01:pi; % se introduce la variable x = ωt para que varíe
entre 0 y π.
>> i = (20.*sin(x)); % se escribe la expresión de la corriente (4)
del circuito utilizando la variable x = ωt (ω = 1000 rad/s). (Nota:
es importante poner el punto después de la función seno y antes del
signo * para que de este modo se opere elemento por elemento).
```

```
>> plot(x/pi,i,'linewidth',2) % es la sentencia para dibujar la evo-
lución de la corriente (se ha dividido la variable x por π, para que
de este modo el argumento en el eje de abscisas sea múltiplo de π).

Se ha utilizado un espesor de línea de tamaño 2 para que se destaque
la respuesta temporal de la corriente.
>> hold on; % mantener el tramo de curva anterior.
>> y = pi:0.01:4*pi; % se introduce la variable y = ωt (ω = 866
rad/s),para que varíe entre π y 4π.
>> i = (-23.09*sin(y-pi)).*exp(-0.577*(y-pi)); % se escribe la ex-
presión de la corriente (10) del circuito. Se ha retrasado la varia-
ble "y" en π radianes para tener en cuenta el tiempo en que comienza
la aplicación de esta onda amortiguada (que se inicia en el punto A)
respecto a la onda sinusoidal del primer semiciclo.
>> plot(y/pi,i,'linewidth',2) % es la sentencia para dibujar la evo-
lución de la corriente (10)(se ha dividido la variable y por π, para
que de este modo el argumento en el eje de abscisas sea múltiplo de
π).
>> grid % esta instrucción es optativa y se emplea para poner una
rejilla en el gráfico para ver los detalles de la curva.
>> xlabel ('Argumento \omegat desde 0 hasta 4\pi'),ylabel ('Co-
rriente i(t) en amperios') % Esta instrucción pone etiquetas en los
ejes del gráfico. El símbolo \ se escribe pulsando la tecla Alt a
la vez que con el teclado numérico del ordenador se teclea el nú-
mero 92 ya que ésta es la forma de escribir letras griegas en el
gráfico de MATLAB.
```

1.7. 1.7. En el circuito de la Figura 1.17, se tiene una red de alimentación de c.a. cuya tensión instantánea es $u_S(t) = \sqrt{2}\ 200\ \mathrm{sen}\,\omega t$ V y que alimenta una resistencia de carga de 45 Ω a través de un diodo real que tiene una resistencia directa de 5 Ω. Calcular:

a) La corriente $i(t)$ que recorre el circuito.

b) El valor medio de la corriente en el circuito.

c) La tensión media en la resistencia de carga.

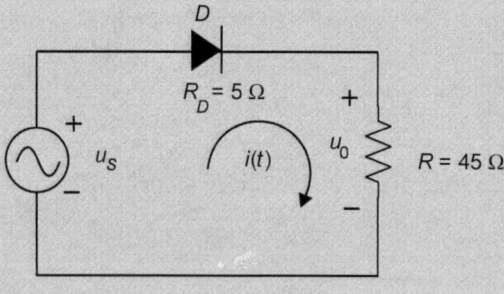

Figura 1.17

> **Solución**

a) En el circuito de la Figura 1.17 se cumple:

$$i(t) = \frac{u_S}{R + R_D} = \frac{\sqrt{2} \cdot 200 \mathrm{sen} \, \omega t}{45 + 5} = \sqrt{2} \cdot 4 \mathrm{sen} \, \omega t$$

La respuesta anterior es válida en el periodo correspondiente a $0 \le \omega t \le \pi$ ya que para este intervalo de tiempo el diodo rectificador conduce porque está polarizado directamente y equivale a un cortocircuito, mientras que la corriente en el circuito será nula en el intervalo $\pi \le \omega t \le 2\pi$, ya que el diodo queda polarizado inversamente y no conduce (circuito abierto). En definitiva se tiene una respuesta de la corriente en el circuito que es una semionda sinusoidal.

b) De acuerdo con el resultado calculado en el apartado anterior, el valor medio de la corriente se obtiene de la ecuación:

$$I_{\mathrm{med}} = \frac{1}{2\pi} \int_0^\pi i(\omega t) \, \mathrm{d}(\omega t) = \frac{1}{2\pi} \int_0^\pi \sqrt{2} \cdot 4 \mathrm{sen} \, \gamma \mathrm{d}\gamma = \frac{\sqrt{2} \cdot 4}{2\pi} [-\cos \gamma]_0^\pi = \frac{4\sqrt{2}}{\pi} = 1{,}80 \ \mathrm{A}$$

Nota. En la segunda integral anterior se ha hecho el cambio de variable $\gamma = \omega t$.

c) El valor medio de la tensión en la resistencia de carga será, por consiguiente:

$$U_{\mathrm{med}} = R I_{\mathrm{med}} = 45 \cdot 1{,}80 = 81 \ \mathrm{V}$$

y la tensión media en el diodo sería:

$$U_{\mathrm{med}} (\mathrm{diodo}) = R_D I_{\mathrm{med}} = 5 \cdot 1{,}80 = 9 \ \mathrm{V}$$

lo que significa que la tensión media total es de 81+9 = 90 V. Este resultado se puede comprobar por integración y que es:

$$U_{\mathrm{med}} = \frac{1}{2\pi} \int_0^\pi \sqrt{2} \cdot 200 \mathrm{sen} \, \gamma \mathrm{d}\gamma = \frac{\sqrt{2} \cdot 200}{2\pi} [-\cos \gamma]_0^\pi = \frac{200\sqrt{2}}{\pi} = 90 \ \mathrm{V}$$

1.8. El circuito de la Figura 1.18 está alimentado por una tensión de c.a. cuyo valor instantáneo es $u_S(t) = \sqrt{2} \, 200 \, \mathrm{sen} \, \omega t$ V y la carga consiste en una batería eléctrica que tiene una f.e.m. de 50 V y una resistencia interna de 1 Ω. Calcular:

a) El valor medio de la tensión en la carga.

b) El valor medio de la corriente en la carga.

c) El valor eficaz de la corriente en la carga.

d) La potencia consumida por la batería de carga (teniendo en cuenta su resistencia interna).

e) El factor de potencia de la instalación.

Nota. El diodo es ideal y la pulsación de la alimentación es $\omega = 314$ rad/s.

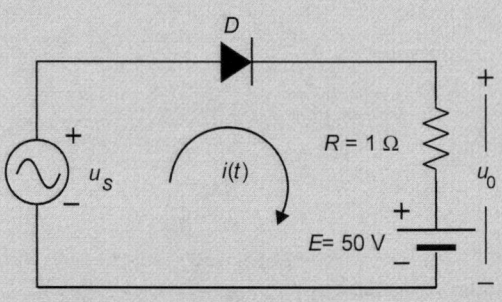

Figura 1.18

a) En la Figura 1.19a se muestra la onda sinusoidal de tensión de la fuente de alimentación del circuito de la Figura 1.18 y la fuente constante de c.c. de 50 V de la carga. Evidentemente el diodo del circuito conducirá siempre que la tensión entre sus terminales sea positiva y que corresponde al tramo **BC** de la onda sinusoidal (y en esos puntos los argumentos se han denominado α y β respectivamente en la Figura 1.19a). Los valores de estos argumentos se calculan de la forma siguiente:

$$\sqrt{2} \cdot 200 \operatorname{sen} \omega t = 50 \implies \omega t = \alpha = \arcsen \frac{50}{\sqrt{2} \cdot 200} = 0,177 \ \text{rad} = 10,13°$$

$$\beta = \pi - \alpha = \pi - 0,177 = 2,965 \ \text{rad} = 169,9°$$

En la Figura 1.19a se muestra en trazo grueso la forma de la señal de tensión que se obtiene en la carga formada por la resistencia de 1 Ω en serie con una pila de corriente continua de 50 V. Es decir entre los puntos **A** y **B** la tensión en la carga es de 50 V (porque el diodo no ha entrado todavía en conducción); entre **B** y **C**, el diodo conduce y la tensión en la carga es la sinusoidal de alimentación y entre **C** y **D**, como el diodo no puede conducir porque tiene polarización inversa, la tensión de la carga es la debida a la tensión de la pila de 50 V. De este modo, el valor medio de la tensión en la carga, formada por la pila de 50 V en serie con la resistencia de 1 Ω, denominando γ al producto ωt, es:

$$U_0(\text{media}) = \frac{1}{2\pi}\left[\int_0^\alpha 50\mathrm{d}\gamma + \int_\alpha^\beta \sqrt{2} \cdot 200\operatorname{sen}\gamma\mathrm{d}\gamma + \int_\beta^{2\pi} 50\mathrm{d}\gamma\right] = \tag{1}$$

$$= \frac{1}{2\pi}\left[50\alpha + \sqrt{2} \cdot 200(\cos\alpha - \cos\beta) + 50(2\pi - \beta)\right]$$

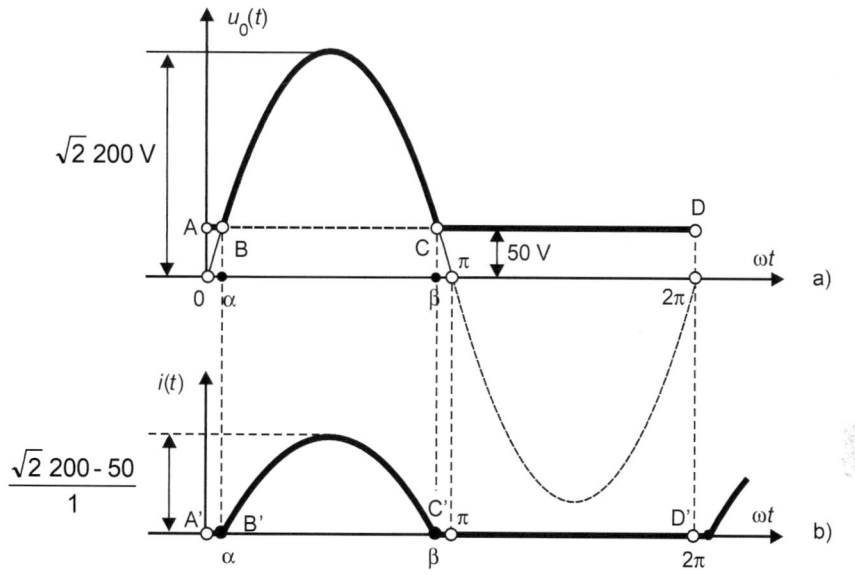

Figura 1.19

es decir:

$$U_0 \text{(media)} = \frac{1}{2\pi}\Big[50 \cdot 0,177 + \sqrt{2} \cdot 200\big(\cos 10,13° - \cos 169,9°\big) + 50\big(2\pi - 2,965\big)\Big] = \tag{2}$$
$$= 116,45 \text{ V}$$

b) La corriente media de la malla del circuito se obtiene a partir de la ecuación siguiente:

$$I_{\text{media}} = \frac{U_0 \text{(media)} - E}{R} = \frac{116,45 - 50}{1} = 66,45 \text{ A} \tag{3}$$

Este resultado se puede obtener también integrando la ecuación de la corriente y cuya onda se ha dibujado en la Figura 1.19b, donde se observa que la corriente solamente circula en el periodo comprendido entre los puntos **B** 'y **C**' (correspondientes a los argumentos α y β), siendo el valor de la corriente instantánea:

$$i(t) = \frac{u_s - E}{R} = \frac{\sqrt{2} \cdot 200 \operatorname{sen} \omega t - 50}{1} \tag{4}$$

por lo que el valor medio de la corriente anterior, denominando γ al producto ωt, se obtiene la ecuación siguiente:

$$I_{\text{media}} = \frac{1}{2\pi}\left[\int_{\alpha}^{\beta} \frac{\sqrt{2} \cdot 200 \operatorname{sen} \omega t - 50}{1} \, \mathrm{d}(\omega t)\right] = \frac{1}{2\pi}\left[\int_{\alpha}^{\beta} \frac{\sqrt{2} \cdot 200 \operatorname{sen} \gamma - 50}{1} \, \mathrm{d}\gamma\right] \tag{5}$$

que al integrar nos da:

$$I_{\text{media}} = \frac{1}{2\pi}\left[-\sqrt{2}\cdot 200\cos\gamma - 50\gamma\right]_{\alpha}^{\beta} = \frac{1}{2\pi}\left[\sqrt{2}\cdot 200\left(\cos\alpha - \cos\beta\right) - 50\left(\beta - \alpha\right)\right]$$

que al sustituir valores resulta:

$$I_{\text{media}} = \frac{1}{2\pi}\left[\sqrt{2}\cdot 200\left(\cos 10,13° - \cos 169,9°\right) - 50\left(2,965 - 0,177\right)\right] = 66,45 \text{ A} \quad (6)$$

y que lógicamente coincide con el valor anterior calculado de una forma más simple y directa.

c) El valor eficaz de la corriente se obtiene de la expresión siguiente (con $\gamma = \omega t$):

$$I_{\text{eficaz}} = \sqrt{\frac{1}{2\pi}\left[\int_{\alpha}^{\beta} i^2\left(\omega t\right)\text{d}\left(\omega t\right)\right]} = \sqrt{\frac{1}{2\pi}\left[\int_{\alpha}^{\beta}\left(\frac{\sqrt{2}\cdot 200\text{sen}\gamma - 50}{1}\right)^2 \text{d}\gamma\right]} \quad (7)$$

es decir:

$$I_{\text{eficaz}} = \sqrt{\frac{1}{2\pi}\left[\int_{\alpha}^{\beta}\left[80000\text{sen}^2\gamma + 2500 - 28284,3\text{sen}\gamma\right]\text{d}\gamma\right]}$$

que al integrar nos da:

$$I_{\text{eficaz}} = \sqrt{\frac{1}{2\pi}\left[80000\left(\frac{\gamma}{2} - \frac{\text{sen}2\gamma}{4}\right)_{\alpha}^{\beta} + \left(\left(2500\gamma\right)\right)_{\alpha}^{\beta} + 28284,3\left(\cos\gamma\right)_{\alpha}^{\beta}\right]} = 110,45 \text{ A} \quad (8)$$

d) El valor de la potencia eléctrica absorbida por la batería, teniendo en cuenta su resistencia interna. sería:

$$P_0 = RI_{\text{eficaz}}^2 + EI\left(\text{medio}\right) = 1\cdot 110,45^2 + 50\cdot 66,45 = 15521,7 \text{ W} \quad (9)$$

e) La potencia aparente suministrada por la alimentación o generador de c.a. sinusoidal es:

$$S = U_s I_{\text{eficaz}} = 200\cdot 110,45 = 22090 \text{ VA} \quad (10)$$

por lo que el factor de potencia de la instalación vale:

$$\text{f.d.p.} = \lambda = \frac{P_0}{S} = \frac{15521,7}{22090} = 0,703 \quad (11)$$

Resolución con MATLAB®

1. Para resolver el apartado b) del problema con MATLAB se escriben las siguientes sentencias:

```
>> Us = 200;R = 1;E = 50; alfa = 0.177;beta = 2.965; % se introducen
los parámetros del circuito.
>> i = @(x)(sqrt(2)*Us*sin(x)-E)/R; % Se escribe la expresión de la
corriente instantánea (4).
>> Imed = integral(i,alfa,beta)/(2*pi) % Se calcula la corriente
media.
```

y se obtiene el resultado siguiente:
```
66.44ª
```

que coincide con la solución (6) calculada analíticamente.

2. Para calcular la corriente eficaz con MATLAB se escriben las siguientes sentencias:
```
>> Us = 200;R = 1;E = 50; alfa = 0.177;beta = 2.965; % se introducen
los parámetros del circuito.
>> i2 = @(x)((sqrt(2)*Us*sin(x)-E/R)).^2; % Se escribe la expresión
de la corriente instantánea (4) elevada al cuadrado.(Nota: es impor-
tante colocar el punto final antes de elevar al cuadrado.
>> Ief = sqrt(integral(i2,alfa,beta)/(2*pi)) % Se calcula la integral
(7).
```
y se obtiene el resultado siguiente:

```
110.453 A
```

que coincide con la solución (8) calculada analíticamente.

1.9. En el circuito de la Figura 1.20, la red de alimentación de c.a. tiene una tensión instantánea: $u_S(t) = \sqrt{2}\ 100\ \text{sen}\,\omega t$ V y la carga está constituida por una resistencia de 100 Ω en serie con una inductancia de 0,1 H. Calcular:

a)   La corriente instantánea i(t) que recorre el circuito.

b)   El ángulo de apagado del diodo D.

c)   El valor medio de la corriente en el circuito.

d)   La corriente eficaz del circuito.

e)   La potencia absorbida por la carga y el f.d.p. del circuito.

Nota. El diodo es ideal y la pulsación de la alimentación es $\omega = 314$ rad/s.

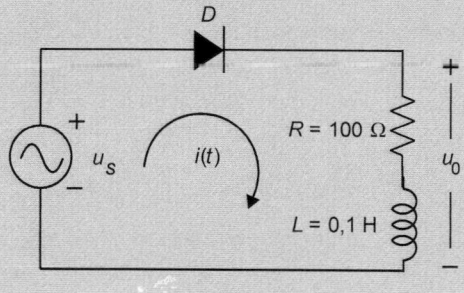

Figura 1.20

Solución

a) Cuando el diodo D está en conducción, en el circuito de la Figura 1.20 se cumple la siguiente ecuación diferencial:

$$L\frac{di}{dt} + Ri = \sqrt{2}\ U_s \text{sen} \omega t \tag{1}$$

En la ecuación anterior U_s es el valor eficaz de la tensión de alimentación de corriente alterna y que es igual a 100 V. La solución de la ecuación anterior es la suma de una corriente estacionaria o de régimen permanente $i_p(t)$ (respuesta forzada o solución particular de la ecuación diferencial anterior) y una corriente transitoria $i_t(t)$ (respuesta natural, o solución de la ecuación diferencial homogénea). La corriente de régimen permanente se determina en la forma clásica que se emplea en la teoría de circuitos de c.a. (es decir en el dominio fasorial), lo que da lugar a la expresión:

$$i_p(t) = \frac{\sqrt{2}\ U_s}{Z} \text{sen}(\omega t - \theta) \tag{2}$$

donde los valores de la impedancia Z y su argumento θ son respectivamente:

$$Z = \sqrt{R^2 + (L\omega)^2}\ ;\quad \theta = \text{arctg}\frac{L\omega}{R} \tag{3}$$

La corriente transitoria es la solución de la ecuación diferencial homogénea, es decir haciendo el segundo término de (1) igual a cero, lo que conduce a un valor:

$$i_t(t) = Ae^{-t/\tau}\ ;\text{ con } \tau = L/R \tag{4}$$

En la ecuación anterior A es una constante de integración y τ es la *constante de tiempo* del circuito y que es igual a L/R. Por consiguiente la solución completa de (1) es:

$$i(t) = i_p(t) + i_t(t) = \frac{\sqrt{2}\ U_s}{Z} \text{sen}(\omega t - \theta) + Ae^{-t/\tau} \tag{5}$$

Si se considera que en $t = 0$, la corriente anterior $i(t)$ es igual a cero, se deduce que el valor de la constante A es: $A = \sqrt{2}\ U_s \text{sen}\theta/Z$ y llevando este resultado a la ecuación anterior (5) se obtiene la siguiente expresión final para la corriente:

$$i(t) = \frac{\sqrt{2}\ U_s}{Z}\left[\text{sen}(\omega t - \theta) + (\text{sen}\theta)e^{-t/\tau}\right] \tag{6}$$

En la Figura 1.21a se ha dibujado la onda de la tensión de alimentación y en la Figura 1.21b se muestra la forma de la corriente instantánea del circuito y que responde a la ecuación anterior (6).

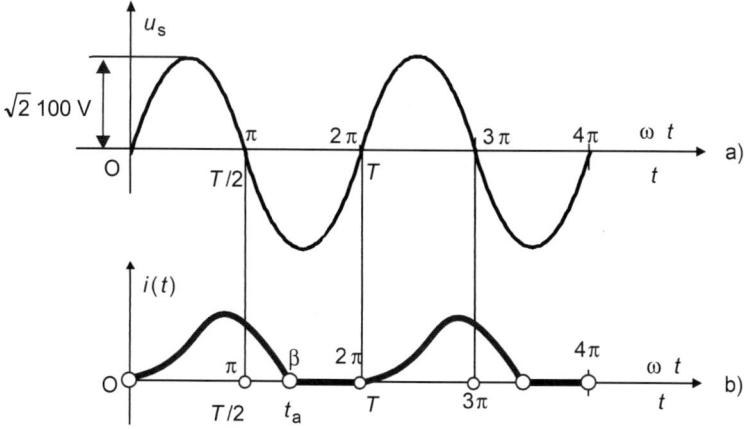

Figura 1.21

Como quiera que los valores de los parámetros del circuito son:

$$U_s = 100 \text{ V}; \ \omega = 314 \text{ rad/s}; \ R = 100 \ \Omega; \ L = 0,1 \text{ H}$$

entonces de acuerdo con (3), la impedancia del circuito y su argumento son respectivamente:

$$Z = \sqrt{R^2 + (L\omega)^2} = \sqrt{100^2 + (0,1 \cdot 314)^2} = \sqrt{100^2 + 31,4^2} = 104,8 \ \Omega$$

$$\theta = \text{arctg} \frac{L\omega}{R} = \text{arctg} \frac{31,4}{100} = 17,43° \ (0,304 \text{ rad})$$

Además, la constante de tiempo del circuito es $\tau = L/R = 0,1/100 = 1$ ms. Por consiguiente, al sustituir los valores anteriores en la Ecuación (6), la expresión numérica de la corriente instantánea del circuito es:

$$i(t) = \frac{\sqrt{2}\ 100}{104,8} \left[\text{sen}(\omega t - 17,43°) + (\text{sen} 17,43°) e^{-t/\tau} \right] = 1,35 \text{sen}(\omega t - 17,43°) + 0,405 e^{-t/\tau}$$

El término exponencial de la expresión anterior se puede escribir de otro modo, dando lugar al siguiente resultado de la corriente instantánea:

$$i(t) = 1,35 \text{sen}(\omega t - 17,43°) + 0,405 e^{-\omega t/\omega\tau} = 1,35 \text{sen}(\omega t - 17,43°) + 0,405 e^{-3,185\omega t} \quad (7)$$

b) A partir de la expresión de la corriente anterior (7) se puede calcular el valor del ángulo $\beta = \omega t$, para el cual la corriente $i(t)$ se hace cero y que se muestra en la Figura 1.21b (incluso también se puede obtener el tiempo t_a correspondiente). En el punto correspondiente β se cumple la igualdad siguiente:

$$i(t) = 0 = 1,35\text{sen}\left(\omega t - 17,43°\right) + 0,405e^{-3,185\omega t} \Rightarrow$$

$$\Rightarrow 1,35\text{sen}\left(\beta - 17,43\right)° + 0,405e^{-3,185\beta} = 0 \tag{8}$$

La última ecuación trascendente anterior con $17,43° = 0,304$ rad se debe resolver por el método de ensayo y error y da como resultado un argumento aproximado $\beta = 3,446$ rad $(197,44°)$, que sería el ángulo de apagado del diodo. A este resultado se puede llegar de una forma aproximada teniendo en cuenta que el término exponencial es despreciable por lo que la última Ecuación (8) da lugar a:

$$1,35\text{sen}\left(\beta - 17,43°\right) \approx 0 \Rightarrow \beta - 17,43° \approx 180°$$

$$\beta = 180° + 17,43° = 197,43°\left(\approx 3,446 \text{ rad}\right) \tag{9}$$

En definitiva se cumple de forma aproximada que $\beta = 180° + \theta$, siendo θ el argumento de la impedancia. El tiempo t_a correspondiente de apagado del diodo sería:

$$\omega t_a = 3,446 \text{ rad} \Rightarrow t_a = \frac{3,446}{\omega} = \frac{3,446}{314} = 10,97 \text{ ms}$$

c) El valor medio de la corriente de la carga (7) se obtiene de la definición de valor medio y que responde al resultado de la siguiente integral (donde se ha hecho el cambio $\omega t = \gamma$):

$$I_{\text{med}} = \frac{1}{T}\int_0^T i(t)\,dt = \frac{1}{2\pi}\int_0^{3,446}\left[1,35\text{sen}\left(\gamma - 17,43°\right) + 0,405e^{-3,185\gamma}\right]d\gamma \tag{10}$$

que al integrar nos da:

$$I_{\text{med}} = \frac{1}{2\pi}\left\{\left[-1,35\cos\left(\gamma - 17,43°\right)\right]_0^{197,43°} + \left[\frac{0,405}{-3,185}e^{-3,185\gamma}\right]_0^{3,446}\right\} = 0,44 \text{ A} \tag{11}$$

d) El valor eficaz de la corriente de la carga (7) se calcula mediante la siguiente integral (donde se ha hecho el cambio $\omega t = \gamma$):

$$I_{\text{ef}} = \sqrt{\frac{1}{2\pi}\int_0^{3,446}\left[1,35\text{sen}\left(\gamma - 17,43°\right) + 0,405e^{-3,185\gamma}\right]^2 d\gamma} \tag{12}$$

que al desarrollar da lugar a:

$$I_{\text{ef}} = \sqrt{\frac{1}{2\pi}\int_0^{3,446}\left[1,823\text{sen}^2\left(\gamma - 17,43°\right) + 0,164e^{-6,37\gamma} + 1,094e^{-3,185\gamma}\text{sen}\left(\left(\gamma - 17,43°\right)\right)\right]d\gamma} \tag{13}$$

lo que requiere resolver diversas integrales individuales y que son las siguientes:

$$I_1 = \int_0^{3,446} \left[1,823\,\text{sen}^2\left(\gamma-17,43°\right)\right]d\gamma = \int_0^{3,446} \left[1,823\frac{1-\cos\left(\gamma-17,43°\right)}{2}\right]d\gamma =$$

$$= \left[0,911\gamma-0,456\,\text{sen}\,2\left(\gamma-17,43°\right)\right]_0^{3,446} = 2,88$$

$$I_2 = \int_0^{3,446} 0,164e^{-6,37\gamma}d\gamma = \frac{0,164}{-6,37}\left[e^{-6,37\cdot3,446\gamma}-1\right] = +0,0257$$

$$I_3 = \int_0^{3,446} \left[1,094e^{-3,185\gamma}\,\text{sen}\left(\gamma-17,43°\right)\right]d\gamma = \int_0^{3,446} \left[1,094e^{-3,185\gamma}\,\text{sen}\left(\gamma-0,304°\right)\right]d\gamma$$

Esta última integral, haciendo el cambio $\gamma-0,304 = x$, da lugar a la expresión siguiente:

$$I_c = \int_{-0,304}^{3,142} 1,094e^{-3,185x}e^{-3,185\cdot0,304}\,\text{sen}\,x\, dx = 0,415 \int_{-0,304}^{3,142} e^{-3,185x}\,\text{sen}\,x\, dx$$

$$= 0,415\left[\frac{e^{-3,185x}\left(-3,185\,\text{sen}\,x-\cos x\right)}{3,185^2+1^2}\right]_{-'0,304}^{3,142} \approx 0$$

y, por consiguiente, el valor eficaz de la corriente de carga de la Expresión (13) sería:

$$I_{ef} = \sqrt{\frac{1}{2\pi}\left[I_1+I_2+I_3\right]} = \sqrt{\frac{1}{2\pi}\left[2,88+0,0257+0\right]} = 0,68 \text{ A} \qquad (14)$$

e) De este modo la potencia absorbida por la carga sería:

$$P = RI_{ef}^2 = 100\cdot0,68^2 = 46,28 \text{ W} \qquad (15)$$

Como la potencia eléctrica aparente absorbida de la red vale:

$$S = U_sI_{ef} = 100\cdot0,68 = 68 \text{ VA} \qquad (16)$$

el valor del factor de potencia con el que trabaja el circuito es:

$$\text{f.d.p.} = \lambda = \frac{P}{S} = \frac{46,28}{68} = 0,68 \qquad (17)$$

Resolución con MATLAB®

1. Para resolver el apartado b) del problema con MATLAB se escriben las siguientes sentencias:

```
>> f = @(x)[1.35*sin(x-0.304)+0.405*exp(-3.185*x)-0]; % Se escribe
la ecuación de apagado del diodo(8).
>> x0 = [3];se fija un valor de inicio para la solución del ángulo
de apagado.
>> x = fsolve (f,x0) % Se resuelve la ecuación de apagado.
```

y se obtiene el resultado siguiente:

```
3.4456
```
que coincide con la solución (9) calculada analíticamente.

2. Para calcular la corriente media (10) del apartado c) del problema con MATLAB se escriben las siguientes sentencias:

```
>> i = @(x)(1.35*sin(x-0.304)+0.405*exp(-3.185*x)); % Se escribe la
expresión de la corriente instantánea (10).
>> Imed = integral(i,0,3.446)/(2*pi) % Se calcula la corriente media.
```

y se obtiene el resultado siguiente:

```
0,4401A
```
que coincide con la solución (11) calculada manualmente.

3. Para calcular la corriente eficaz (12) del apartado d) con MATLAB se escriben las siguientes sentencias:

```
>> i2 = @(x)(1.35*sin(x-0.304)+0.405*exp(-3.185*x)).^2; % Se escribe
la expresión de la corriente instantánea al cuadrado de (12). Nota:
es importante colocar el punto final antes de elevar al cuadrado.
>> Ief = sqrt(integral(i2,0.0,3.446)/(2*pi)) % Se calcula la integral
(12).
```

y se obtiene el resultado siguiente:

```
0.6800 A
```
que coincide con la solución (14) calculada manualmente.

1.10. El circuito de la Figura 1.22, está alimentado por una tensión de c.a. cuyo valor instantáneo es $u_S(t) = \sqrt{2}\ 100\ \mathrm{sen}\,\omega t$ V y la carga está constituida por la asociación en serie de una resistencia de 5 Ω, una inductancia de 20 mH y una batería de 40 V. Calcular:

a) a) La corriente instantánea $i(t)$ que recorre el circuito.

b) b) El valor medio de la tensión y de la corriente en la carga.

c) c) El valor eficaz de la corriente del circuito.

d) d) La potencia absorbida por la carga y el f.d.p. del circuito.

Nota. El diodo es ideal y la pulsación de la alimentación es $\omega = 314$ rad/s.

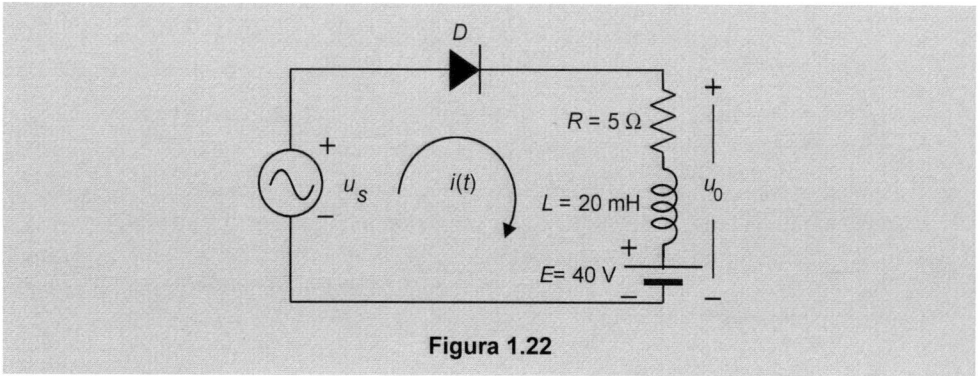

Figura 1.22

Solución

a) Cuando el diodo D está en conducción, en el circuito de la Figura 1.22 se cumple la siguiente ecuación diferencial:

$$L\frac{di}{dt} + Ri = \sqrt{2}\, U_s \mathrm{sen}\,\omega t - E \tag{1}$$

En la ecuación anterior U_s es el valor eficaz de la tensión de alimentación de corriente alterna y que es igual a 100 V. La solución de la ecuación anterior es la suma de una corriente estacionaria o de régimen permanente $i_p(t)$ (respuesta forzada o solución particular de la ecuación diferencial anterior) y una corriente transitoria $i_t(t)$ (respuesta natural, o solución de la ecuación diferencial homogénea). De forma análoga al problema anterior, la corriente de régimen permanente se determina en la forma clásica que se emplea en la teoría de circuitos de c.a. (es decir en el dominio fasorial), lo que da lugar a la expresión:

$$i_p\left(t\right) = \frac{\sqrt{2}\,U_s}{Z}\,\mathrm{sen}\left(\omega t - \theta\right) - \frac{E}{R} \tag{2}$$

donde los valores de la impedancia Z y su argumento θ son, respectivamente:

$$Z = \sqrt{R^2 + \left(L\omega\right)^2}\ ;\ \ \theta = \mathrm{arctg}\frac{L\omega}{R} \tag{3}$$

La corriente transitoria es la solución de la ecuación diferencial homogénea, es decir haciendo el segundo término de (1) igual a cero, lo que conduce a un valor:

$$i_t\left(t\right) = Ae^{-t/\tau}\ ;\ \mathrm{con}\ \tau = L/R \tag{4}$$

En la ecuación anterior A es una constante de integración y τ es la *constante de tiempo* del circuito y que es igual a L/R. Por consiguiente la solución completa de (1) es:

$$i(t) = i_p(t) + i_t(t) = \frac{\sqrt{2}\ U_s}{Z} \operatorname{sen}(\omega t - \theta) - \frac{E}{R} + Ae^{-t/\tau} =$$

$$= \frac{\sqrt{2}\ U_s}{Z} \operatorname{sen}(\omega t - \theta) - \frac{E}{R} + Ae^{-\omega t/\omega \tau}$$

(5)

En la Figura 1.23a se ha dibujado la onda sinusoidal de la tensión de alimentación y la tensión de la batería de 40 V que es una recta paralela al eje de abscisas. Evidentemente, el diodo entrará en conducción cuando la magnitud de la tensión sinusoidal sea igual o superior a la f.e.m. de la batería y corresponde al punto **B** de la Figura 1.23a, en el que se cumple:

$$\sqrt{2}\ 100 \operatorname{sen}\alpha = 40 \implies \alpha = \operatorname{arcsen}\frac{40}{\sqrt{2}\ 100} = 16,43°(0,287\ \mathrm{rad})$$

En la Figura 1.23b se muestra la forma de la corriente instantánea del circuito y que responde a la ecuación anterior (5). En la Figura 1.23c se muestra la forma de onda en la carga $u_0(t)$ que es la tensión entre los terminales del circuito serie formado por la resistencia de 5 Ω, la inductancia de 2 mH y la batería de 40 V.

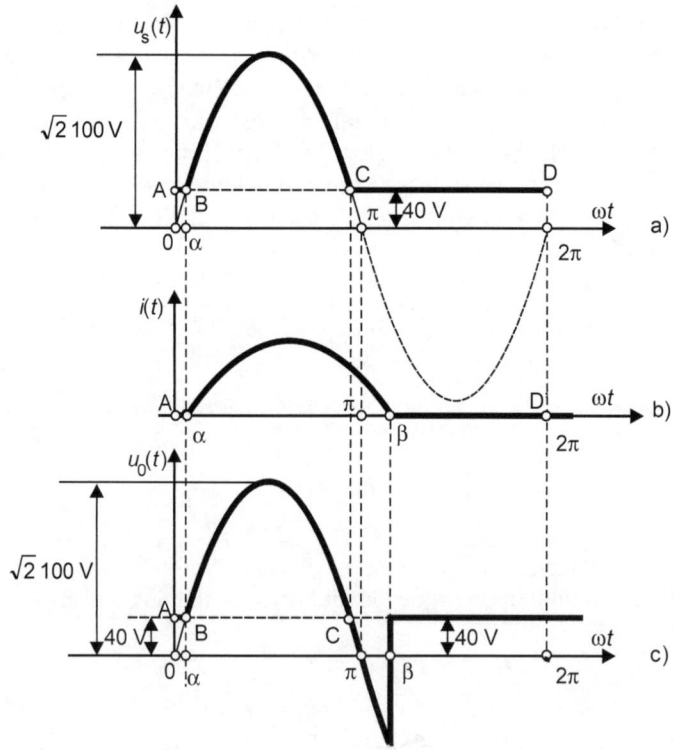

Figura 1.23

La constante A de la expresión de la corriente (5) se obtiene sabiendo que $i(t)$ es igual a cero para $\omega t = \alpha = 16,43° = 0,287$ rad, como se observa en la Figura 1.23. Al imponer esta condición en la expresión de la corriente (e) se obtiene:

$$i(t) = 0 = \frac{\sqrt{2}\ U_s}{Z}\,\text{sen}\,(\alpha - \theta) - \frac{E}{R} + Ae^{-\alpha/\omega\tau} \tag{6}$$

Como quiera que los valores de los parámetros del circuito son:

$$U_s = 100 \text{ V}; \ \omega = 314 \text{ rad/s}; \ R = 5\ \Omega; \ L = 20 \text{ mH};$$

$$\tau = L/R = 0,02/5 = 4 \text{ ms}; \ \omega\tau = 314·0,004 = 1,256 \text{ rad}.$$

entonces de acuerdo con (3), la impedancia del circuito y su argumento son respectivamente:

$$Z = \sqrt{R^2 + (L\omega)^2} = \sqrt{5^2 + (0,02 \cdot 314)^2} = \sqrt{5^2 + 6,28^2} = 8,03\ \Omega$$

$$\theta = \text{arctg}\,\frac{L\omega}{R} = \text{arctg}\,\frac{6,28}{5} = 51,5°\,(\text{es decir, }0,9 \text{ rad})$$

Al sustituir estos valores en (6) se obtiene:

$$0 = \frac{\sqrt{2}\ 100}{8,03}\,\text{sen}(\alpha - 51,5°) - \frac{40}{5} + Ae^{-\dfrac{\alpha}{1,256}} \tag{7}$$

Teniendo en cuenta que se tiene $\alpha = 16,43° = 0,287$ rad, la ecuación anterior nos da:

$$0 = 17,61\text{sen}(16,43° - 51,5°) - 8 + Ae^{-0,796·0,287} \Rightarrow A = 22,77$$

y al llevar este valor (y los anteriores) a la expresión general (5) de la corriente resulta finalmente:

$$i(t) = 17,61\text{sen}(\omega t - 51,5°) - 8 + 22,27e^{-0,796\omega t} \tag{8}$$

De acuerdo con la Figura 1.23b, la corriente anterior se anula para un argumento β que cumple la siguiente igualdad:

$$i(t) = 0 = 17,61\text{sen}(\beta - 51,5°) - 8 + 22,27e^{-0,796\beta} \tag{9}$$

que es una ecuación trascendente que hay resolver por ensayo y error y que el lector puede comprobar que da lugar a un argumento $\beta \approx 209° = 3,65$ rad.

b) En la Figura 1.23c se muestra la onda de la tensión en la carga $u_0(t)$ y cuyo valor medio se obtiene de la ecuación siguiente:

$$U_0(\text{medio}) = \frac{1}{2\pi}\left[\int_0^{\alpha} 40\,\mathrm{d}\gamma + \int_{\alpha}^{\beta}\sqrt{2}\ 100\,\text{sen}\,\gamma\,\mathrm{d}\gamma + \int_{\beta}^{2\pi} 40\,\mathrm{d}\gamma\right] \tag{10}$$

cuyo resultado es:

$$U_0(\text{medio}) = \frac{1}{2\pi}\left[40\cdot 0{,}287 + \sqrt{2}\ 100(\cos 16{,}43° - \cos 209°) + 40\cdot(6{,}28 - 3{,}65)\right] = 59{,}86\ \text{V}$$

El valor medio de la corriente en la carga sería:

$$I_{\text{med}} = \frac{U_0(\text{medio}) - E}{R} = \frac{59{,}86 - 40}{5} \approx 3{,}98\ \text{A}$$

El lector puede comprobar el resultado anterior calculando el valor medio de la Expresión (8) de la corriente instantánea del circuito.

c) El valor eficaz de la corriente de la carga (8) se calcula mediante la siguiente integral (donde se ha hecho el cambio $\omega t = \gamma$):

$$I_{\text{ef}} = \sqrt{\frac{1}{2\pi}\int_{\alpha}^{\beta}\left[17{,}61\text{sen}(\gamma - 51{,}5°) - 8 + 22{,}27e^{-0{,}796\gamma}\right]^2\mathrm{d}\gamma} \tag{11}$$

La integral anterior requiere resolver seis integrales parciales (con los límites $\alpha = 0{,}287$ rad y $\beta = 3{,}65$ rad) y cuyos resultados parciales puede comprobar el lector que son los siguientes:

$$I_1 = \int_{\alpha}^{\beta} 17{,}61^2\,\text{sen}^2(\gamma - 51{,}5°)\mathrm{d}\gamma \approx 503\ ;\ I_2 = \int_{\alpha}^{\beta} 22{,}27^2\,e^{-1{,}592\gamma}\mathrm{d}\gamma \approx 196{,}3\ ;$$

$$I_3 = \int_{\alpha}^{\beta}(-8)^2\mathrm{d}\gamma \approx 215{,}1$$

$$I_4 = \int_{\alpha}^{\beta} 2\cdot(-8)\cdot 22{,}27e^{-0{,}796\gamma}\mathrm{d}\gamma \approx -331{,}7\ ;$$

$$I_5 = \int_{\alpha}^{\beta} 2\cdot 22{,}27e^{-0{,}796\gamma}17{,}61\text{sen}(\gamma - 51{,}5°)\mathrm{d}\gamma \approx 153{,}8\ ;$$

$$I_6 = \int_{\alpha}^{\beta} 2\cdot(-8)\cdot 17{,}61\text{sen}(\gamma - 51{,}5°)\mathrm{d}\gamma \approx -491$$

y, de este modo, el resultado de la integral (11) es el siguiente:

$$I_{ef} = \sqrt{\frac{1}{2\pi}\left[503+196,3+215,1-331,7+153,8-491\right]} \approx 6,25 \ A \qquad (12)$$

d) En consecuencia la potencia absorbida por la carga sería:

$$P = RI_{ef}^2 + EI_{medio} = 5\cdot 6,25^2 + 40\cdot 3,98 = 354,5 \ W$$

y como la potencia eléctrica aparente absorbida de la red vale:

$$S = U_s I_{ef} = 100\cdot 6,25 = 625 \ VA$$

entonces el factor de potencia con el que trabaja el circuito es:

$$\text{f.d.p.} = \lambda = \frac{P}{S} = \frac{354,5}{625} = 0,57$$

Resolución con MATLAB®

1. Para calcular el ángulo de apagado del diodo del final del apartado a) del problema con MATLAB se escriben las siguientes sentencias:

```
>> f = @(x)[17.61*sin(x-0.9)-8+22.7*exp(-0.796*x)-0]; % Se escribe
la ecuación de apagado del diodo(9).
>> x0 = [3];se fija un valor de inicio para la solución del ángulo
de apagado.
>> x = fsolve (f,x0) % Se resuelve la ecuación de apagado.
```

y se obtiene el resultado siguiente:

```
3.6479
```

que prácticamente coincide con la solución señalada a continuación de la fórmula (9) y calculada manualmente.

2. Para calcular el valor eficaz de la corriente (11) del apartado c) con MATLAB se escriben las siguientes sentencias:

```
>> i2 = @(x)(17.61*sin(x-0.9)-8+22.27*exp(-0.796*x)).^2; % Se es-
cribe la expresión de la corriente instantánea al cuadrado de (11).
Nota: es importante colocar el punto final antes de elevar al cua-
drado.
>> Ief = sqrt(integral(i2,0.287,3.65)/(2*pi)) % Se calcula la inte-
gral (12).
```

y se obtiene el resultado siguiente:

```
6.257
```

que prácticamente coincide con la solución (12) calculada manualmente y que era de 6,25 A.

2

Conversión
de corriente alterna (c.a.)
a corriente continua (c.c.)

Se tiene un rectificador monofásico media onda que se alimenta por una red cuya tensión instantánea es $u_s(t) = \sqrt{2}\,200 \operatorname{sen} \omega t$ y alimenta una resistencia de 10 Ω. Calcular:

a) La tensión y la corriente media en la resistencia de carga.

b) La tensión y la corriente eficaz en el circuito.

c) La potencia activa de entrada y su factor de potencia, si el diodo rectificador es ideal.

d) El rendimiento de la rectificación.

e) La tensión de c.a. de rizado y el factor de rizado.

Solución

a) La tensión eficaz de la red es $U = 200$ V, por lo que la tensión media en la carga es:

$$U_{cc} = \frac{U_m}{\pi} = \frac{U\sqrt{2}}{\pi} = \frac{200\sqrt{2}}{\pi} = 90 \text{ V}$$

y la corriente media es igual a:

$$I_{cc} = \frac{U_{cc}}{R} = \frac{90}{10} = 9 \text{ A}$$

b) La tensión eficaz en la carga es:

$$U_{ef} = \frac{U_m}{2} = \frac{U\sqrt{2}}{2} = \frac{200}{\sqrt{2}} = 141,42 \text{ V}$$

y la intensidad eficaz en la carga es:

$$I_{ef} = \frac{U_{ef}}{R} = \frac{141,42}{10} = 14,14 \text{ A}$$

c) La potencia activa en la carga es:

$$P = RI_{ef}^2 = 10 \cdot 14,14^2 = 2000 \text{ W} = U_{ef}I_{ef}$$

y el factor de potencia λ de la instalación es:

$$\lambda = \frac{P}{S} = \frac{P}{U_{ef}I_{ef}} = \frac{2000}{200 \cdot 14,14} = 0,707$$

d) El rendimiento de la rectificación es:

$$\eta = \frac{U_{cc}I_{cc}}{U_{ef}I_{ef}} = \frac{90 \cdot 9}{141,42 \cdot 14,14} = 0,405$$

e) La tensión de rizado es:

$$U_r = \sqrt{U_{ef}^2 - U_{cc}^2} = \sqrt{141,42^2 - 90^2} = 109,1 \text{ V}$$

por lo que el factor de rizado es:

$$r = \frac{U_r}{U_{cc}} = \frac{109,1}{90} = 1,21$$

2.1. Se dispone del circuito rectificador monofásico media onda mostrado en la Figura 2.1 que está alimentado por una tensión instantánea $u_s(t) = \sqrt{2}\ 100\text{sen}\omega t$ y la carga está constituida por una resistencia de 1 Ω en serie con una batería de 50 V y con la polaridad señalada.
   Calcular:
   a) Los ángulos de encendido y apagado del diodo.
   b) La tensión y la corriente media en el circuito de carga.
   c) La corriente eficaz en la carga.
   d) La potencia activa absorbida por la carga (combinación de la resistencia y la batería).
   e) La potencia aparente y el f.d.p. del circuito.

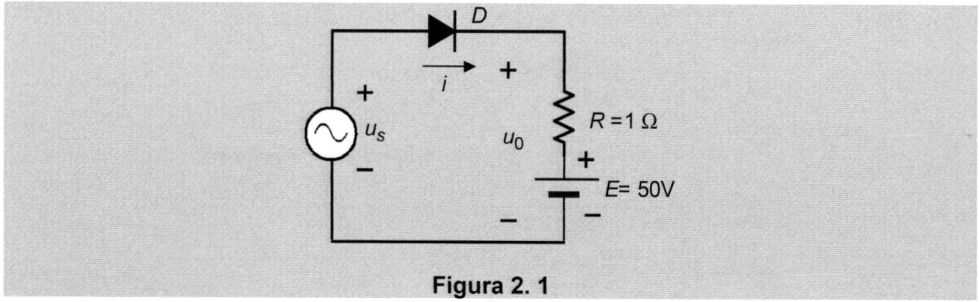

Figura 2. 1

Solución

a) En la Figura 2.2a se muestra la onda sinusoidal de tensión de la fuente de alimentación del circuito de la Figura 2.2 y la batería de f.e.m. de 50 V de la carga. Evidentemente el diodo del circuito conducirá siempre que la tensión en el ánodo sea más positiva que la del cátodo (polarización positiva) y que corresponde al tramo **BC** de la onda sinusoidal (y en esos puntos los argumentos se han denominado α y β respectivamente en la Figura 2.2a). Los valores de estos argumentos se calculan de la forma siguiente:

$$\sqrt{2}\cdot 100\ \text{sen}\,\omega t = 50 \quad \Rightarrow \quad \omega t = \alpha = \text{arcsen}\frac{50}{\sqrt{2}\cdot 100} = 0,3614\ \text{rad} = 20,7°$$

$$\beta = \pi - \alpha = \pi - 0,3614 = 2,78\ \text{rad} = 159,3° \tag{1}$$

que son los ángulos de encendido y apagado del diodo.

b) En la Figura 2.2a se muestra en trazo grueso la forma de la señal de tensión que se obtiene en la carga formada por la resistencia de 1 Ω en serie con la batería de corriente continua de 50 V. Es decir entre los puntos **A** y **B** la tensión en la carga es de 50 V (porque el diodo no ha entrado todavía en conducción); entre **B** y **C**, el diodo conduce y la tensión en la carga es la sinusoidal de alimentación y entre **C** y **D**, como el diodo no puede conducir porque tiene polarización inversa, la tensión de la carga es la debida a la tensión de la pila de 50 V. De este modo el valor medio de la tensión en la carga, formada por la batería de 50 V en serie con la resistencia de de 1 Ω, denominando γ al producto ωt es:

$$U_0(\text{media}) = \frac{1}{2\pi}\left[\int_0^{\alpha} 50\,\text{d}\gamma + \int_{\alpha}^{\beta} \sqrt{2}\cdot 100\,\text{sen}\,\gamma\,\text{d}\gamma + \int_{\beta}^{2\pi} 50\,\text{d}\gamma\right] =$$

$$= \frac{1}{2\pi}\left[50\alpha + \sqrt{2}\cdot 100\left(\cos\alpha - \cos\beta\right) + 50\left(2\pi - \beta\right)\right] \tag{2}$$

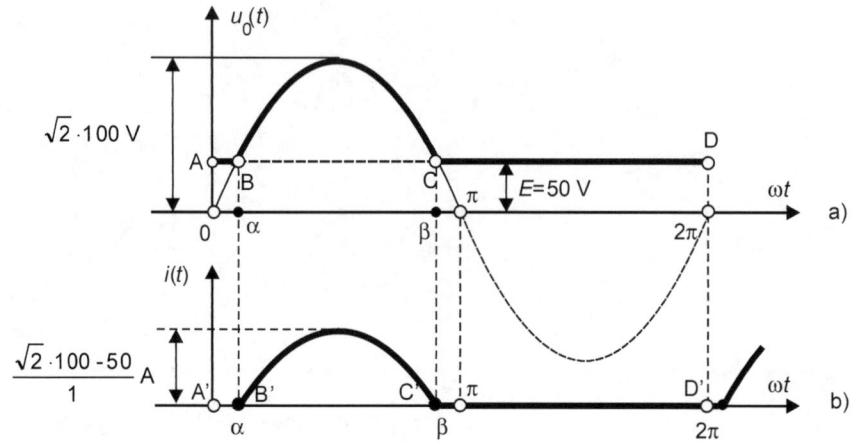

Figura 2.2

Como quiera que $\alpha = 0,3614 \text{ rad} = 20,7°$ y $\beta = 2,78 \text{ rad} = 159,3°$, se obtiene:

$$U_0(\text{media}) = \frac{1}{2\pi}\left[\begin{array}{l} 50\cdot 0,3614 + \sqrt{2}\cdot 100\left(\cos 20,7° - \cos 159,3°\right) + \\ +50\left(2\pi - 2,78\right)\end{array}\right] = 72,86 \text{ V} \quad (3)$$

y la corriente media de la malla del circuito (carga) se obtiene a partir de la ecuación siguiente:

$$I_{\text{media}} = \frac{U_0(\text{media}) - E}{R} = \frac{72,86 - 50}{1} = 22,86 \text{ A}$$

Este resultado se puede obtener también integrando la ecuación de la corriente y cuya onda se ha dibujado en la Figura 2.2b, donde se observa que la corriente solamente circula en el periodo comprendido entre los puntos **B′** y **C′** (correspondientes a los argumentos α y β), siendo el valor de la corriente instantánea:

$$i(t) = \frac{u_s - E}{R} = \frac{\sqrt{2}\cdot 100\,\text{sen}\,\omega t - 50}{1}$$

por lo que el valor medio de la corriente anterior, denominando γ al producto ωt, se obtiene la ecuación siguiente:

$$I_{\text{media}} = \frac{1}{2\pi}\left[\int_{\alpha}^{\beta} \frac{\sqrt{2}\cdot 100\,\text{sen}\,\omega t - 50}{1}\,\text{d}(\omega t)\right] = \frac{1}{2\pi}\left[\int_{\alpha}^{\beta} \frac{\sqrt{2}\cdot 100\,\text{sen}\,\gamma - 50}{1}\,\text{d}\gamma\right] \quad (4)$$

que al integrar nos da:

$$I_{media} = \frac{1}{2\pi}\left[-\sqrt{2}\cdot 100\cos\gamma - 50\gamma\right]_{\alpha}^{\beta} = \frac{1}{2\pi}\left[\sqrt{2}\cdot 100(\cos\alpha - \cos\beta) - 50(\beta - \alpha)\right]$$

y al sustituir los valores $\alpha = 0,31614$ rad $= 20,7°$ y $\beta = 2,78$ rad $= 159,3°$, resulta

$$I_{media} = \frac{1}{2\pi}\left[\sqrt{2}\cdot 100(\cos 20,70° - \cos 159,3°) - 50(2,78 - 0,3614)\right] = 22,86 \text{ A} \qquad (5)$$

que lógicamente coincide con el valor anterior calculado de una forma más simple y directa.

c) El valor eficaz de la corriente en la carga se obtiene de la expresión siguiente (con $\gamma = \omega t$):

$$I_{eficaz} = \sqrt{\frac{1}{2\pi}\left[\int_{\alpha}^{\beta} i^2(\omega t)\, d(\omega t)\right]} = \sqrt{\frac{1}{2\pi}\left[\int_{\alpha}^{\beta}\left(\frac{\sqrt{2}\cdot 100 \mathrm{sen}\,\gamma - 50}{1}\right)^2 d\gamma\right]} \qquad (6)$$

es decir:

$$I_{eficaz} = \sqrt{\frac{1}{2\pi}\left[\int_{\alpha}^{\beta}\left[20000\mathrm{sen}^2\gamma + 2500 - 14142,1\mathrm{sen}\,\gamma\right]d\gamma\right]} \qquad (7)$$

que al integrar nos da:

$$I_{eficaz} = \sqrt{\frac{1}{2\pi}\left[\begin{array}{l}20000\left(\dfrac{\gamma}{2} - \dfrac{\mathrm{sen}2\gamma}{4}\right)_{0,3614}^{2,78} + \\ +(2500\gamma)_{0,3614}^{2,78} + 14142,1(\cos\gamma)_{0,3614}^{2,78}\end{array}\right]} = 40,67 \text{ A} \qquad (8)$$

d) El valor de la potencia eléctrica absorbida por la carga (conjunto batería-resistencia), es:

$$P_0 = RI_{eficaz}^2 + EI(\text{medio}) = 1\cdot 40,67^2 + 50\cdot 22,86 = 2797 \text{ W} \qquad (9)$$

e) La potencia aparente suministrada por la alimentación o generador de c.a. sinusoidal es:

$$S = U_s I_{eficaz} = 100\cdot 40,67 = 4067 \text{ VA} \qquad (10)$$

por lo que el factor de potencia de la instalación vale:

$$\text{f.d.p.} = \lambda = \frac{P_0}{S} = \frac{2797}{4067} = 0,69 \qquad (11)$$

Resolución con MATLAB®

1. Para resolver el apartado b) del problema con MATLAB se escriben las siguientes sentencias:

```
>> i=@(x)(sqrt(2)*100*sin(x)-50);% Se escribe de este modo la función
de la corriente que se quiere integrar para calcular el valor medio
y que es la Ecuación (4).
>> Imed=integral(i,0.3614,2.78)% se ponen los limites α=0,3614 y
β=2,78.
```

y se obtiene el resultado siguiente:

```
Imed=22.8598
```

que en el problema hecho a mano se ha obtenido en (5) el resultado I_{med}=22,86 A y que es suficientemente aproximado al valor calculado con MATLAB.

2. Para calcular el valor eficaz de la corriente de la carga que se pide en el apartado c), de la Expresión (6) se tiene:

```
>> i2=@(x)((sqrt(2)*100*sin(x)-50)).^2; % Se escribe la expresión de
la corriente instantánea (6) elevada al cuadrado.(Nota: es importante
colocar el punto final antes de elevar al cuadrado.
>> Ief=sqrt(integral(i2,0.3614,2.78)/(2*pi))% Se calcula la integral
(7).
```

y se obtiene el resultado siguiente:

```
Ief=40.6698
```

que en el problema hecho a mano se ha obtenido en la Ecuación (8) el resultado:

$$I_{eficaz}= 40,67 \text{ A}.$$

2.3. Un circuito rectificador monofásico media onda está alimentado por una tensión instantánea $u_s(t) = \sqrt{2}\ 200\text{sen}314t$ y tiene una carga formada por una resistencia de 30 Ω en serie con una inductancia L= 0,127 H. Calcular:

a) La expresión de la corriente instantánea del circuito.

b) El ángulo de apagado del diodo y El tiempo correspondiente.

c) La tensión media en el circuito de carga.

d) Las corrientes media y eficaz en la carga.

e) La potencia activa absorbida por la carga y el f.d.p. del circuito.

Solución

a) En la Figura 2.3 se muestra el esquema eléctrico del circuito. Cuando el diodo D está en conducción, en este circuito se cumple la siguiente ecuación diferencial:

$$L\frac{di}{dt} + Ri = \sqrt{2}\ U_s\text{sen}\,\omega t \qquad (1)$$

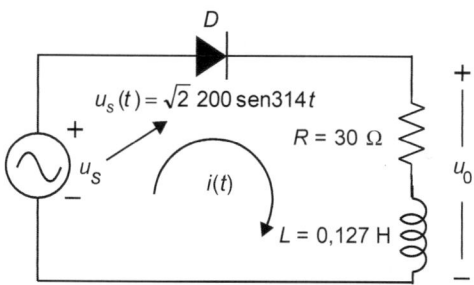

Figura 2.3

En la ecuación anterior U_s es el valor eficaz de la tensión de alimentación de corriente alterna y que es igual a 200 V. La solución de la ecuación anterior es la suma de una corriente estacionaria o de régimen permanente $i_p(t)$ (respuesta forzada o solución particular de la ecuación diferencial anterior) y una corriente transitoria $i_t(t)$ (respuesta natural, o solución de la ecuación diferencial homogénea). La corriente de régimen permanente se determina en la forma clásica que se emplea en la teoría de circuitos de c.a. (es decir en el dominio fasorial), lo que da lugar a la expresión:

$$i_p(t) = \frac{\sqrt{2}\,U_s}{Z}\,\mathrm{sen}\,(\omega t - \theta) \tag{2}$$

donde los valores de la impedancia Z y su argumento θ son, respectivamente:

$$Z = \sqrt{R^2 + (L\omega)^2} \;\; ; \;\; \theta = \mathrm{arctg}\frac{L\omega}{R} \tag{3}$$

La corriente transitoria es la solución de la ecuación diferencial homogénea, es decir haciendo el segundo término de (1) igual a cero, lo que conduce a un valor:

$$i_t(t) - Ae^{-t/\tau} \;\; ; \;\; \text{con } \tau = L/R \tag{4}$$

En la ecuación anterior, A es una constante de integración y τ es la *constante de tiempo* del circuito, que es igual a L/R. Por consiguiente, la solución completa de (1) es:

$$i(t) = i_p(t) + i_t(t) = \frac{\sqrt{2}\,U_s}{Z}\,\mathrm{sen}\,(\omega t - \theta) + Ae^{-t/\tau} \tag{5}$$

Si se considera que en $t=0$, la corriente anterior $i(t)$ es igual a cero, se deduce que el valor de la constante A es: $A = \sqrt{2}\,U_s\,\mathrm{sen}\,\theta/Z$ y llevando este resultado a la ecuación anterior (5) se obtiene la siguiente expresión final para la corriente:

$$i(t) = \frac{\sqrt{2}\,U_s}{Z}\left[\mathrm{sen}\,(\omega t - \theta) + (\mathrm{sen}\,\theta)e^{-t/\tau}\right] \tag{6}$$

En la Figura 2.4a se ha dibujado la onda de la tensión de alimentación y en la Figura 2.4b se muestra la forma de la corriente instantánea del circuito y que responde a la ecuación anterior (6). Como quiera que los valores de los parámetros del circuito son:

$$U_s = 200 \text{ V}; \quad \omega = 314 \text{ rad/s}; \quad R = 30 \ \Omega; \quad L = 0,127 \text{ H}$$

entonces, de acuerdo con (3), la impedancia del circuito y su argumento son, respectivamente:

$$Z = \sqrt{R^2 + (L\omega)^2} = \sqrt{30^2 + (0,127 \cdot 314)^2} = \sqrt{30^2 + 40^2} = 50 \ \Omega$$

$$\theta = \operatorname{arctg} \frac{L\omega}{R} = \operatorname{arctg} \frac{40}{30} = 53,13° (0,927 \text{ rad})$$

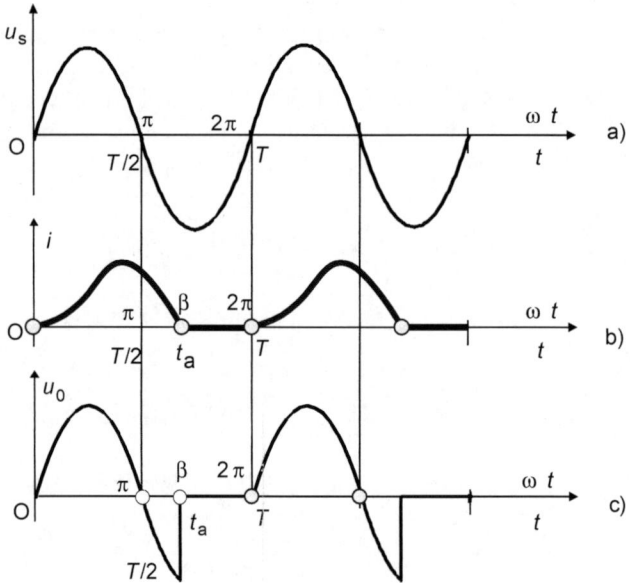

Figura 2.4

Además la constante de tiempo del circuito es $\tau = L/R = 0,127/30 = 4,24$ ms. Por consiguiente al sustituir los valores anteriores en la Ecuación (6), se obtiene la expresión numérica de la corriente instantánea del circuito, que es:

$$i(t) = \frac{\sqrt{2} \ 200}{50} \left[\operatorname{sen}(\omega t - 53,13°) + (\operatorname{sen}53,13°) e^{-t/\tau} \right] =$$

$$= 5,66 \operatorname{sen}(\omega t - 53,13°) + 4,53 e^{-t/0,00424}$$

El término exponencial de la expresión anterior se puede escribir de otro modo, (teniendo en cuenta que $\omega\tau = 314 \cdot 0,00424 = 1,331$), dando lugar al siguiente resultado de la corriente instantánea:

$$i(t) = 5,66\text{sen}\left(\omega t - 53,13°\right) + 4,53 e^{-\omega t/\omega \cdot 0,00424} =$$
$$= 5,66\text{sen}\left(\omega t - 53,13°\right) + 4,53 e^{-\omega t/1,331} \tag{7}$$

b) A partir de la expresión de la corriente anterior (7) se puede calcular el valor del ángulo $\beta = \omega t$, para el cual la corriente $i(t)$ se hace cero y que se muestra en la Figura 2.4b. En el punto correspondiente β se cumple la igualdad siguiente:

$$i(t) = 0 = 5,66\text{sen}\left(\omega t - 53,13°\right) + 4,53 e^{-0,75\omega t} \Rightarrow 5,66\text{sen}\left(\beta - 53,13°\right) + 4,53 e^{-0,75\beta} = 0 \tag{8}$$

La última ecuación trascendente anterior se debe resolver por el método de ensayo y error. Lo más práctico es suponer en principio que el término exponencial es despreciable, por lo que el término seno debe anularse, lo que da lugar a:

$$5,66\ \text{sen}\left(\beta - 53,13°\right) \approx 0 \Rightarrow \beta - 53,13° \approx 180° \Rightarrow$$
$$\Rightarrow \beta = 180° + 53,13° = 233,13°\left(\approx 4,07\ \text{rad}\right) \tag{9}$$

Se puede a continuación hacer un ensayo mejor y elegir $\beta = 4,11$ rad (235,5°), que prácticamente cumple la igualdad de la Ecuación (8). A partir de este valor del argumento β se deduce el tiempo t_a de apagado del diodo, que es:

$$\omega t_a = 4,11\ \text{rad} \Rightarrow t_a = \frac{4,11}{\omega} = \frac{4,11}{314} = 13,1\ \text{ms}$$

c) Para calcular el valor medio de la tensión en la carga, hay que tener en cuenta que esta tensión tiene la forma que se muestra en la Figura 2.4c y haciendo el cambio $\omega t = \gamma$ en la ecuación que se señala a continuación resulta:

$$U_{cc} = \frac{1}{T}\int_{0}^{T} u(t)\,dt = \frac{1}{2\pi}\int_{0}^{\beta} U_{m}\text{sen}\gamma\,d\gamma = \frac{U_{m}}{2\pi}\left(1-\cos\beta\right) = \frac{\sqrt{2}\ 200}{2\pi}\left(1-\cos 235,5°\right) = 70,5\ \text{V}$$

d) El valor medio de la corriente en la carga se obtiene de una forma muy sencilla a partir del resultado anterior y se calcula de la forma siguiente:

$$I_{cc} = \frac{U_{cc}}{R} = \frac{70,5}{30} = 2,35\ \text{A}$$

También se puede confirmar el valor anterior teniendo en cuenta el resultado (7) de la corriente instantánea, expresando el argumento en radianes (53,13° = 0,927 rad) y haciendo el cambio $\omega t = \gamma$, lo que representa la corriente:

$$i(t) = 5,66\text{sen}\left(\gamma - 0,927\right) + 4,53 e^{-\gamma/1,331} = 5,66\text{sen}\left(\gamma - 0,927\right) + 4,53 e^{-0,75\gamma} \tag{10}$$

El valor medio de la corriente de la carga (10) se obtiene de la definición de valor medio y que responde al resultado de la siguiente integral:

$$I_{\text{med}} = \frac{1}{T}\int_0^T i(t)\,dt = \frac{1}{2\pi}\int_0^{4,11}\left[5,66\text{sen}\left(\gamma-0,927\right)+4,53e^{-0,75\gamma}\right]d\gamma \qquad (11)$$

que al operar nos da:

$$I_{\text{med}} = \frac{1}{2\pi}\left[-5,66\,\cos\left(\gamma-0,927\right)-\frac{4,53}{0,75}e^{-0,75\gamma}\right]_0^{4,11} =$$

$$= \frac{1}{2\pi}[5,66+3,4-0,274+6,02\ ] = \frac{14,806}{2\pi} = 2,36\ \text{A} \qquad (12)$$

que prácticamente coincide con el resultado anterior.

Por otro lado, el valor eficaz de la corriente de la carga (10) se calcula mediante la siguiente integral:

$$I_{\text{eficaz}} = \sqrt{\frac{1}{2\pi}\int_0^{4,11}\left[5,66\text{sen}\left(\gamma-0,927\right)+4,53e^{-0,75\gamma}\right]^2 d\gamma} \qquad (13)$$

que al desarrollar el cuadrado del término entre corchetes se puede escribir del modo siguiente:

$$I_{\text{eficaz}} = \sqrt{\frac{1}{2\pi}\int_0^{4,11}\left[\begin{array}{l}5,66^2\,\text{sen}^2\left(\gamma-0,927\right)+\\+4,53^2\,e^{-1,5\gamma}+2\cdot5,66\cdot4,53e^{-0,75\gamma}\text{sen}\left(\gamma-0,927\right)\end{array}\right]d\gamma} \qquad (14)$$

y al integrar da lugar al siguiente resultado numérico:

$$I_{\text{eficaz}} = \sqrt{\frac{1}{2\pi}[57,48+13,65+1,63]} = \sqrt{\frac{72,76}{2\pi}} = 3,40\ \text{A} \qquad (15)$$

e) De este modo la potencia absorbida por la carga sería:

$$P_0 = RI_{\text{eficaz}}^2 = 30\cdot3,4^2 \approx 347\ \text{W} \qquad (16)$$

Evidentemente este resultado es la potencia activa de la instalación y que como se sabe de un curso de Teoría de Circuitos representa también la potencia media que entrega la red de alimentación o generador a la carga como se puede verificar mediante el cálculo de esta última mediante la expresión:

$$P_0 = \frac{1}{T}\int_0^T u_s(t)i_s(t)\,dt =$$

$$= \frac{1}{2\pi}\int_0^{2\pi} u_s(\gamma)i_s(\gamma)\,d\gamma = \frac{1}{2\pi}\int_0^{4,11} \sqrt{2}\,200\,\text{sen}\,\gamma\left[\begin{array}{l}5,66\,\text{sen}(\\ (\gamma-0,927)+4,53e^{-0,75\gamma}\end{array}\right]d\gamma \tag{17}$$

es decir:

$$P_0 = \frac{1}{2\pi}\int_0^{4,11}\left[1600,9\,\text{sen}\,\gamma\,\text{sen}\,(\gamma-0,927)+1281,3e^{-0,75\gamma}\,\text{sen}\,\gamma\right]d\gamma \tag{18}$$

que al operar nos da:

$$P_0 = \frac{1}{2\pi}\left[480,27\gamma - 240,14\,\text{sen}\,2\gamma + 320,2\cos 2\gamma + 820e^{-0,75\gamma}\left(-0,75\,\text{sen}\,\gamma - \cos\gamma\right)\right]_0^{4,11}$$

que conduce al siguiente resultado:

$$P_0 = \frac{1}{2\pi}\left[(1973,91 - 224,23 - 114,6 - 320,2) + 37,6(0,618 + 0,567) + 820\right] =$$

$$= \frac{1}{2\pi}2179,5 \approx 347 \text{ W} \tag{19}$$

y que lógicamente coincide con la potencia disipada en la carga calculada en (16).

Teniendo en cuenta además que la potencia eléctrica aparente absorbida de la red vale:

$$S = U_s I_{\text{ef}} = 200\cdot 3,4 = 680 \text{ VA} \tag{20}$$

el valor del factor de potencia con el que trabaja el circuito es:

$$\text{f.d.p.} = \lambda = \frac{P}{S} = \frac{347}{680} = 0,51 \tag{21}$$

Resolución con MATLAB®

1. Para resolver el apartado b) del problema y calcular el ángulo de apagado del diodo con MATLAB se escriben las siguientes sentencias:

```
>> f=@(x)[5.66*sin(x-0.927)+4.53*exp(-0.75*x)-0];% De esta forma se
escribe la ecuación que se quiere resolver donde el -0 final es el
segundo miembro de la Ecuación (8).
```

```
>> x0=[4];% condición de inicio de la solución y que se ha tomado
igual a 4.
>> x=fsolve(f,x0)% se resuelve la ecuación comenzando con el valor
de inicio x0 anterior.
```

y se obtiene el resultado siguiente:

```
x=4.1054
```

que en el problema «hecho a mano» se ha obtenido el resultado $\beta = 4.11$ (ver línea siguiente a las Fórmulas (9), que es suficientemente aproximado al valor real.

2. Para calcular el valor medio de la corriente de la carga del apartado d) del problema parte de la Expresión (11) y se escribe:

```
>> f=@(x)5.66*sin(x-0.927)+4.53*exp(-0.75*x);% se escribe de este
modo la función que se quiere integrar y que es la Ecuación (11)de
este problema.
>> Imed=integral(f,0.0,4.11)/(2*pi)% se resuelve la integral de la
función anterior con los límites 0 a 4.11 y el resultado se divide
por 2π, para obtener el valor medio.
```

y se obtiene el resultado siguiente:

```
Imed=2.358
```

que en el problema hecho a mano se ha obtenido el resultado $I_{med} = 2,36$ (ver Ecuación (12), que es suficientemente aproximado al valor real.

3. Para calcular el valor eficaz de la corriente de la carga del apartado d), según la Ecuación (13) se escribe:

```
>> i2=@(x)(5.66*sin(x-0.927)+4.53*exp(-0.75*x)).^2; % Se escribe la
expresión de la corriente instantánea (13) elevada al cuadrado.(Nota:
es importante colocar el punto final antes de elevar al cuadrado.
>> Ief=sqrt(integral(i2,0.0,4.11)/(2*pi))% Se calcula la integral
(13).
```

y se obtiene el resultado siguiente:

```
Ief=3.4014
```

que en el problema hecho a mano se ha obtenido el resultado $I_{med} = 3,40$, que es suficientemente aproximado al valor real.

2.4. Se dispone del rectificador trifásico doble onda mostrado en la Figura 2.5. La tensión eficaz compuesta en el secundario del transformador es de 400 V. La carga es una resistencia de 5 Ω en serie con una inductancia de gran valor para que pueda despreciarse el rizado del circuito. Calcular:

a) La tensión y la corriente media en la carga.

b) La potencia absorbida por la resistencia de carga.

c) La corriente eficaz de línea en el secundario del transformador.

d) La potencia aparente entregada por el secundario del transformador y su f.d.p.

e) La magnitud de la corriente de primer armónico de la corriente de línea del transformador y la potencia activa suministrada por este armónico.

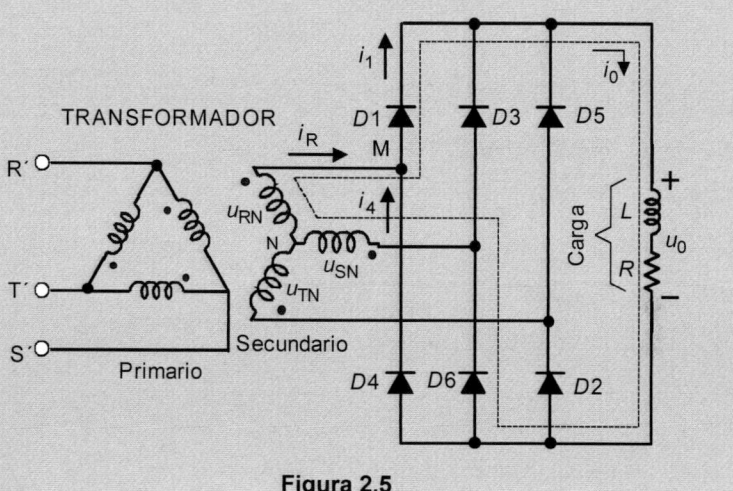

Figura 2.5

Solución

a) La tensión simple del secundario del transformador vale:

$$U_s = \frac{400}{\sqrt{3}} = 230,94 \text{ V}$$

que corresponde a un valor máximo de la tensión simple:

$$U_m = 230,94\sqrt{2} = 326,6 \text{ V}$$

Recordemos que el desarrollo en serie de Fourier de la tensión en la carga responde a la siguiente expresión:

$$u_0(t) = \frac{3\sqrt{3}U_m}{\pi}\left(1 - \sum_{n=6,12,18,\dots}^{\infty} \frac{2}{n^2-1}\cos\frac{n\pi}{6}\cos n\omega t\right)$$

por lo que la tensión media de corriente continua en la carga (término constante en el desarrollo anterior) vale:

$$U_{cc} = \frac{3\sqrt{3}}{\pi}\,U_m = \frac{3\sqrt{3}}{\pi}326,6 = 540,2 \text{ V}$$

y la corriente media en la resistencia de carga es:

$$I_{cc} = \frac{U_{cc}}{R} = \frac{540,2}{5} = 108,04 \text{ A}$$

b) La potencia absorbida por la carga vale:

$$P_{cc} = P_0 = U_{cc}I_{cc} = 540,2 \cdot 108,04 \approx 58,36 \text{ kW}$$

c) La forma de onda de la corriente en el secundario del transformador es la que se muestra en la Figura 2.6, por lo que el valor eficaz de esta corriente del secundario se obtiene de la expresión siguiente:

$$I_{ef} = \sqrt{\frac{1}{2\pi}\left[\int_{\pi/3}^{\pi} I_{cc}^2 d\gamma + \int_{4\pi/3}^{2\pi}(-I_{cc})^2 d\gamma\right]} = \sqrt{\frac{1}{2\pi}I_{cc}^2\left[\frac{2\pi}{3}\cdot 2\right]} = I_{cc}\sqrt{\frac{2}{3}} = 108,4\sqrt{\frac{2}{3}} = 88,21 \text{ A}$$

d) Por consiguiente, la potencia aparente en el secundario del transformador vale:

$$S = 3U_s I_{ef} = 3 \cdot 230,94 \cdot 88,21 \approx 61,1 \text{ kVA}$$

y el factor de potencia con el que trabaja la instalación es:

$$\text{f.d.p.} = \lambda = \frac{P_0}{S} = \frac{58,36}{61,1} = 0,955$$

e) El desarrollo en serie de Fourier de la corriente secundaria del transformador mostrada en la Figura 2.6, sabemos que viene expresado por la ecuación:

$$i_R(t) = \frac{4I_{cc}}{\pi}\sum_{n=1}^{\infty}\frac{1}{n}\text{sen}\frac{n\pi}{3}\text{sen}\frac{n\pi}{2}\text{sen}n\omega t$$

lo que significa de acuerdo con la expresión anterior que el primer armónico tiene un valor máximo:

$$I_{R1} = \frac{4I_{cc}}{\pi}\text{sen}\frac{\pi}{3}\text{sen}\frac{\pi}{2} = \frac{2\sqrt{3}}{\pi}I_{cc} = \frac{2\sqrt{3}}{\pi}108,4 = 119,13 \text{ A}$$

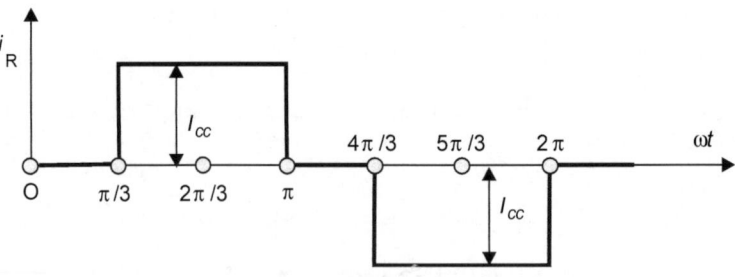

Figura 2.6

lo que significa que la corriente eficaz del primer armónico es:

$$I_{R1}(\text{eficaz}) = \frac{119,13}{\sqrt{2}} = 84,24 \text{ A}$$

Es interesante que el lector compruebe que la corriente eficaz del primer armónico es casi la misma que la corriente eficaz total calculada en el apartado c) y que era de 88,21 A. Por otra parte de acuerdo con el desarrollo en serie de Fourier de la corriente del secundario del transformador se observa que la corriente de primer armónico está en fase con la tensión secundaria del transformador es decir su factor de potencia es la unidad, por lo que la potencia activa suministrada por este armónico sería:

$$P_1 = 3U_s I_{R1(\text{eficaz})} \cdot \cos \varphi_1 = 3 \cdot 230,94 \cdot 84,24 \cdot 1 = 58,36 \text{ kW}$$

Esta cifra coincide con la potencia P_0 absorbida por la carga calculada en el apartado b), lo que significa que la potencia absorbida por la carga se debe esencialmente a la potencia que suministra el primer armónico de la corriente.

2.5. La Figura 2.7 muestra un rectificador monofásico controlado de media onda. La red tiene una tensión eficaz de 230 V y 50 Hz. La carga es una resistencia de 20 Ω en serie con una inductancia $L = 10$ mH. Si el ángulo de encendido del tiristor es $\alpha = 45°$, calcular:

a) La expresión de la corriente instantánea que recorre el circuito.

b) El ángulo de apagado del tiristor.

c) La tensión y la corriente media en la carga.

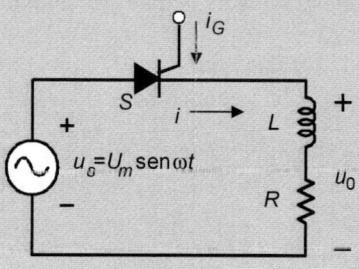

Figura 2.7

Solución

Teoría previa

Cuando conduce el tiristor S del circuito de la Figura 2.7, se cumple la siguiente ecuación diferencial:

$$L\frac{di_0}{dt} + Ri_0 = U_m \text{sen}\,\omega t \tag{1}$$

cuya solución en régimen permanente es:

$$i_{p0}(t) = \frac{U_m}{Z} \operatorname{sen}(\omega t - \theta) \qquad (2)$$

donde los valores de Z y θ son, respectivamente:

$$Z = \sqrt{R^2 + (L\omega)^2} \qquad ; \qquad \theta = \operatorname{arctg} \frac{L\omega}{R} \qquad (3)$$

A la solución (2) hay que añadir la respuesta transitoria o solución de la ecuación diferencial homogénea de (1) y que es de la forma:

$$i_{t0}(t) = A e^{-t/\tau} \qquad (4)$$

donde A es la constante de integración y $t=L/R$ es la constante de tiempo de la carga. De este modo la solución completa de (1) es:

$$i_0(t) = \frac{U_m}{Z} \operatorname{sen}(\omega t - \theta) + A e^{-t/\tau} \qquad (5)$$

Teniendo en cuenta que el tiristor no empieza a conducir hasta que no recibe el impulso de disparo a su puerta en el instante $\omega t = \alpha$, en que $i_0(t) = 0$, la Ecuación (5) nos da:

$$i_0(t=0) = \frac{U_m}{Z} \operatorname{sen}(\alpha - \theta) + A e^{-\omega t/\omega \tau} = \frac{U_m}{Z} \operatorname{sen}(\alpha - \theta) + A e^{-\alpha/\omega \tau} = 0 \qquad (6)$$

de donde se deduce la constante de integración A que es igual a:

$$A = -\frac{U_m}{Z} e^{\alpha/\omega \tau} \operatorname{sen}(\alpha - \theta) \qquad (7)$$

que al llevar a (6) nos da la solución completa siguiente:

$$i_0(t) = \frac{U_m}{Z} \left[\operatorname{sen}(\omega t - \theta) - e^{(\alpha - \omega t)/\omega \tau} \operatorname{sen}(\alpha - \theta) \right] \qquad (8)$$

La solución anterior es válida en el rango $\alpha \le \omega t \le \beta$, siendo β el ángulo de apagado del tiristor, es decir, cuando $i_0 = (\omega t = \beta) = 0$. En la Figura 2.8a se muestra la tensión sinusoidal de la red; en la Figura 2.8b se muestran los impulsos de disparo aplicados a la puerta del tiristor con un ángulo de encendido α y que se repiten cada 2π radianes; en la Figura 2.8c se ha dibujado la forma de onda que se obtiene en la carga y que comienza en el instante en que se aplica el impulso de encendido y que finaliza en el argumento β y en la Figura 2.8d se ha dibujado la forma de onda de la corriente en el circuito, que siempre es positiva y transcurre entre α y β. El tiristor trabaja *en modo discontinuo*, ya que la corriente se anula en la mayor parte del semiciclo negativo.

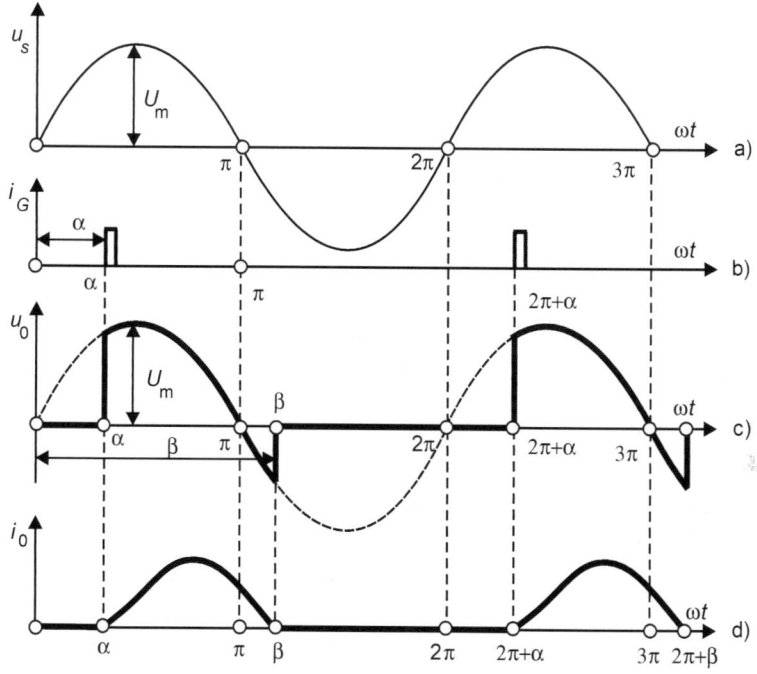

Figura 2.8

a)   Como quiera que los parámetros del circuito son:

$$U_s = 230\text{V}$$

es decir

$$U_m = \sqrt{2}U_s = \sqrt{2}\cdot 230 = 325,27 \text{ V} ; f = 50 \text{ Hz}, \omega = 2\pi f = 314,16 \text{ rad/s}; R = 20\ \Omega;$$
$$L = 10 \text{ mH}; X_L = L\omega = 0,01 \cdot 314,16 \approx 3,14\ \Omega$$

por lo que se cumple que:

$$Z = \sqrt{R^2 + (L\omega)^2} = \sqrt{20^2 + 3,14^2} = 20,24\ \Omega \quad ; \quad \theta = \text{arctg}\frac{L\omega}{R} = \text{arctg}\frac{3,14}{20} = 8,9°(0,156 \text{ rad})$$

$$\tau = \frac{L}{R} = \frac{10\cdot 10^{-3}}{20} = 5\cdot 10^{-4}\text{s} ; \ \omega\tau = 314,16 \cdot 5 \cdot 10^{-4} = 0,157 \text{ rad/s}; \ \alpha = 45° = 0,785 \text{ rad}$$

Al sustituir estos valores en la Ecuación (8) se obtiene la expresión numérica siguiente:

$$i_0(t) = \frac{325,27}{20,24}\left[\text{sen}\left(\omega t - 8,9°\right) - e^{(0,785-\omega t)/0,157}\text{sen}\left(45° - 8,9°\right)\right]$$

que al operar nos da:

$$i_0(t) = 16,07\left[\text{sen}(\omega t - 8,9°) - 0,589 e^{(0,785 - \omega t)/0,157} \right] \qquad (9)$$

b) El ángulo de apagado del tiristor β se obtiene a partir de la Ecuación (9) imponiendo la condición de que para ese argumento la corriente debe anularse, lo que da lugar a la expresión:

$$i_0(t) = 16,07\left[\text{sen}(\beta - 8,9°) - 0,589 e^{(0,785 - \beta)/0,157} \right] = 0 \;\Rightarrow$$

$$\Rightarrow\; \text{sen}(\beta - 8,9°) - 0,589 e^{(0,785 - \beta)/0,157} = 0$$

es decir:

$$\text{sen}(\beta - 8,9°) - 0,589 e^5 \cdot e^{-6,37\beta} = 0 \;\Rightarrow\; \text{sen}(\beta - 8,9°) - 87,42 \cdot e^{-6,37\beta} = 0 \qquad (10)$$

La ecuación anterior es de tipo trascendente y se debe resolver por el método de ensayo y error (y si se trabaja en radianes hay que tener en cuenta que α=8,9°=0,156 rad). En un primer intento se puede suponer despreciable el término exponencial por lo que de la Ecuación (10) resulta:

$$\beta = 180° + 8,9° = 188,9° \text{ (3,3 rad)} \qquad (11)$$

Volviendo a la Ecuación (10) con este valor, vemos que la igualdad se cumple porque el término exponencial sigue siendo despreciable con el valor del argumento calculado.

c) De acuerdo con la Figura 2.8c, el valor medio de la tensión en la carga (haciendo el cambio $\omega t = \gamma$) será:

$$U_{cc} = \frac{1}{T}\int_0^T u_0(t)\,dt = \frac{1}{2\pi}\int_\alpha^\beta \sqrt{2}\cdot 230\,\text{sen}\gamma\,d\gamma = \frac{\sqrt{2}\cdot 230}{2\pi}(\cos\alpha - \cos\beta)$$

Como α=4 5° y β= 188,9° se tiene:

$$U_{cc} = \frac{\sqrt{2}\cdot 230}{2\pi}(\cos 45° - \cos 188,9°) = 87,74 \text{ V}$$

d) La corriente media en la carga es:

$$I_{cc} = \frac{U_{cc}}{R} = \frac{87,74}{20} \approx 4,4 \text{ A}$$

Resolución con MATLAB®

Para resolver el apartado b) del problema y calcular el ángulo de apagado del tiristor con MATLAB, se parte de la Ecuación (10) y se escriben las siguientes sentencias:

```
>> f=@(x)[sin(x-0.156)-87.42*exp(-6.37*x)-0];% De esta forma se es-
```
cribe la ecuación que se quiere resolver donde el -0 final es el
segundo miembro de la Ecuación (10).
```
>> x0=[3];% condición de inicio de la solución y que se ha tomado
```
igual a 4.
```
>> x=fsolve(f,x0)% se resuelve la ecuación comenzando con el valor
```
de inicio x0 anterior.

y se obtiene el resultado siguiente:

```
x=3.2976
```

y que en el problema «hecho a mano», el resultado fue $\beta = 3,3$ rad que se señalaba en
la Fórmula (11) y que prácticamente coincide con el valor obtenido con MATLAB.

2.6. El rectificador monofásico controlado de puente completo de la Figura 2.9 está
alimentado por una red de c.a. de tensión eficaz de 230 V y 50 Hz. La carga es
una resistencia de 20 Ω en serie con una inductancia $L = 40$ mH. Si el ángulo de
encendido del tiristor es $\alpha = 60°$, demostrar que la conducción es discontinua y
calcular:

a) La expresión de la corriente instantánea que recorre el circuito.

b) El ángulo de apagado del tiristor.

c) Los valores de la tensión y la corriente media en la carga.

d) La corriente eficaz en la carga y la potencia disipada en la resistencia de carga.

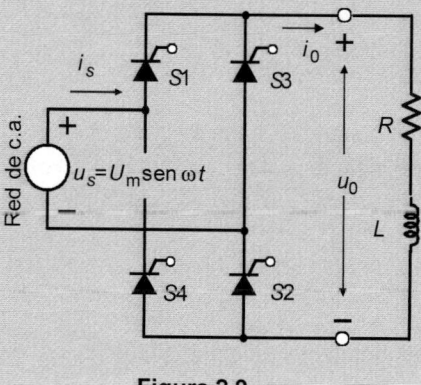

Figura 2.9

Solución

a) De acuerdo con la teoría desarrollada en el problema anterior, la corriente de carga
obedece a la expresión siguiente:

$$i_0(t) = \frac{U_m}{Z}\left[\text{sen}\,(\omega t - \theta) - e^{(\alpha - \omega t)/\omega\tau}\,\text{sen}\,(\alpha - \theta)\right] \tag{1}$$

donde α es el ángulo de encendido o de disparo de los tiristores, Z es el módulo de la impedancia de la carga θ su argumento, β es el ángulo de apagado de los tiristores y τ la constante de tiempo del circuito. Como quiera que los parámetros del circuito son:

$$U_s = 230\text{V}$$

es decir

$$U_m = \sqrt{2}U_s = \sqrt{2} \cdot 230 = 325,27 \text{ V} \; ; \; f = 50 \text{ Hz}, \; \omega = 2\pi f = 314,16 \text{ rad/s}; \; R = 20 \; \Omega;$$
$$L = 40 \text{ mH}; X_L = L\omega = 0,04 \cdot 314,16 \approx 12,57 \; \Omega$$

por lo que se cumple que:

$$Z = \sqrt{R^2 + (L\omega)^2} = \sqrt{20^2 + 12,57^2} = 23,62 \; \Omega \; ;$$

$$\theta = \text{arctg} \frac{L\omega}{R} = \text{arctg} \frac{12,57}{20} = 32,15°\,(0,561 \text{ rad}); \quad \tau = \frac{L}{R} = \frac{40 \cdot 10^{-3}}{20} = 2 \text{ ms}$$

lo que da lugar a

$$\omega t = 314,16 \cdot 2 \cdot 10^{-3} = 0,628 \text{ rad}; \; \alpha = 60° \,(1,047 \text{ rad})$$

Al sustituir estos parámetros en la ecuación de la corriente (1) resulta:

$$i_0(t) = \frac{325,27}{23,62} \left[\text{sen}\,(\omega t - 32,15°) - e^{(1,047-\omega t)/0,628} \text{sen}(60° - 32,15°) \right]$$

es decir:

$$i_0(t) = 13,77 \left[\text{sen}\,(\omega t - 32,15°) - 0,467 e^{1,667} e^{-1,59\omega t} \right] =$$
$$= 13,77 \left[\text{sen}\,(\omega t - 32,15°) - 2,473 e^{-1,59\omega t} \right] \tag{2}$$

b) Hay que recordar que la solución anterior es válida para el intervalo $\alpha \leq \omega t \leq \beta$, siendo β el ángulo de apagado de los tiristores, es decir, cuando $i_0 = (\omega t = \beta) = 0$. El ángulo β se puede calcular a partir de (2) imponiendo a condición de apagado anterior, lo que da lugar a la ecuación:

$$i_0(\omega t = \beta) = \text{sen}(\beta - 32,15°) - 2,473 e^{-1,59\beta} = 0 \tag{3}$$

La ecuación anterior es de tipo trascendente (con $32,15° = 0,561$ rad) y se debe resolver por el método de ensayo y error. En un primer intento se puede suponer despreciable el término exponencial por lo que de la Ecuación (3) resulta:

$$\beta = 180° + 32,15° = 212,15° \,(3,7 \text{ rad}) \tag{4}$$

Volviendo a la Ecuación (3) con este valor, vemos que la igualdad se cumple porque el término exponencial es despreciable.

En la Figura 2.10a se muestra la tensión sinusoidal de la red; en la Figura 2.10b se muestran los impulsos de disparo aplicados a la puerta del tiristor con un ángulo de encendido α y que se repiten cada π radianes; en la Figura 2.10c se ha dibujado la forma de onda que se obtiene en la carga y que comienza en el instante en que se aplica el impulso de encendido y que finaliza en el argumento β y en la Figura 2.10d se ha dibujado la forma de onda de la corriente en el circuito y que siempre es positiva y transcurre entre α y β. Se observa que la corriente de carga $i_0(t)$ se anula para $\omega t = \alpha$, $\pi + \alpha$, $2\pi + \alpha$, etc., y para $\omega t = \beta$, $\pi + \beta$, $2\pi + \beta$, etc. Se deduce de estas figuras que la *conducción es discontinua,* ya que en los diversos semiciclos hay un intervalo en el que la corriente se anula (véase por ejemplo el segundo semiciclo donde $i_0 = 0$ entre β y $\pi + \alpha$, (donde $\beta < \pi + \alpha$), y de forma análoga en los demás tramos).

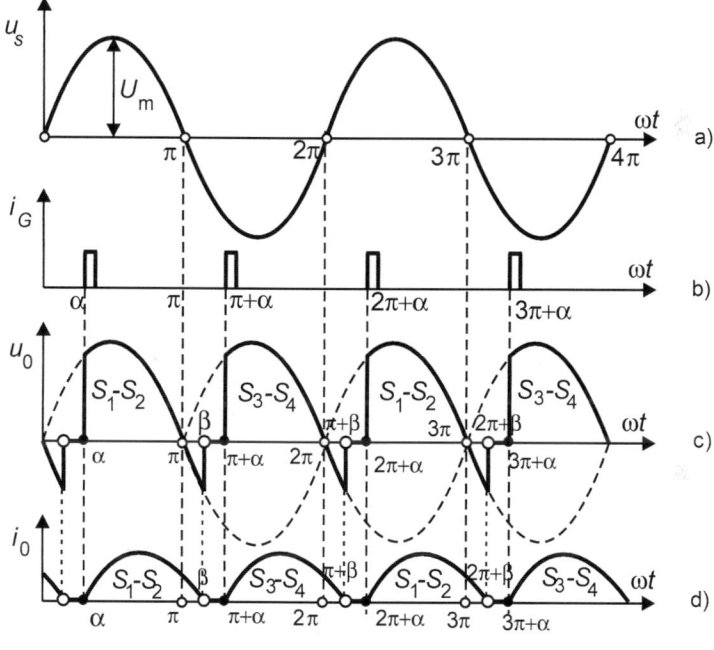

Figura 2.10

Se puede demostrar (ver Problema 2.7) que para que la conducción sea continua *el ángulo de disparo de los tiristores* α *debe ser menor o igual al argumento* θ *de la impedancia de la carga.* Y en este problema ocurre todo lo contrario ya que el ángulo de disparo de los tiristores $\alpha = 60°$ (1,047 rad), es superior al argumento de la impedancia de carga $\theta = 32,13°$ (0,561), por lo que la *conducción es discontinua,* es decir la corriente de carga se anula en parte del ciclo.

c) De acuerdo con la Figura 2.10c, el valor medio de la tensión en la carga (haciendo el cambio $\omega t = \gamma$) será:

$$U_{cc} = \frac{1}{T}\int_0^T u_0(t)\,dt = \frac{1}{2\pi}\int_\alpha^\beta \sqrt{2}\cdot 230\,\mathrm{sen}\,\gamma\,d\gamma = \frac{\sqrt{2}\cdot 230}{2\pi}\left(\cos\alpha - \cos\beta\right)\ (5)$$

como $\alpha = 60°$ y $\beta = 212,15°$ se tiene:

$$U_{cc} = \frac{\sqrt{2} \cdot 230}{2\pi} \left(\cos 60° - \cos 212,15° \right) = 139,5 \text{ V} \qquad (6)$$

y la corriente media en la carga vale:

$$I_{cc} = \frac{U_{cc}}{R} = \frac{139,5}{20} \approx 7 \text{ A} \qquad (7)$$

d) De acuerdo con la Figura 2.10d, y el resultado (2) de la corriente en la carga, el valor eficaz de esta corriente se obtiene de la expresión siguiente:

$$I_{ef} = \sqrt{\frac{1}{\pi} \int_{\alpha}^{\beta} \left\{ 13,77 \left[\text{sen} \left(\gamma - 32,15° \right) - 2,473 e^{-1,59\gamma} \right] \right\}^2 d\gamma} =$$

$$= 7,77 \sqrt{\int_{\alpha}^{\beta} \left[\text{sen} \left(\gamma - 32,15° \right) - 2,473 e^{-1,59\gamma} \right]^2 d\gamma} \qquad (8)$$

En la escritura de la corriente de la ecuación anterior se ha hecho el cambio de variable $\omega t = \gamma$. Y resolviendo la integral y teniendo en cuenta que los límites de integración son $\alpha = 60°$ (1,047 rad) y $\beta = 212,15°$ (3,7 rad), se obtiene el siguiente resultado:

$$I_{ef} = 7,77 \cdot 1,081 = 8,4 \text{ A} \qquad (9)$$

por lo que la potencia disipada en la resistencia de carga es:

$$P_0 = P_R = R I_{ef}^2 = 20 \cdot 8,4^2 \approx 1411 \text{ W}$$

que es la potencia activa que el circuito absorbe de la red.

Resolución con MATLAB®

1. Para resolver el apartado b) del problema y calcular el ángulo de apagado del tiristor con MATLAB, se parte de la Ecuación (3) y se escriben las siguientes sentencias:

```
>> f=@(x)[sin(x-0.561)-2.473*exp(-1.59*x)-0];% De esta forma se es-
cribe la ecuación que se quiere resolver donde el -0 final es el
segundo miembro de la Ecuación (3).
>> x0=[3];% condición de inicio de la solución y que se ha tomado
igual a 3.
>> x=fsolve(f,x0)% se resuelve la ecuación comenzando con el valor
de inicio x0 anterior.
```

y se obtiene el resultado siguiente:

```
x=3.6957
```

que en el problema «hecho a mano» el resultado ha sido $\beta = 3,7$ rad, ver Expresión (4), y que prácticamente coincide con el valor obtenido con MATLAB.

2. Para calcular el valor eficaz de la corriente de la carga del apartado d), según la Ecuación (8) se escribe:

```
>> i2=@(x)(13.77*(sin(x-0.561)-2.473*exp(-1.59*x))).^2; % Se escribe
la expresión de la corriente instantánea (8) elevada al cua-
drado.(Nota: es importante colocar el punto final antes de elevar al
cuadrado.
>> Ief=sqrt(integral(i2,1.047,3.7)/pi)% Se calcula la integral (8).
```

y se obtiene el resultado siguiente:

```
Ief=8.3949
```

que en el problema «hecho a mano» se ha obtenido en (9) el resultado y que es $I_{ef} = 8,40$ y que es suficientemente aproximado al valor real.

2.7. El rectificador monofásico controlado de puente completo mostrado en la Figura 2.9 del problema anterior, está alimentado por una red de c.a. de tensión eficaz de 230 V y 50 Hz. La carga es una resistencia de 10 Ω en serie, con una inductancia $L = 50$ mH. Si el ángulo de encendido de los tiristores es $\alpha = 30°$, calcular:

a) Los valores de la tensión y la corriente media en la carga.

b) La potencia disipada en la resistencia de 10 Ω.

Solución

Los parámetros del circuito son:

$$U_s = 230V$$

es decir

$$U_m = \sqrt{2}U_s = \sqrt{2} \cdot 230 = 325,27 \text{ V} ; f = 50 \text{ Hz}, \omega = 2\pi f = 314,16 \text{ rad/s}; R = 10 \ \Omega;$$
$$L = 50 \text{ mH}; X_L - L\omega - 0,05 \cdot 314,16 \approx 15,7 \ \Omega$$

y, por, consiguiente se cumple:

$$Z = \sqrt{R^2 + (L\omega)^2} = \sqrt{10^2 + 15,7^2} = 18,6 \ \Omega \ ; \ \theta = \text{arctg}\frac{L\omega}{R} = \text{arctg}\frac{15,7}{10} = 57,5°(1 \text{ rad}) ;$$

$$\tau = \frac{L}{R} = \frac{50 \cdot 10^{-3}}{10} = 5 \text{ ms} ,$$

lo que da lugar a : $\omega t = 314,16 \cdot 5 \cdot 10^{-3} = 1,57$ rad; $\alpha = 30°$ (0,524 rad).

A la vista de estos parámetros, se observa que el ángulo de encendido de los tiristores $\alpha = 30°$ (0,524 rad) es inferior al argumento de la impedancia $\theta = 57,5° = 1$ rad, por lo que la conducción será *continua* y la corriente de carga *no llegará a pasar por* cero; es por ello que debe aplicarse una nueva teoría para resolver este ejercicio y que se expone a continuación.

Teoría previa

Cuando la conducción es continua, hay que obtener la nueva expresión de la corriente de carga. Hay que tener en cuenta que mientras se produce la conducción de los tiristores la ecuación de funcionamiento del circuito es:

$$L\frac{di_0}{dt} + Ri_0 = U_m \text{sen}\,\omega t \tag{1}$$

cuya solución se compone de una componente de corriente de régimen permanente y otra transitoria, dando lugar a la expresión completa siguiente:

$$i_0(t) = \frac{U_m}{Z}\text{sen}(\omega t - \theta) + Ae^{-t/\tau} \tag{2}$$

Al ser la conducción continua, vamos a ver cómo se calcula la nueva constante A de integración. Para ello, hay que tener en cuenta que se debe satisfacer la condición de periodicidad o repetición de la corriente, por la cual se cumple que $i_0(\alpha) = i_0(\pi + \alpha)$; de este modo, para $\omega t = \alpha$, la Ecuación (2) da lugar a:

$$i_0(\omega t = \alpha) = \frac{U_m}{Z}\text{sen}(\alpha - \theta) + Ae^{-\alpha/\omega\tau} \tag{3}$$

y para $\omega t = \pi + \alpha$, la Ecuación (2) nos da:

$$i_0(\omega t = \pi + \alpha) = \frac{U_m}{Z}\text{sen}(\pi + \alpha - \theta) + Ae^{-(\pi+\alpha)/\omega\tau} = -\frac{U_m}{Z}\text{sen}(\alpha - \theta) + Ae^{-(\pi+\alpha)/\omega\tau} \tag{4}$$

Al igualar las corrientes (3) y (4) resulta:

$$\frac{U_m}{Z}\text{sen}(\alpha - \theta) + Ae^{-\alpha/\omega\tau} = -\frac{U_m}{Z}\text{sen}(\alpha - \theta) + Ae^{-(\pi+\alpha)/\omega\tau} \tag{5}$$

de donde se deduce la constante de integración A siguiente:

$$\frac{U_m}{Z}2\text{sen}(\alpha - \theta) = Ae^{-\alpha/\omega\tau}\left(e^{-\pi/\omega\tau} - 1\right) \;\Rightarrow\; A = \frac{U_m}{Z}\frac{2\text{sen}(\alpha - \theta)}{e^{-\alpha/\omega\tau}\left(e^{-\pi/\omega\tau} - 1\right)} \tag{6}$$

De este modo la expresión general de la corriente de carga en régimen continuo, al sustituir la constante A de (6) en la ecuación general (2) se obtiene:

$$i_0(t) = \frac{U_m}{Z}\left[\text{sen}(\omega t - \theta) + \frac{2\text{sen}(\alpha - \theta)}{e^{-\alpha/\omega\tau}\left(e^{-\pi/\omega\tau} - 1\right)}e^{-\omega t/\omega\tau}\right] \tag{7}$$

es decir:

$$i_0(t) = \frac{U_m}{Z}\left[\operatorname{sen}(\omega t - \theta) - \frac{2\operatorname{sen}(\alpha - \theta)}{1 - e^{-\pi/\omega\tau}}\, e^{-(\omega t - \alpha)/\omega\tau}\right] \tag{8}$$

que es la *nueva ecuación de la corriente de carga en régimen continuo*. Si a continuación se aplica la condición (4) de que la corriente de carga para el argumento $\omega t = \pi + \alpha$, debe ser mayor que cero para que el convertidor tenga conducción continua, al aplicar este requisito a la Ecuación (8), resulta:

$$i_0(\omega t = \pi + \alpha) = \frac{U_m}{Z}\left[\operatorname{sen}(\pi + \alpha - \theta) - \frac{2\operatorname{sen}(\alpha - \theta)}{1 - e^{-\pi/\omega\tau}}\, e^{-(\pi + \alpha - \alpha)/\omega\tau}\right] \geq 0 \tag{9}$$

Teniendo en cuenta que se cumple que sen($\pi + \alpha - \theta$) = sen($\theta - \alpha$), al sustituir esta identidad trigonométrica en la Expresión (9) se obtiene:

$$\operatorname{sen}(\theta - \alpha) + \frac{2\operatorname{sen}(\theta - \alpha)}{1 - e^{-\pi/\omega\tau}}\, e^{-\pi/\omega\tau} \geq 0 \quad \Rightarrow \quad \operatorname{sen}(\theta - \alpha)\left[1 + \frac{2}{e^{-\pi/\omega\tau} - 1}\right] \geq 0 \tag{10}$$

Como quiera que en la última desigualdad anterior, la expresión entre corchetes es siempre positiva, el factor sen($\omega - \alpha$) debe ser positivo para que la corriente de carga sea de régimen continuo, lo que significa que se debe cumplir la siguiente relación de argumentos:

$$\alpha \leq \theta \quad ; \quad \text{donde } \theta = \operatorname{arctg}\frac{L\omega}{R} \tag{11}$$

a) Es decir, *para que la conducción sea continua, el ángulo de disparo de los tiristores α debe ser menor o igual al argumento θ de la impedancia de la carga.* Y esta condición es la que se cumple en el presente problema. Y así, si se sustituyen los parámetros del circuito en la ecuación general (8) se obtiene la siguiente corriente:

$$i_0(t) = \frac{325,27}{18,6}\left[\operatorname{sen}(\omega t - 57,5°) - \frac{2\operatorname{sen}(30° - 57,5°)}{1 - e^{-\pi/1,57}}\, e^{-(\omega t - 0,524)/1,57}\right] \tag{12}$$

es decir,

$$i_0(t) = 17,5\left[\operatorname{sen}(\omega t - 57,5°) + 1,48\, e^{-0,637\omega t}\right] \tag{13}$$

El lector puede comprobar que si se hubiera llegado a aplicar la teoría de la conducción discontinua la corriente anterior hubiera sido:

$$i_0(t) = 17,5 \cdot \left[\operatorname{sen}(\omega t - 57,5°) + 0,64\, e^{-0,63/\omega t}\right] \tag{14}$$

que es ligeramente diferente en la magnitud del segundo sumando que en vez de ser 1,48 como en (13) hubiera sido 0,64, como en (14).

Veamos que la corriente de carga real (13) para $\omega t = \alpha = 30°$ (0,524 rad) da lugar al siguiente resultado:

$$i_0(t) = 17,5\left[\operatorname{sen}(30° - 57,5°) + 1,48\, e^{-0,637 \cdot 0,524}\right] = 17,5(-0,462 + 1,06) \approx 10,6 \text{ A} \tag{15}$$

y se puede comprobar que la corriente anterior para $\omega t = \pi + \alpha = 210°$ (3,67 rad) da lugar al mismo valor:

$$i_0(t) = 17,5\left[\operatorname{sen}(210° - 57,5°) + 1,48\ e^{-0,637 \cdot 3,67}\right] = 17,5 \cdot (0,462 + 0,143) \approx 10,6\ \text{A} \qquad (16)$$

Con estos resultados se comprueba la periodicidad de la corriente de carga, es decir que se cumple $i_0(\alpha) = i_0(\pi + \alpha)$. Las respuestas del circuito son de la forma que se muestran en la Figura 2.11, y así en la Figura 2.11a se dibuja la tensión sinusoidal de la red; en la Figura 2.11b se señalan los impulsos de disparo aplicados a la puerta de los tiristores con un ángulo de encendido $\alpha = 30°$ y que se repiten cada π radianes; en la Figura 2.11c se ha dibujado la forma de onda que se obtiene en la carga y que comienza en el instante en que se aplica el impulso de encendido y que finaliza en el argumento $\pi + \alpha$ y en la Figura 2.10d se ha dibujado la forma de onda de la corriente en el circuito y que siempre es positiva y transcurre entre α y $\pi + \alpha$, con un valor mínimo de 10,6 A para $\alpha = 30°$ (el lector puede demostrar que la corriente alcanza un máximo aproximado de 22,9 A para $\alpha \approx 135°$). Se comprueba que la *conducción es continua*, lo que era de esperar ya que el ángulo de disparo de los tiristores $\alpha = 30°$ (0,524 rad) es menor que el argumento $\theta = 57,5°$ (1 rad) de la impedancia de la carga.

De acuerdo con la Figura 2.11c, el valor medio de la tensión en la carga (haciendo el cambio $\omega t = \gamma$) será:

$$U_{cc} = \frac{1}{T/2}\int_0^{T/2} u_0(t)\,dt = \frac{1}{\pi}\int_{\alpha}^{\alpha+\pi} \sqrt{2} \cdot 230\operatorname{sen}\gamma\ d\gamma =$$

$$= \frac{\sqrt{2} \cdot 230}{\pi}\ 2\cos\alpha = 207,07\cos30° = 179,3\ \text{V} \qquad (17)$$

y la corriente media en la carga vale:

$$I_{cc} = \frac{U_{cc}}{R} = \frac{179,3}{10} = 17,93\ \text{A} \qquad (18)$$

b) De acuerdo con la Figura 2.11d, y el resultado (13) de la corriente en la carga, el valor eficaz de esta corriente se obtiene de la expresión siguiente:

$$I_{ef} = \sqrt{\frac{1}{\pi}\int_{\alpha}^{\alpha+\pi} \left\{17,5\left[\operatorname{sen}(\gamma - 57,5°) + 1,48e^{-0,637\gamma}\right]\right\}^2 d\gamma} =$$

$$= \sqrt{\frac{1}{\pi}\int_{\alpha}^{\alpha+\pi} \left[17,5\operatorname{sen}(\gamma - 1) + 26e^{-0,637\gamma}\right]^2 d\gamma} \qquad (19)$$

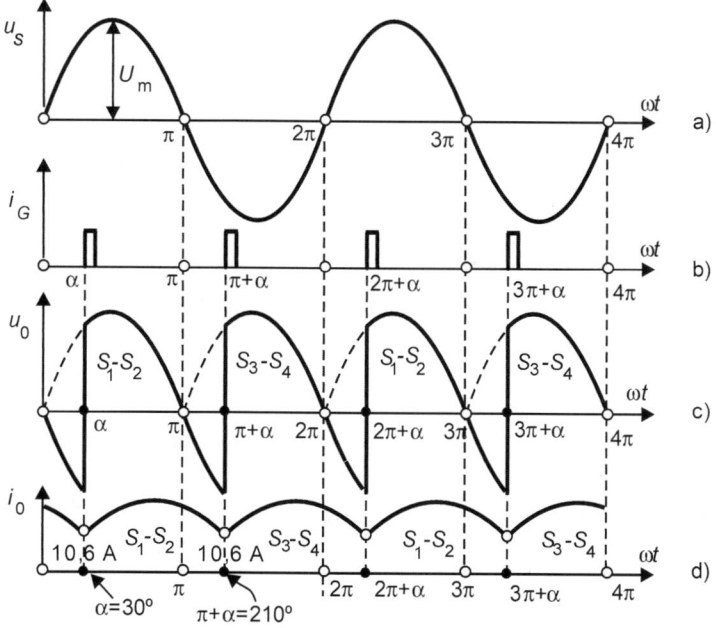

Figura 2.11

En la segunda integral anterior se ha tenido en cuenta que $57,5°=1$ rad. Lo que da lugar a las integrales siguientes con $\alpha=0,524$ rad; $\alpha+\pi=3,66$ rad:

$$I_1 = \int_{\alpha}^{\alpha+\pi} 17,5^2 \operatorname{sen}^2(\gamma-1)\mathrm{d}\gamma = 306,25 \int_{0,524}^{3,66} \frac{1-\cos 2(\gamma-1)}{2}\mathrm{d}\gamma = 153,13\left[\gamma - \frac{\operatorname{sen} 2(\gamma-1)}{2}\right]_{0,524}^{3,66} \approx 480$$

$$I_2 = \int_{\alpha}^{\alpha+\pi} 26^2 e^{-1,274\gamma}\mathrm{d}\gamma = 676 \int_{0,524}^{3,66} e^{-1,274\gamma}\mathrm{d}\gamma =$$

$$= 676\left[\frac{e^{-1,274\gamma}}{-1,274}\right]_{0,524}^{3,66} \approx -531\left(e^{-4,66}-e^{-0,667}\right) \approx 267$$

$$I_3 = \int_{\alpha}^{\alpha+\pi} 2\cdot 17,5\cdot 26,0 e^{-0,637\gamma}\operatorname{sen}(\gamma-1)\mathrm{d}\gamma = 910 \int_{0,524}^{3,66} e^{-0,637\gamma}\operatorname{sen}(\gamma-1)\mathrm{d}\gamma$$

$$\left\{\begin{array}{l}\text{Cambio de variables}\\ \gamma-1=x;\ \mathrm{d}\gamma=\mathrm{d}x\end{array}\right\} \Rightarrow$$

$$\Rightarrow I_3 = 910 \int_{-0,476}^{2,66} e^{-0,637(x+1)}\operatorname{sen}x\,\mathrm{d}x = 481,3 \int_{-0,476}^{2,66} e^{-0,637x}\operatorname{sen}x\,\mathrm{d}x$$

$$\left\{\int_{-0,476}^{2,66} e^{ax}\operatorname{sen}bx\,\mathrm{d}x = \frac{e^{ax}}{a^2+b^2}\left[a\operatorname{sen}bx-b\cos bx\right]\right\} \Rightarrow$$

$$\Rightarrow I_3 = 481,3\left\{\frac{e^{ax}}{a^2+b^2}\left[a\operatorname{sen}bx-b\cos bx\right]\right\}_{-0.476}^{2,66} =$$

$$= \left\{\int_{-0,476}^{2,66} e^{ax}\operatorname{sen}bx\,\mathrm{d}x = \frac{e^{ax}}{a^2+b^2}\left[a\operatorname{sen}bx-b\cos bx\right]\right\} \Rightarrow$$

$$I_3 = \frac{481,3}{(-0,637)^2+1^2}\left\{\begin{array}{l}e^{-0,637\cdot2,66}\left[-0.637\operatorname{sen}2,66-\cos2,66\right]-e^{-0,637(-0,476)}\\ \left[-0.637\operatorname{sen}(-0,476)-\cos(-0,476)\right]\end{array}\right\} \Rightarrow$$

$$I_3 = 342,3\left\{0,184\left[-0.637\operatorname{sen}2,66-\cos2,66\right]-1,35\left[-0.637\operatorname{sen}(-0,476)-\cos(-0,476)\right]\right\} \Rightarrow$$

$$I_3 = 342,3\left\{0,184\cdot0,59-1,35\cdot(-0,597)\right\} \approx 313$$

Por consiguiente el valor eficaz de la corriente de carga será:

$$I_{\mathrm{ef}} = \sqrt{\frac{1}{\pi}\left[480+267+313\right]} \approx 18,4 \text{ A} \tag{20}$$

por lo que la potencia disipada en la resistencia de carga será:

$$P_0 = P_R = RI_{\mathrm{ef}}^2 = 10\cdot18,4^2 \approx 3386 \text{ W}$$

Resolución con MATLAB®

Para calcular el valor eficaz de la corriente de la carga que se requiere para el apartado b), teniendo en cuenta la Ecuación (13) se escribe:

```
>> i2=@(x)(17.5*(sin(x-1)+1.48*exp(-0.637*x))).^2; % Se escribe la
expresión de la corriente instantánea (8) elevada al cuadrado.(Nota:
es importante colocar el punto final antes de elevar al cuadrado.
>> Ief=sqrt(integral(i2,0.524,3.66)/pi)% Se calcula la integral
(19).
```

y se obtiene el resultado siguiente:

```
Ief=18.3561
```

que en el problema «hecho a mano» se ha obtenido en (20) el resultado, que es $I_{\mathrm{ef}} = 18,40$ y que es suficientemente aproximado al valor real.

2.8. Se dispone de un convertidor monofásico de puente completo como se muestra en la Figura 2.12, alimentado por una red de c.a. de tensión eficaz de 230 V y 50 Hz. La carga consiste en una resistencia de 1 Ω en serie con una inductancia muy elevada y una batería de f.e.m. $E = 135$ V que tiene el terminal positivo en el lado superior. El convertidor trabaja inicialmente como rectificador controlado para cargar la batería anterior. Si el ángulo de encendido del tiristor es $\alpha = 30°$, calcular:

a) Los valores de la tensión y la corriente media en la carga.

b) La potencia absorbida por la batería.

c) La potencia activa entregada por la red de c.a. al convertidor.

d) Responder a las preguntas anteriores si se invierte la polaridad de la batería y el convertidor trabaja como inversor con un ángulo de encendido de los tiristores de $\alpha = 120°$.

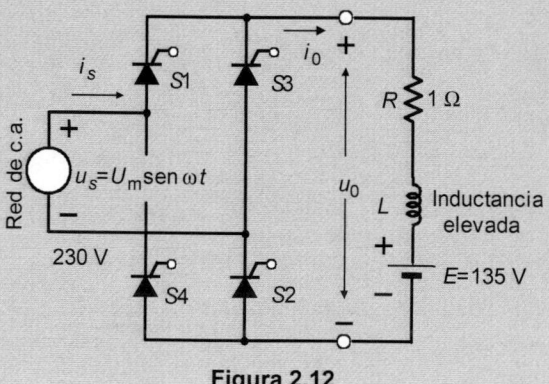

Figura 2.12

Antes de comenzar a resolver el problema conviene repasar el funcionamiento de este convertidor. Para ello, hay que tener en cuenta que la conducción de los tiristores se produce cuando llegan los impulsos de disparo a las puertas de los mismos, pero siempre que en ese instante estén polarizados directamente. En nuestro caso, el ángulo de encendido de los tiristores es $\alpha - 30°$. Para ese ángulo de encendido el valor de la tensión que recibe el convertidor de la red es:

$$u_{\text{red}} = U_{\text{m}}\cos\alpha = \sqrt{2} \cdot 230 \cdot \cos 30° = 281,7 \text{ V}$$

y que al ser superior a la tensión de la batería de 135 V, no habrá problemas en que se inicie la conducción de los tiristores. En la Figura 2.13 se muestran las ondas correspondientes de funcionamiento del convertidor como rectificador controlado. La Figura 2.13a es la tensión sinusoidal de la red; la Figura 2.13b son los impulsos de disparo, la Figura 2.12c muestra la forma de la onda que se obtiene en la carga que, al ser muy inductiva, produce una corriente en la carga I_{cc} de valor constante, tal como se muestra en la Figura 2.13d. Y en la Figura 2.13e se muestra la forma de onda de la corriente en la red y cuyo desarrollo en serie de Fourier es de la forma:.

$$i_s(t) = \sum_{n=1,3,5,\dots}^{\infty} \frac{4}{n\pi} I_{cc} \operatorname{sen}(n\omega t - \varphi_n) \ ; \ \varphi_n = n\alpha \tag{1}$$

Hecho este leve inciso comenzamos a resolver los apartados del problema.

a) La tensión media de c.c. u_0 es la que se muestra en la Figura 2.13c y su valor medio responde a la expresión siguiente:

$$U_{cc} = \frac{2U_m}{\pi} \cos\alpha = \frac{2\sqrt{2}\cdot 230}{\pi}\cos 30^\circ = 179,3 \text{ V}$$

En el circuito de carga se cumple:

$$U_{cc} = RI_{cc} + E$$

lo que da lugar a una corriente media en la carga que vale:

$$I_{cc} = \frac{U_{cc} - E}{R} = \frac{179,3 - 135}{1} = 44,3 \text{ A}$$

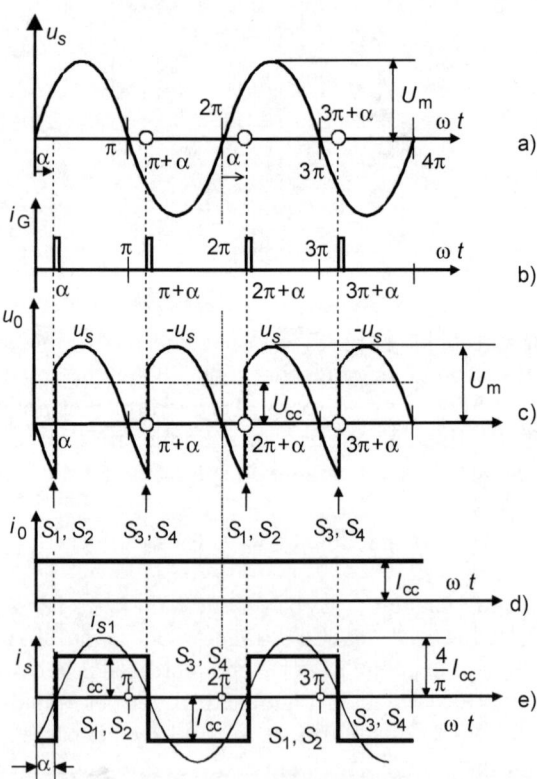

Figura 2.13

b) La potencia eléctrica absorbida por la batería vale:

$$P = EI_{cc} = 135 \cdot 44,3 = 5,98 \text{ kW}$$

c) Como la potencia disipada en la resistencia de carga es:

$$P_R = RI_{cc}^2 = 1 \cdot 44,3^2 = 1,96 \text{ kW}$$

la potencia total absorbida por la carga es:

$$P_{total} = P + P_R = 5,98 + 1,96 = 7,94 \text{ kW}$$

que será la potencia absorbida de la red por el convertidor. Se puede comprobar este resultado teniendo en cuenta que la corriente en la red tiene un primer armónico ($n = 1$) que de acuerdo con (1) responde a la expresión instantánea siguiente:

$$i_{s1}(t) = \frac{4}{\pi} I_{cc} \text{sen}(\omega t - \alpha) \tag{2}$$

lo que significa que el valor eficaz del primer armónico tiene un valor:

$$I_{s1} = \frac{4}{\pi\sqrt{2}} I_{cc} = \frac{4}{\pi\sqrt{2}} \cdot 44,3 = 39,9 \text{ A}$$

Por otro lado y según indica la Ecuación (2) el primer armónico se retrasa un ángulo α respecto la tensión de la red, por lo que la potencia activa que el convertidor absorbe de la red para un ángulo de encendido $\alpha = 30°$ es:

$$P_s = U_s I_{s1} \cos\alpha = 230 \cdot 39,9 \cdot \cos 30° = 7,94 \text{ kW}$$

valor que coincide, como era de esperar, con la potencia absorbida por la carga (batería y resistencia).

d) Si se invierte la polaridad de la batería y el ángulo de encendido de los tiristores es $\alpha = 120°$, resulta:

$$U_{cc} = \frac{2U_m}{\pi}\cos\alpha = \frac{2\sqrt{2} \cdot 230}{\pi}\cos 120° = -103,5 \text{ V}$$

En el circuito de carga se cumple:

$$U_{cc} = RI_{cc} + E \implies -103,5 = 1 \cdot I_{cc} - 135$$

lo que da lugar a una corriente media en la carga, que vale:

$$I_{cc} = \frac{U_{cc} - E}{R} = \frac{-103,5 + 135}{1} = 31,5 \text{ A}$$

Por tanto, la *potencia eléctrica entregada por la batería* vale:

$$P = EI_{cc} = 135 \cdot 31,5 = 4,25 \text{ kW}$$

y la potencia disipada en la resistencia de carga es:

$$P_R = RI_{cc}^2 = 1 \cdot 31,5^2 = 0,99 \text{ kW}$$

por lo que la *potencia total que entrega la carga a la red* vale:

$$P_{total} = P - P_R = 4,25 - 0,99 = 3,26 \text{ kW}$$

En la red se tiene un primer armónico de corriente que vale:

$$I_{s1} = \frac{4}{\pi\sqrt{2}} I_{cc} = \frac{4}{\pi\sqrt{2}} \cdot 31,5 = 28,4 \text{ A}$$

por lo que la potencia que el convertidor *absorbe* de la red es:

$$P_s = U_s I_{s1} \cos\alpha = 230 \cdot 28,4 \cdot \cos 120° = -3,26 \text{ kW}$$

lo que significa que el convertidor *entrega* a la red una potencia de +3,26 kW, que coincide con el resultado anterior.

2.9. Se dispone del convertidor trifásico mostrado en la Figura 2.14 y que se alimenta por el secundario de un transformador que tiene una tensión nominal de 400 V de línea, 50 Hz. La carga es una resistencia en serie con una inductancia muy elevada, para que la corriente de carga se considere continua constante e igual a 120 A. Si la tensión generada por el convertidor es de 414 V, calcular:

a) El ángulo α de encendido de los tiristores.

b) La potencia absorbida por la carga.

c) El intervalo de tiempo en el que conduce el tiristor S1.

d) Los valores de la corriente eficaz total en el secundario del transformador y el valor eficaz de la corriente del primer armónico.

e) La potencia aparente entregada por el secundario del transformador y el f.d.p. con el que trabaja.

Nota importante. Para resolver el apartado c) se supone que el inicio de los ángulos de encendido es el punto en el que interseccionan las tensiones compuestas de las fases U_{RS} y U_{TS}, donde se considera que la tensión compuesta U_{RS} se toma como referencia de fases.

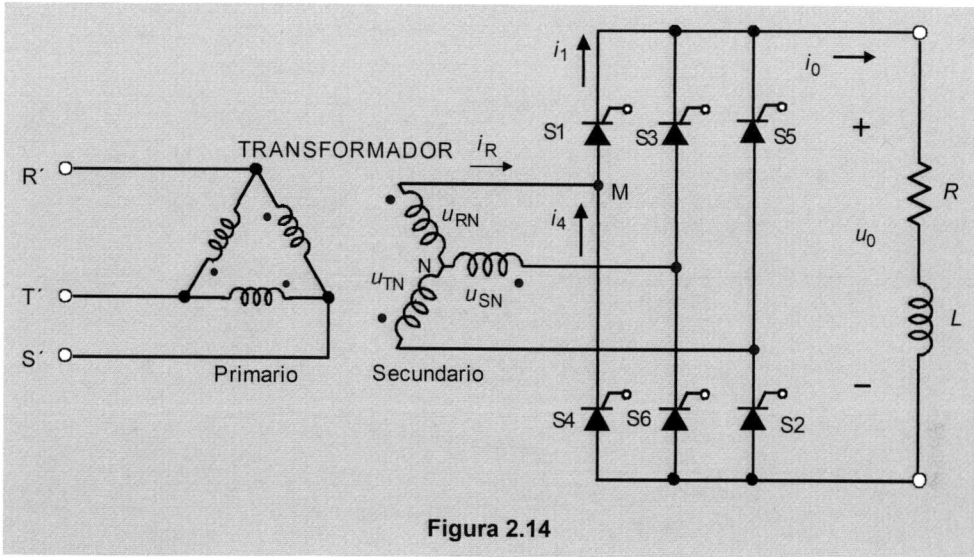

Figura 2.14

Solución

a) En un convertidor trifásico la tensión media generada en función del ángulo de encendido α vale:

$$U_{cc} = \frac{3\sqrt{3}U_m}{\pi}\cos\alpha \qquad (1)$$

donde U_m representa el valor máximo de la tensión simple del secundario del transformador. Como quiera que el valor de la tensión media generada para este ángulo de encendido α es de 414 V, se puede escribir:

$$414 = \frac{3\sqrt{3}\cdot\left(\sqrt{2}400\right)}{\pi}\cos\alpha \Rightarrow \alpha = 40°$$

b) Como quiera que la corriente continua de la carga es $I_{cc} = 120$ A, la potencia absorbida por la carga es:

$$P_{cc} = U_{cc}I_{cc} = 414\cdot120 = 49,7 \text{ kW}$$

c) De acuerdo con las referencias que se aconsejan considerar en el enunciado de este problema, en la parte superior de la Figura 2.15 se han representado curvas de las tensiones compuestas del circuito, en la parte central las corrientes en los tiristores S1 y S4 y en la parte inferior la corriente de línea en la fase R. Se observa que el tiristor S1 conduce en el intervalo entre $\pi/3 + \alpha$ y $\pi + \alpha$ y como $\alpha = 40°$ significa que la conducción se produce en el intervalo angular de $60° + 40° = 100°$ y $180° + 40° = 220°$, que corresponden respectivamente a los puntos M y N señalados en la Figura 2.15b. Teniendo en cuenta que la pulsación de la red es $\omega = 2\pi f = 314,16$ rad/s, se cumple:

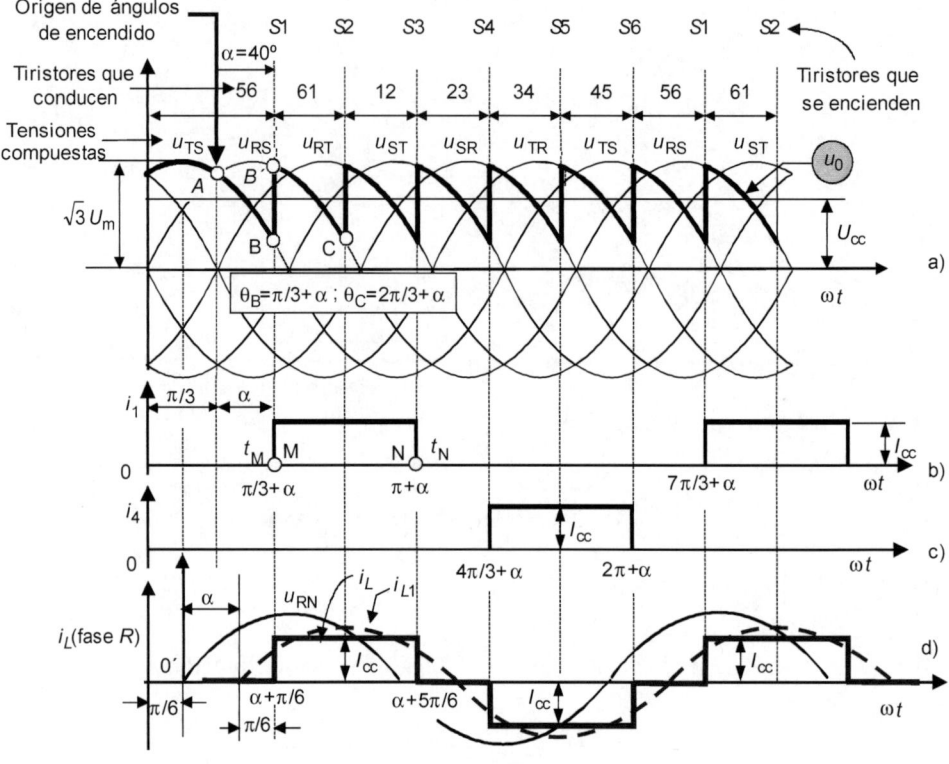

Figura 2.15

Punto M:

$$\theta_M = 100° \;\Rightarrow\; \frac{100}{180°}\pi = 1,745 \text{ radianes} = \omega t_M = 314,16 \cdot t_M \;\Rightarrow\; t_M = 5,55 \text{ ms}$$

Punto N:

$$\theta_N = 220° \;\Rightarrow\; \frac{220}{180°}\pi = 3,84 \text{ radianes} = \omega t_N = 314,16 \cdot t_N \;\Rightarrow\; t_N = 12,2 \text{ ms}$$

d) En la Figura 2.15d se muestra la forma de la corriente que se obtiene en la fase R de la red y cuyo desarrollo en serie de Fourier es de la forma:

$$i_R(t) = \sum_{n=1,3,5,\ldots}^{\infty} \frac{4 I_{cc}}{n\pi} \operatorname{sen}\frac{n\pi}{3} \operatorname{sen}(n\omega t - n\alpha) \tag{2}$$

De acuerdo con la expresión anterior, se deduce que el valor eficaz de la componente del primer armónico ($n = 1$) de la corriente de línea vale:

$$I_{L1} = \frac{1}{\sqrt{2}} \frac{4I_{cc}}{\pi} \operatorname{sen} \frac{\pi}{3} = \frac{\sqrt{6}}{\pi} I_{cc} \tag{3}$$

que teniendo en cuenta que $I_{cc} = 120$ A, da lugar a un valor eficaz de la corriente de primer armónico:

$$I_{L1} = \frac{\sqrt{6}}{\pi} 120 = 93,6 \text{ A}$$

El valor eficaz de la corriente de la red incluyendo sus armónicos impares se puede obtener directamente de su definición y a partir de la curva de la Figura 2.15d, lo que da lugar a la integral:

$$I_L = \sqrt{\frac{1}{\pi} \int_{\alpha+\pi/6}^{\alpha+5\pi/6} I_{cc}^2 \cdot d(\omega t)} = \sqrt{\frac{1}{\pi} I_{cc}^2 \frac{2\pi}{3}} = \sqrt{\frac{2}{3}} I_{cc} \tag{4}$$

y que corresponde a un valor:

$$I_L = \sqrt{\frac{2}{3}} \, 120 = 98 \text{ A}$$

e) La potencia aparente en el secundario del transformador es:

$$S = \sqrt{3}U_L I_L = \sqrt{3} \cdot 400 \cdot 98 = 67,9 \text{ kVA}$$

y el factor de potencia es:

$$\text{f.d.p.} = \frac{P_0}{S} = \frac{49,7}{67,9} = 0,732$$

2.10. El convertidor trifásico en puente mostrado en la Figura 2.16 se alimenta por una línea trifásica de 400 V eficaces de línea. El convertidor trabaja en modo inversor y con un ángulo de encendido de los tiristores $\alpha = 120°$. La carga está constituida por una inductancia muy elevada para que la corriente no tenga rizado y que está en serie con una resistencia de 1 Ω y una batería de f.e.m. $E = 300$ V, calcular:

a) La tensión media y La corriente media en la carga.

b) La potencia suministrada por la batería de 300 V al inversor.

c) El valor eficaz de la corriente del primer armónico en la línea trifásica de entrada.

d) La potencia activa entregada por el inversor a la red.

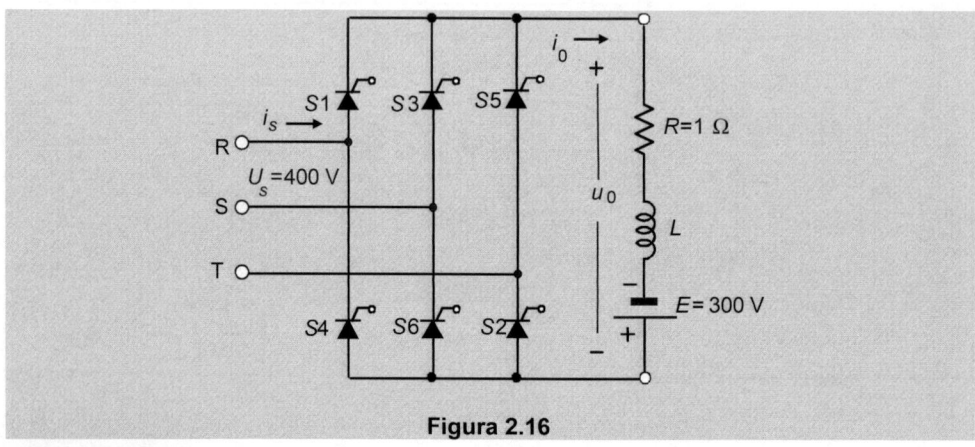

Figura 2.16

Solución

a) En el convertidor trifásico en puente de la Figura 2.16, la tensión media generada en función del ángulo de encendido α vale:

$$U_{cc} = \frac{3\sqrt{3}U_m}{\pi}\cos\alpha \qquad (1)$$

donde U_m representa el valor máximo de la tensión simple del secundario del transformador y α es el ángulo de encendido y que vale 120°, por lo que la tensión media de la carga vale:

$$U_{cc} = \frac{3\sqrt{3}\cdot\left(\sqrt{2}\,400\right)}{\pi}\cos 120° = -270 \text{ V}$$

Es evidente que al ser esta tensión negativa el convertidor trabaja como inversor y en el circuito de carga se cumple la siguiente ecuación:

$$U_{cc} = -270 = RI_{cc} - E = 1\cdot I_{cc} \Rightarrow I_{cc} = 30 \text{ A}$$

b) La potencia eléctrica que suministra la batería de 300 V al inversor es por consiguiente:

$$P_{batería} = EI_{cc} = 300\cdot 30 = 9 \text{ kW}$$

y la potencia que se disipa en la resistencia de carga es:

$$P_R = RI_{cc}^2 = 1\cdot 30^2 = 0{,}9 \text{ kW}$$

De acuerdo con estos resultados, la potencia neta que suministra el conjunto batería-resistencia de carga al inversor y por lo tanto a la red sería:

$$P_{neta} = 9 - 0{,}9 = 8{,}1 \text{ kW}$$

c) El valor eficaz de la corriente de primer armónico en la red trifásica de la entrada es:

$$I_{L1} = \frac{1}{\sqrt{2}} \frac{4I_{cc}}{\pi} \operatorname{sen} \frac{\pi}{3} = \frac{\sqrt{6}}{\pi} I_{cc} = \frac{\sqrt{6}}{\pi} \cdot 30 = 23,4 \text{ A}$$

d) La potencia activa que *absorbe* a la red de entrada es:

$$P = \sqrt{3} U_L I_L \cos\alpha = \sqrt{3} \cdot 400 \cdot 23,4 \cdot \cos 120^\circ = -8,1 \text{ kW}$$

lo que significa que el *convertidor entrega a la red* una potencia activa de 8,1 kW y que es un valor que coincide con el reparto de potencias calculado en el apartado b) de este problema.

3

Conversión de corriente continua (c.c.) a corriente continua (c.c.)

3.1. El *chopper* reductor de tensión de la Figura 3.1 tiene una tensión de alimentación $U_s = 50$ V y alimenta una resistencia de carga $R = 10$ Ω en serie con una inductancia L. La tensión media en la resistencia de carga es $U_{cc} = 20$ V y la frecuencia del *chopper* es de 40 kHz, calcular:

a) Parámetro k del ciclo de trabajo del *chopper*.

b) Valor de la inductancia L que asegure una conducción continua.

c) Valor de la inductancia L para que el rizado de la corriente de la carga no sea superior al 10 %.

d) Con el valor de la inductancia calculado en el apartado anterior, determinar los valores máximo y mínimo de la corriente de la carga.

Nota. Aplíquese el análisis lineal.

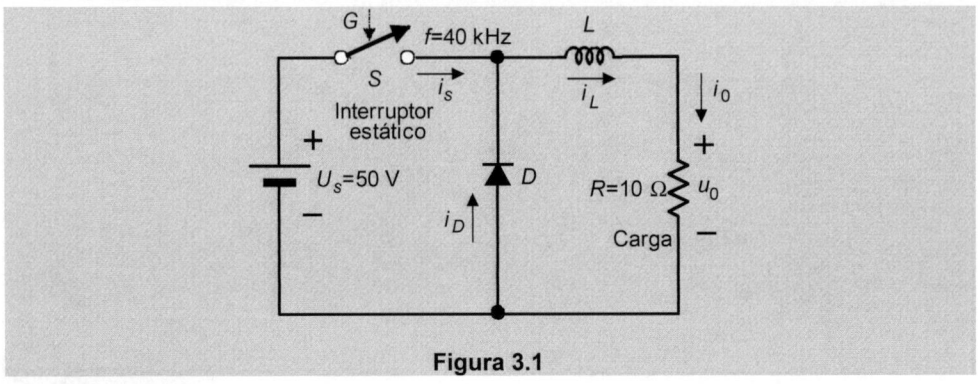

Figura 3.1

Solución

Los parámetros del *chopper* son:

$$U_s = 50 \text{ V}; \ U_{cc} = 20 \text{ V}; \ R = 10 \ \Omega; \ T = 1/f = 1/40000 = 25 \ \mu s$$

a) El ciclo de trabajo k del *chopper* vale:

$$k = \frac{U_{cc}}{U_s} = \frac{20}{50} = 0,4$$

y la corriente de salida es:

$$I_{cc} = I_0 = \frac{U_{cc}}{R} = \frac{20}{10} = 2 \text{ A}$$

b) Para que la conducción sea continua se requiere una inductancia superior al siguiente valor:

$$L = \frac{TR}{2}(1-k) = \frac{25 \cdot 10^{-6} \cdot 10}{2}(1-0,4) = 75 \ \mu H$$

c) La corriente de rizado es $\Delta I = 10 \ \%$, por lo que se cumple:

$$\Delta I = 10 \ \% \ I_{cc} = 0,1 \cdot 2 = 0,2 \text{ A}$$

y esta corriente de rizado sabemos que es igual a:

$$\Delta I_{cc} = \frac{U_{cc}T}{L}(1-k)$$

por lo que el valor de la inductancia para que el rizado no sea superior al 10 % debe ser:

$$L = \frac{U_{cc}T}{\Delta I_{cc}}(1-k) = \frac{20 \cdot 25 \cdot 10^{-6}}{0,2}(1-0,4) = 1,5 \text{ mH}$$

$$t_{ON} = kT = 0,4 \cdot 1 = 0,4 \text{ ms}$$

d) Las corrientes máxima y mínima que circulan por la inductancia son:

$$I_{máx} = \frac{U_{cc}}{R} + \frac{U_{cc}T}{2L}(1-k) = \frac{20}{10} + \frac{20 \cdot 25 \cdot 10^{-6}}{2 \cdot 1,5 \cdot 10^{-3}}(1-0,4) = 2,1 \text{ A}$$

$$I_{mín} = \frac{U_{cc}}{R} - \frac{U_{cc}T}{2L}(1-k) = \frac{20}{10} - \frac{20 \cdot 25 \cdot 10^{-6}}{2 \cdot 1,5 \cdot 10^{-3}}(1-0,4) = 1,9 \text{ A}$$

e) Lo anterior da lugar a un valor medio de corriente en la inductancia:

$$I_0 = \frac{I_{máx} + I_{mín}}{2} = \frac{2,1+1,9}{2} = 2 \text{ A}$$

que. como era de esperar. coincide con el valor medio de la corriente de carga calcu-lado en el apartado a).

3.2. El *chopper* reductor de tensión de la Figura 3.2 tiene una tensión de alimentación $U_s = 100$ V y alimenta una resistencia de carga $R = 10$ Ω en serie con una induc-tancia $L = 50$ mH. La tensión media en la resistencia de carga es $U_{cc} = 50$ V y la frecuencia del *chopper* es de 1 kHz, calcular:

a) El parámetro k del ciclo de trabajo del *chopper*.

b) La corriente media I_{cc} que circula por la resistencia de carga.

c) Las corrientes máxima y mínima que circulan por la carga.

d) La potencia eléctrica que suministra la fuente de alimentación.

e) El rizado de la corriente de la carga.

f) Contestar a la pregunta anterior si se eleva la frecuencia de conmutación del *chopper* a 5 kHz.

g) El valor del rizado, si se mantiene la frecuencia de funcionamiento en 1 kHz, pero se eleva la inductancia hasta 250 mH.

Nota. Aplíquese el análisis lineal

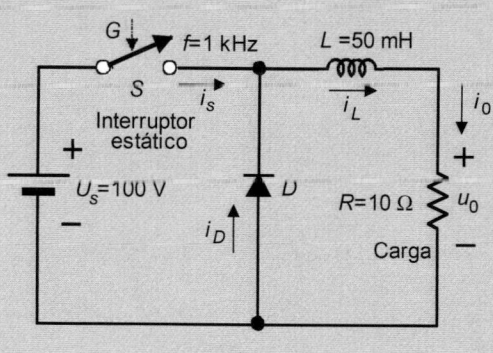

Figura 3.2

Solución

Los parámetros del *chopper* son:

$$U_s = 100 \text{ V}; \ U_{cc} = 50 \text{ V}; \ R = 10 \ \Omega; \ L = 50 \text{ mH} \ ; \ T = 1/f = 1/1000 = 1 \text{ ms}$$

y la constante de tiempo es:

$$\tau = \frac{L}{R} = \frac{50 \cdot 10^{-3}}{10} = 5 \text{ ms}$$

Al ser esta constante de tiempo de 5 ms mucho mayor (cinco veces) que el periodo $T = 1$ ms, se puede resolver el problema mediante la aproximación lineal.

a) El ciclo de trabajo k del *chopper* vale:

$$k = \frac{U_{cc}}{U_s} = \frac{50}{100} = 0,5$$

b) El valor medio de la corriente de la carga es:

$$I_{cc} = I_0 = \frac{U_{cc}}{R} = \frac{50}{10} = 5 \text{ A}$$

c) Los valores de las corrientes máxima y mínima que circulan por la carga son:

$$I_{máx} = \frac{U_{cc}}{R} + \frac{U_{cc}T}{2L}(1-k) = \frac{50}{10} + \frac{50 \cdot 1 \cdot 10^{-3}}{2 \cdot 50 \cdot 10^{-3}}(1-0,5) = 5,25 \text{ A}$$

$$I_{mín} = \frac{U_{cc}}{R} - \frac{U_{cc}T}{2L}(1-k) = \frac{50}{10} - \frac{50 \cdot 1 \cdot 10^{-3}}{2 \cdot 50 \cdot 10^{-3}}(1-0,5) = 4,75 \text{ A}$$

que dan lugar a un valor medio de corriente en la carga, que vale:

$$I_0 = \frac{I_{máx} + I_{mín}}{2} = \frac{5,25 + 4,75}{2} = 5 \text{ A}$$

que como era de esperar, coincide con el valor medio de la corriente de carga calculado en el apartado b).

d) La potencia entregada a la carga es:

$$P_{cc} = U_{cc}I_{cc} = 50 \cdot 5 = 250 \text{ W}$$

La potencia anterior es la misma, lógicamente, que la potencia media de entrada al *chopper* y que vale:

$$P_s = U_s I_s \text{ (media)}$$

donde el valor medio de la corriente de entrada es:

$$I_s \left(\text{media}\right) = kI_{cc} = 0,5 \cdot 5 = 2,5 \text{ A}$$

por lo que resulta:

$$P_s = U_s I_s \left(\text{media}\right) = 100 \cdot 2,5 = 250 \text{ W}$$

que coincide con P_{cc}.

e) La corriente de rizado ΔI, vale:

$$\Delta I = I_{máx} - I_{mín} = 5,25 - 4,75 = 0,5 \text{ A}$$

y que en valor relativo es:

$$\frac{\Delta I_{mín}}{I_{cc}} = \frac{0,5}{5} = 0,1 \ \left(\text{es decir, del 10 \%}\right)$$

f) Si la frecuencia se eleva a 5 kHz, el nuevo periodo es $T = 1/f = 1/5000 = 0,2$ ms y los valores máximo y mínimo de la corriente en la carga son, respectivamente:

$$I_{máx} = \frac{U_{cc}}{R} + \frac{U_{cc}T}{2L}(1-k) = \frac{50}{10} + \frac{50 \cdot 0,2 \cdot 10^{-3}}{2 \cdot 50 \cdot 10^{-3}}(1-0,5) = 5,05 \text{ A}$$

$$I_{mín} = \frac{U_{cc}}{R} - \frac{U_{cc}T}{2L}(1-k) = \frac{50}{10} - \frac{50 \cdot 0,2 \cdot 10^{-3}}{2 \cdot 50 \cdot 10^{-3}}(1-0,5) = 4,95 \text{ A}$$

por lo que la corriente de rizado ΔI, vale ahora:

$$\Delta I = I_{máx} - I_{mín} = 5,05 - 4,95 = 0,1 \text{ A}$$

y como la corriente media es $(I_{máx} + I_{mín})/2 = 5$ A (igual que en el caso anterior), corresponde a un rizado relativo:

$$\frac{\Delta I}{I_{cc}} = \frac{0,1}{5} = 0,02 \ \left(\text{es decir, del 2 \%}\right)$$

lo que significa que el rizado relativo se reduce en la misma proporción que el aumento de frecuencia que era inicialmente de 1 kHz y ahora es de 5 kHz, es decir, se ha aumentado cinco veces la frecuencia y se ha reducido el rizado en la misma proporción de cinco veces.

g) Si la frecuencia de funcionamiento se conserva en su valor original de 1 kHz, pero se eleva la inductancia hasta 250 mH, es decir, cinco veces la original de 50 mH, entonces los valores de las corrientes máxima y mínima son, respectivamente:

$$I_{máx} = \frac{U_{cc}}{R} + \frac{U_{cc}T}{2L}(1-k) = \frac{50}{10} + \frac{50 \cdot 1 \cdot 10^{-3}}{2 \cdot 250 \cdot 10^{-3}}(1-0,5) = 5,05 \text{ A}$$

$$I_{mín} = \frac{U_{cc}}{R} - \frac{U_{cc}T}{2L}(1-k) = \frac{50}{10} - \frac{50 \cdot 1 \cdot 10^{-3}}{2 \cdot 250 \cdot 10^{-3}}(1-0,5) = 4,95 \text{ A}$$

por lo que la corriente de rizado ΔI, vale ahora:

$$\Delta I = I_{\text{máx}} - I_{\text{mín}} = 5,05 - 4,95 = 0,1 \text{ A}$$

que es igual al caso anterior, con un valor relativo:

$$\frac{\Delta I}{I_{cc}} = \frac{0,1}{5} = 0,02 \; (\text{es decir, del 2 \%})$$

Este resultado nos indica que el nuevo rizado se reduce con la misma proporción que el aumento de la inductancia (cinco veces). En definitiva un aumento de la inductancia de cinco veces, conduce a un rizado idéntico que cuando se aumenta la frecuencia del *chopper* en la misma proporción de cinco veces.

3.3. El *chopper* reductor de tensión de la Figura 3.3 tiene una tensión de alimentación $U_s = 100$ V y alimenta una resistencia de carga $R = 10 \; \Omega$ en serie con una inductancia L lo suficientemente elevada para que no haya rizado en la corriente que atraviesa la resistencia de la carga. Sabiendo que el parámetro k del ciclo de trabajo es igual a 0,4. Calcular:

a) La tensión media y la corriente media en la resistencia de carga.

b) Las corrientes media y eficaz en el diodo volante o de recuperación D del circuito de la Figura 3.3.

c) El valor eficaz de la tensión en la carga.

d) Las corrientes media y eficaz que circulan por el interruptor estático (tiristor) S.

Nota. Aplíquese el análisis lineal

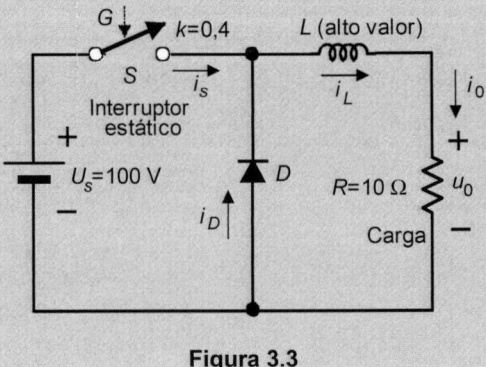

Figura 3.3

Solución

Los parámetros del *chopper* son:

$$U_s = 100 \text{ V} \; ; \; R = 10 \; \Omega \; ; \; L = \text{valor elevado (rizado nulo)} \; ; \; k = 0,4$$

a) La tensión media en la carga vale:

$$U_{cc} = kU_s = 0,4 \cdot 100 = 40 \text{ V}$$

y el valor medio de la corriente de la carga es:

$$I_{cc} = I_0 = \frac{U_{cc}}{R} = \frac{40}{10} = 4 \text{ A}$$

b) En la Figura 3.4 se muestra la forma de onda de la corriente en el diodo D de la Figura 3.3. Para comprender esta respuesta hay que tener en cuenta que cuando conduce el interruptor estático S (periodo *ON*), el diodo D no conduce porque tiene polarización inversa, mientras que cuando el interruptor S está apagado (periodo *OFF*) la corriente que atraviesa la resistencia de carga se cierra por el diodo.

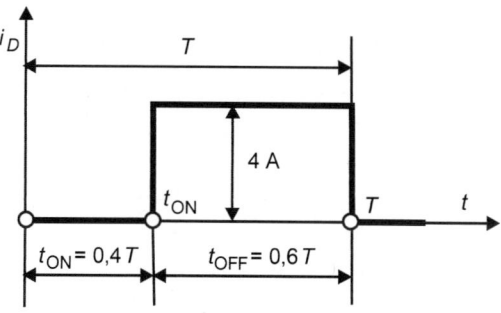

Figura 3.4

Teniendo en cuenta además que el ciclo de trabajo del *chopper* es $k = 0,4$, los valores de los tiempos t_{ON} y t_{OFF} son, respectivamente:

$$t_{ON} = kT = 0,4T \quad ; \quad t_{OFF} = (1-k)T = 0,6T$$

por lo que los valores de la corriente media y eficaz en el diodo valen:

$$I_D\,(\text{media}) = \frac{1}{T}\int_0^T i_D(t)\,dt = \frac{t_{OFF}}{T}I_{cc} = \frac{0,6T}{T}I_{cc} = 0,6 \cdot 0,4 = 2,4 \text{ A}$$

$$I_D\,(\text{eficaz}) = \sqrt{\frac{1}{T}\int_0^T i_D^2(t)\,dt} = \sqrt{\frac{t_{OFF}}{T}I_{cc}^2} = I_{cc}\sqrt{\frac{0,6T}{T}} = 4\sqrt{0,6} \approx 3,1 \text{ A}$$

c) El valor eficaz de la tensión en la carga es:

$$U_0\,(\text{eficaz}) = \sqrt{\frac{t_{ON}}{T}U_s^2} = U_s\sqrt{k} = 100\sqrt{0,4} \approx 63,25 \text{ V}$$

d) Los valores de la corriente media y eficaz que circulan por el interruptor estático S son, respectivamente:

$$I_S\,(\text{media}) = \frac{t_{ON}}{T}I_{cc} = \frac{0,4T}{T}I_{cc} = 0,4\cdot 4 = 1,6\text{ A}$$

$$I_S\,(\text{eficaz}) = \sqrt{\frac{t_{ON}}{T}I_{cc}^2} = I_{cc}\sqrt{\frac{0,4T}{T}} = 4\sqrt{0,4} \approx 2,53\text{ A}$$

3.4. El *chopper* reductor de tensión de la Figura 3.5 tiene una tensión de alimentación $U_s = 200$ V y alimenta una carga activa formada por una inductancia L lo suficientemente elevada para que no haya rizado en la corriente que atraviesa la carga y que está en serie con una resistencia $R = 1\ \Omega$ y además en serie con una batería de f.e.m. $E = 90$V. El *chopper* se utiliza para cargar esta batería desde un valor inicial de 90 V hasta un valor final de 130 V con una corriente de carga constante de 10 A. Calcular el rango del parámetro k del ciclo de trabajo del *chopper* para cumplir estos requisitos.

Nota. Aplíquese el análisis lineal.

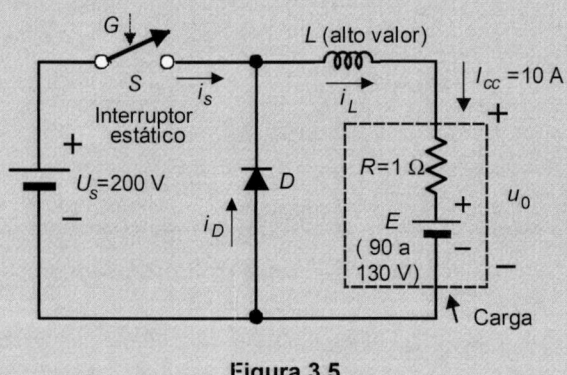

Figura 3.5

Solución

De la tensión media en la carga es $U_{cc} = kU_s$ y la corriente media en la carga, que es de 10 A, en función de la f.e.m. de la batería se obtiene de la ecuación:

$$I_{cc} = \frac{U_{cc} - E}{R} \quad \Rightarrow \quad 10 = \frac{kU_s - E}{R}$$

por lo que si se denomina k_1 al ciclo de trabajo cuando E = 90V, la última ecuación anterior nos da:

$$10 = \frac{k_1 U_s - E}{R} = \frac{k_1\,200 - 90}{1} \quad \Rightarrow \quad k_1 = \frac{10\cdot 1 + 90}{200} = 0,5$$

y cuando se carga la batería hasta el final de $E = 130$V, resulta:

$$10 = \frac{k_1 U_s - E}{R} = \frac{k_2 \, 200 - 130}{1} \quad \Rightarrow \quad k_1 = \frac{10 \cdot 1 + 130}{200} = 0,7$$

es decir, el ciclo de trabajo del *chopper* debe variar entre un valor inicial de 0,5 y un valor final de 0,7 para cargar la batería.

3.5. El *chopper* reductor de tensión de la Figura 3.6 tiene una tensión de alimentación $U_s = 100$ V y alimenta una carga formada por una inductancia $L = 10$ mH en serie con una resistencia $R = 5$ Ω. Si la frecuencia de funcionamiento del *chopper* es de 1 kHz y la tensión media en la resistencia es $U_{cc} = 40$V, calcular:

a) La corriente media en la resistencia de carga.

b) La corrientes máxima y mínima que circulan por la resistencia de carga y rizado correspondiente.

c) Responder al apartado anterior si la frecuencia se eleva hasta 5 kHz.

Nota. Aplíquese el análisis exponencial.

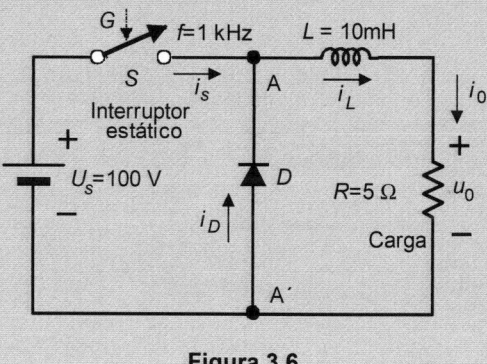

Figura 3.6

Solución

Teoría previa

Se considera de interés para el lector, exponer la teoría del funcionamiento exponencial de un *chopper* reductor de tensión para justificar las fórmulas empleadas en la resolución de este problema. Recordemos que la tensión que aparece entre los nudos A y A′ de un *chopper* como el indicado en la Figura 3.6, es una onda escalonada de la forma que se muestra en la Figura 3.7a, de modo que cuando el interruptor estático S está cerrado durante un tiempo t_{ON} se tiene una tensión U_s entre los nudos A y A′ y que coincide con la tensión de alimentación de la fuente de alimentación de corriente continua del *chopper*; mientras que cuando se abre el interruptor S durante un tiempo t_{OFF}, la tensión entre los nudos A y A′ es cero, ya que no llega tensión a la parte derecha del circuito de la Figura 3.6. Debe señalarse que la suma de los tiempos t_{ON} y t_{OFF} es el periodo T del *chopper* y su inversa es la frecuencia f.

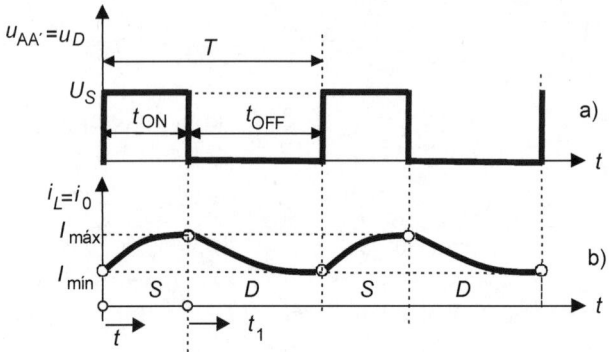

Figura 3.7

De este modo es evidente que la tensión media que aparece entre los nudos A y A′ del circuito es:

$$U_{AA'} = U_{cc} = \frac{t_{ON}}{t_{ON} + t_{OFF}} U_s = \frac{t_{ON}}{T} U_s = kU_s \quad ; \quad \text{donde} \quad k = \frac{t_{ON}}{T} \tag{1}$$

donde k es el ciclo de trabajo del *chopper* (*duty cycle*).

Vamos a analizar a continuación la evolución de la corriente i_L en la inductancia L del circuito de la Figura 3.6, que coincide con la corriente i_0 en la resistencia de carga R del circuito en los diversos intervalos de tiempo mostrados en la Figura 3.7. Supóngase para ello una condición inicial para la cual la corriente en la inductancia L es $I_{mín}$ y que S está apagado. Cuando en $t = 0$ se cierra (enciende) S en la red del problema de la Figura 3.6, al quedar el diodo polarizado inversamente se cumple la siguiente ecuación diferencial de funcionamiento:

$$U_s = L\frac{di_0}{dt} + Ri_0 \quad ; \quad i_0 = i_L \tag{2}$$

Denominando $\tau = L/R$ a la constante de tiempo del circuito y teniendo en cuenta que en $t = 0$, se tiene $i_L = I_{mín}$, al integrar en el periodo de conducción, es decir, entre 0 y t_{ON}, se obtiene la siguiente solución de la ecuación diferencial:

$$i_0(t) = \frac{U_s}{R}\left(1 - e^{-t/\tau}\right) + I_{mín}e^{-t/\tau} \tag{3}$$

En la Figura 3.7b se muestra esta corriente en la inductancia L y en la resistencia R que aumenta exponencialmente con el tiempo. Al final del periodo t_{ON}, la corriente en la inductancia alcanza un valor $I_{máx}$, tal como se observa en la Figura 3.7b y de acuerdo con (3), se puede escribir:

$$i_0(t = t_{ON}) = I_{máx} = \frac{U_s}{R}\left(1 - e^{-t_{ON}/\tau}\right) + I_{mín}e^{-t_{ON}/\tau} \tag{4}$$

En el instante $t = t_{ON}$ se bloquea el interruptor estático S1 aplicando una señal al electrodo de control G. La corriente habrá alcanzado un valor máximo i_0 (para $t = t_{ON}) = I_{máx}$. En ese momento debido al apagado de S, la corriente que pasa por la conexión serie inductancia-resistencia de carga se cierra por el diodo volante D y se cumple la siguiente ecuación diferencial:

$$0 = L\frac{di_0}{dt} + Ri_0 \tag{5}$$

Si se toma como origen de tiempos t_1 el momento del apagado o apertura del interruptor estático S y teniendo en cuenta que en ese instante la corriente es $I_{máx}$, al integrar la ecuación anterior, se obtiene:

$$i_0 = I_{máx} e^{-t_1/\tau} \tag{6}$$

La expresión anterior indica que la corriente en la inductancia disminuye exponencialmente con el tiempo entre 0 y t_{OFF} segundos (que es el tiempo de apagado de S), de modo que para $t = t_{OFF}$, la corriente en la bobina se reduce a su valor mínimo $I_{mín}$, tal como se muestra en la Figura 3.7b y la Expresión (6) se convierte en la siguiente:

$$i_0 \left(t = t_{OFF} \right) = I_{mín} = I_{máx} e^{-t_{OFF}/\tau} \tag{7}$$

Sustituyendo el valor de $I_{mín}$ de la ecuación anterior en la Expresión (4) se obtiene:

$$I_{máx} = \frac{U_s}{R}\left(1 - e^{-t_{ON}/\tau}\right) + I_{máx} e^{-t_{ON}/\tau} e^{-t_{OFF}/\tau} = \frac{U_s}{R}\left(1 - e^{-t_{ON}/\tau}\right) + I_{máx} e^{-T/\tau} \tag{8}$$

donde se ha tenido en cuenta que $T = t_{ON} + t_{OFF}$. De este modo, despejando $I_{máx}$ de la ecuación anterior resulta:

$$I_{máx} = \frac{U_s}{R}\frac{1 - e^{-t_{ON}/\tau}}{1 - e^{-T/\tau}} \tag{9}$$

y al sustituir este valor en (7) se obtiene la expresión de la corriente mínima $I_{mín}$:

$$I_{mín} = \frac{U_s}{R}\frac{1 - e^{-t_{ON}/\tau}}{1 - e^{-T/\tau}} e^{-t_{OFF}/\tau} = \frac{U_s}{R}\frac{e^{-t_{OFF}/\tau} - e^{-T/\tau}}{1 - e^{-T/\tau}} \tag{10}$$

y que también se puede escribir de la forma siguiente:

$$I_{mín} = \frac{U_s}{R}\frac{e^{-t_{ON}/\tau} - 1}{e^{T/\tau} - 1} \tag{11}$$

Se denomina *rizado* a la diferencia entre la corriente máxima y la mínima, es decir, la corriente pico a pico I_{pp} de la corriente de carga, que según (9) y (10) vale:

$$\text{Rizado} = \Delta I = I_{pp} = I_{máx} - I_{mín} = \frac{U_s}{R}\frac{1}{1 - e^{-T/\tau}}\left[\left(1 + e^{-T/\tau}\right) - \left(e^{-t_{ON}/\tau} + e^{-t_{OFF}/\tau}\right)\right] \tag{12}$$

El valor anterior se suele dar en tanto por ciento de la corriente media de corriente continua I_{cc} que atraviesa la carga y que se calculará después. Téngase en cuenta que se puede considerar que la corriente del circuito consiste en una componente de corriente continua y un rizado superpuesto de corriente alterna y que por medio de la acción del filtrado producido por la inductancia L y la capacidad C puede reducirse al mínimo.

Se pueden determinar también las expresiones instantáneas de la corriente de carga $i_0(t)$ en cualquier instante de tiempo del funcionamiento del *chopper*. Para ello si se trasladan los resultados (9) y (11) a las Expresiones (3) y (6) y siempre que la conducción sea continua (es decir mientras la corriente de carga no se llegue a anular). Y de este modo se obtienen los resultados siguientes:

Para $0 \leq t \leq t_{ON}$ se tiene:

$$i_{01}(t) = \frac{U_s}{R}\left(1 - e^{-t/\tau}\right) + \left[\frac{U_s}{R}\frac{e^{-t_{ON}/\tau} - 1}{e^{T/\tau} - 1}\right]e^{-t/\tau} \tag{13}$$

y para $0 \leq t \leq t_{OFF}$ se tiene:

$$i_{02}(t) = \left[\frac{U_s}{R}\frac{1 - e^{-t_{ON}/\tau}}{1 - e^{-T/\tau}}\right]e^{-t_1/\tau} = \left[\frac{U_s}{R}\frac{1 - e^{-t_{ON}/\tau}}{1 - e^{-T/\tau}}\right]e^{-t_{ON}/\tau} \cdot e^{-t/\tau} \tag{14}$$

El término entre corchetes de las Expresiones (13) representa, como sabemos, el valor de la corriente mínima, mientras que el término entre corchetes de las Expresiones (14) representa el valor de la corriente máxima. Por otra parte debe señalarse que para escribir la última Ecuación (14) se ha tenido en cuenta, de acuerdo con las referencias de tiempo señaladas en la Figura 3.7b, que se cumple la traslación $t = t_1 + t_{ON}$. De este modo, ambas ecuaciones finales (13) y (14) tienen la misma referencia común en el tiempo y el semiperiodo (14) realmente corresponde al tramo temporal $t_{ON} \leq t \leq T$.

Una vez realizado este breve repaso de la teoría exponencial de un *chopper* elevador de tensión, vamos a resolver el problema de la Figura 3.6, donde los parámetros del circuito del *chopper* en el primer caso son:

$$U_s = 100 \text{ V} \; ; \; R = 5 \, \Omega \; ; \; L = 10 \text{ mH} \; ; \; f = 1 \text{ kHz} \; ; \; T = 1/f = 1 \text{ ms}$$

a) Según el enunciado, la tensión media en la carga es $U_{cc} = 40$ V, lo que significa de acuerdo con la Ecuación (1) que el ciclo de trabajo del *chopper* es:

$$k = \frac{U_{cc}}{U_s} = \frac{40}{100} = 0,4 \qquad \Rightarrow \qquad \frac{t_{ON}}{T} = 0,4 \tag{15}$$

y el valor de la corriente media es:

$$I_{cc} = \frac{U_{cc}}{R} = \frac{40}{5} = 8 \text{ A} \tag{16}$$

b) La frecuencia es de 1 kHz, por lo que el periodo del *chopper* es de 1 ms. Por otra parte, la constante de tiempo de la carga vale:

$$\tau = \frac{L}{R} = \frac{10 \cdot 10^{-3}}{5} = 2 \text{ ms} \qquad (17)$$

y los tiempos t_{ON} y t_{OFF} del *chopper* son, respectivamente:

$$t_{ON} = kT = 0,4T = 0,4 \text{ ms} \ ; \ t_{OFF} = (1-k)T = 0,6T = 0,6 \text{ ms} \qquad (18)$$

y las corrientes máxima y mínima que circulan por la resistencia de carga son respectivamente:

$$I_{máx} = \frac{U_s}{R} \frac{1 - e^{-t_{ON}/\tau}}{1 - e^{-T/\tau}} = \frac{100}{5} \frac{1 - e^{-0,4/2}}{1 - e^{-1/2}} = 9,21 \text{ A} \qquad (19)$$

$$I_{mín} = \frac{U_s}{R} \frac{1 - e^{-t_{ON}/\tau}}{1 - e^{-T/\tau}} e^{-t_{OFF}/\tau} = \frac{U_s}{R} \frac{e^{t_{OFF}/\tau} - e^{-T/\tau}}{1 - e^{-T/\tau}} = \frac{100}{5} \frac{e^{-0,6/2} - e^{-1/2}}{1 - e^{-1/2}} = 6,83 \text{ A} \qquad (20)$$

de donde se deduce que el valor medio de la corriente de carga es:

$$I_{cc} = \frac{I_{máx} + I_{mín}}{2} = \frac{9,21 + 6,83}{2} \approx 8 \text{ A} \qquad (21)$$

por lo que la corriente de rizado vale:

$$\Delta I = I_{máx} - I_{mín} = 9,21 - 6,83 = 2,38 \text{ A} \implies \frac{\Delta I}{I_{cc}} = \frac{2,38}{8} \approx 29,75\% \qquad (22)$$

Podemos calcular también las expresiones instantáneas de las corrientes de carga, cuyas respuestas en cada semiciclo se señalaban en las Fórmulas (13) y (14) y teniendo en cuenta que en el primer caso los parámetros del circuito: $U_s = 100$ V; $R = 5 \ \Omega$; $\tau = 2$ ms; $f = 1$ kHz; $T = 1/f = 1$ ms; $k = 0,4$: $t_{ON} = 0,4$ ms; $t_{OFF} = 0,6$ ms. Y así resultan las expresiones de las corrientes en los periodos *ON* y *OFF* del *chopper* y que son respectivamente:

En el intervalo $0 \le t \le t_{ON}$, es decir, $0 \le t \le 0,4$ ms, se tiene:

$$i_{01}(t) = \frac{U_s}{R}\left(1 - e^{-t/\tau}\right) + I_{mín}e^{-t/\tau} = 20\left(1 - e^{-500t}\right) + 6,83e^{-500t} = 20 - 13,17e^{-500t} \qquad (23)$$

y en el intervalo para $t_{ON} \le t \le T$, es decir, $0,4$ ms $\le t \le 1$ ms, se tiene:

$$i_{02}(t) = I_{máx}e^{t_{ON}/\tau} \cdot e^{-t/\tau} = 9,21 \cdot e^{0,4/2}e^{-500t} = 11,25e^{-500t} \qquad (24)$$

Estas Ecuaciones (23) y (24) se utilizarán después para dibujar las respuestas del *chopper* con el software MATLAB, cuyas sentencias se presentan al final de este problema.

c) Si se eleva la frecuencia del *chopper* a 5 kHz (es decir, $T = 1/f = 0,2$ ms), tiempos t_{ON} y t_{OFF} del *chopper* son:

$$t_{ON} = kT = 0,4T = 0,4 \cdot 0,2 = 0,08 \text{ ms} \;\; ; \;\; t_{OFF} = (1-k)T = 0,6T = 0,6 \cdot 0,2 = 0,12 \text{ ms} \quad (25)$$

por lo que las corrientes máxima y mínima que circulan por la resistencia de carga son ahora:

$$I_{máx} = \frac{U_s}{R} \frac{1-e^{-t_{ON}/\tau}}{1-e^{-T/\tau}} = \frac{100}{5} \frac{1-e^{-0,08/2}}{1-e^{-0,2/2}} = 8,24 \text{ A} \quad (26)$$

$$I_{mín} = \frac{U_s}{R} \frac{e^{-t_{OFF}/\tau} - e^{-T/\tau}}{1-e^{-T/\tau}} = \frac{100}{5} \frac{e^{-0,12/2} - e^{-0,2/2}}{1-e^{-0,2/2}} = 7,76 \text{ A} \quad (27)$$

de donde se deduce que el valor medio de la corriente de carga es:

$$I_{cc} = \frac{I_{máx} + I_{mín}}{2} = \frac{8,24 + 7,76}{2} \approx 8 \text{ A} \quad (28)$$

y la corriente de rizado vale ahora:

$$\Delta I = I_{máx} - I_{mín} = 8,24 - 7,76 = 0,48 \text{ A} \;\; \Rightarrow \;\; \frac{\Delta I}{I_{cc}} = \frac{0,48}{8} \approx 6\% \quad (29)$$

es decir, al elevar la frecuencia del *chopper* de 1 kHz a 5 kHz, esto es, se ha aumentado cinco veces, la corriente de rizado relativo ha pasado de valer 29,75 % a 6 %, lo que supone, prácticamente, que se ha dividido por cinco. Recuérdese que si el análisis hubiera sido lineal la reducción hubiera sido exactamente cinco veces.

De forma análoga al caso anterior, se pueden calcular las expresiones instantáneas de las corrientes de carga, cuyas respuestas en cada semiciclo se señalaban en las Fórmulas (13) y (14). Teniendo en cuenta que ahora los parámetros del circuito son siguientes: $U_s = 100$ V; $R = 5$ Ω; $\tau = 2$ ms; $f = 5$ kHz; $T = 1/f = 0,2$ ms; $k = 0,4$: $t_{ON} = 0,08$ ms; $t_{OFF} = 0,12$ ms, lo que da lugar a los siguientes resultados en los periodos *ON* y *OFF* del *chopper*:

En el intervalo $0 \leq t \leq t_{ON}$, es decir, $0 \leq t \leq 0,08$ ms, se tiene:

$$i_{01}(t) = \frac{U_s}{R}\left(1-e^{-t/\tau}\right) + I_{mín}e^{-t/\tau} = 20\left(1-e^{-500t}\right) + 7,76e^{-500t} = 20 - 12,24e^{-500t} \quad (30)$$

y en el intervalo para $t_{ON} \leq t \leq T$, es decir, $0,08$ ms $\leq t \leq 0,2$ ms, se tiene:

$$i_{02}(t) = I_{máx}e^{t_{ON}/\tau} \cdot e^{-t/\tau} = 8,24 \cdot e^{0,08/2}e^{-500t} = 8,58e^{-500t} \quad (31)$$

Resolución con MATLAB®

Es de gran interés pedagógico dibujar con ayuda del programa MATLAB, las corrientes de carga y descarga de este problema para los dos supuestos y comparar las respuestas correspondientes y para ello se ha preparado el siguiente programa:

a) Primer caso: frecuencia del *chopper* 1 kHz ($T = 1$ ms); constante de tiempo de la carga $\tau = 2$ ms.

```
>> t = 0:1E-6:0.4E-3; t1 = 1000*t; % Definición del tiempo del primer
semiperiodo de la onda de corriente y que varía entre 0 y 0,4 ms
(frecuencia de 1 kHz; periodo 1 ms; k = 0,4; constante de tiempo de
2 ms). Se añade otra escala de tiempos t1 para que el plot dibuje la
respuesta en milisegundos.
>> i1 = 20-13.17*exp(-500*t);   % corriente de carga en el primer
semiperiodo de acuerdo con la Fórmula (23).
>> plot(t1,i1,'linewidth',2) % Así se dibuja el primer semiperiodo
de la corriente de carga. Se ha utilizado un espesor de la línea de
tamaño 2 para que se destaque la respuesta temporal de la corriente.
>> hold on; % Esta sentencia se escribe para mantener dibujada la
curva de corriente del primer semiciclo.
>> t = 0.4E-3:1E-6:1.0E-3; t2 = 1000*t; % Definición del tiempo del
segundo semiperiodo de la onda de corriente y que varía entre 0,4 ms
y 1 ms. Se añade otra escala de tiempos t2 para que el plot dibuje
la respuesta en milisegundos.
>> i2 = 11.25*exp(-500*t);   % corriente de carga en el segundo
semiperiodo de acuerdo con la Fórmula (24).
>> plot(t2,i2,'linewidth',2);grid % Así se dibuja el segundo semi-
periodo de la corriente de carga. Se ha utilizado un espesor de la
línea de tamaño 2 para que se destaque la respuesta temporal de la
corriente. Se ha añadido una rejilla (sentencia grid) para apreciar
los detalles de la onda y su variación con el tiempo.
>> xlabel('Tiempo en milisegundos'),ylabel('Corriente de carga i(t)
en amperios') % Se ponen etiquetas en los ejes del gráfico.
```

Con este programa se obtiene el gráfico de la Figura 3.8a, en el que se ha señalado los valores máximo y mínimo de las corrientes en los dos semiperiodos y también se indican las expresiones de las corrientes en ambos semiperiodos.

b) Segundo caso: frecuencia del *chopper* 5 kHz ($T = 0,2$ ms); constante de tiempo de la carga $\tau = 2$ ms.

```
>> t = 0:1E-6:0.08E-3; t1 = 1000*t; % Definición del tiempo del
primer semiperiodo de la onda de corriente y que varía entre 0 y 0,08
ms. Se añade otra escala de tiempos t1 para que el plot dibuje la
respuesta en milisegundos.
>> i1 = 20-12.24*exp(-500*t); % corriente de carga en el primer
semiperiodo de acuerdo con la Fórmula (30).
>> plot(t1,i1,'linewidth',2) % Así se dibuja el primer semiperiodo
de la corriente de carga. Se ha utilizado un espesor de la línea de
tamaño 2 para que se destaque la respuesta temporal de la corriente.
>> hold on; % Esta sentencia se escribe para mantener dibujada la
curva de corriente del primer semiciclo.
```

```
>> t = 0.08E-3:1E-6:0.2E-3; t2 = 1000*t; % Definición del tiempo del
segundo semiperiodo de la onda de corriente y que varía entre 0,08
ms y 0,2 ms. Se añade otra escala de tiempos t2 para que el plot
dibuje la respuesta en milisegundos.
>> i2 = 8.58*exp(-500*t);  % corriente de carga en el segundo semi-
periodo de acuerdo con la Fórmula (31).
>> plot(t2,i2,'linewidth',2);grid % Así se dibuja el segundo semi-
periodo de la corriente de carga. Se ha utilizado un espesor de la
línea de tamaño 2 para que se destaque la respuesta temporal de la
corriente. Se ha añadido una rejilla (sentencia grid) para apreciar
los detalles de la onda y su variación con el tiempo.
>> xlabel('Tiempo en milisegundos'),ylabel('Corriente de carga i(t)
en amperios') % Se ponen etiquetas en los ejes del gráfico.
```

Y con este programa se obtiene el gráfico de la Figura 3.8b, en el que se ha señalado los valores máximo y mínimo de las corrientes en los dos semiperiodos de carga y descarga y también se indican las expresiones de las corrientes en ambos semiperiodos.

Si se comparan las respuestas del *chopper* de las Figuras 3.8a y b, se observa en primer lugar que en ambos casos las señales son bastante lineales, lo que se debe a que en ambas situaciones la constante de tiempo del circuito es muy superior al periodo del *chopper* ($\tau = 2T$ en la respuesta de la Figura 3.8a con una frecuencia de 1 kHz y $\tau = 10\,T$ en la respuesta de la Figura 3.8b, con una frecuencia de 5 kHz). En segundo lugar se puede comprobar que cuanto mayor es el valor de la constante de tiempo respecto al periodo del *chopper*, más lineal es la respuesta y también es menor la oscilación de la corriente, lo que significa un menor rizado, como ya se había señalado y calculado previamente. En la situación de la Figura 3.8a, el periodo es de 1 ms ($f = 1$ kHz) y la corriente oscila entre 6,83 A y 9,21 A. En el caso de la Figura 3.8b, el periodo es de 0,2 ms ($f = 5$ kHz) y la corriente oscila entre 7,76 A y 8,24 A

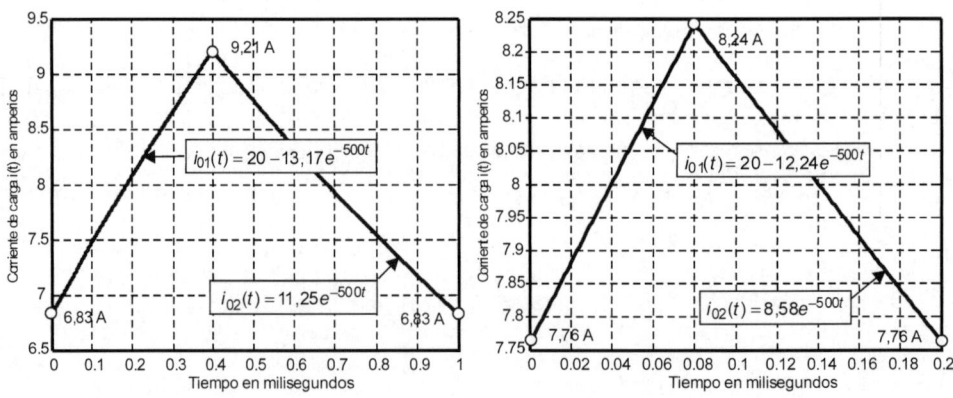

a) $f = 1$ kHz ($T = 1$ ms); $\tau = 2$ ms; $\tau = 2\,T$ b) $f = 5$ kHz ($T = 0,2$ ms); $\tau = 2$ ms; $\tau = 10\,T$

Figura 3.8

Estudio adicional

Aunque este desarrollo no se solicita en el problema, se ha considerado importante el incluirlo como complemento, para que el lector compruebe las respuestas del *chopper* en dos situaciones nuevas adicionales, en las que la frecuencia del *chopper* se supone constante e igual a 1 kHz, pero en las que se modifica la constante de tiempo del circuito, variando para ello la inductancia del mismo. Los dos casos que se añaden en este estudio son los siguientes:

a) Primer caso:

Tensión de alimentación: U_s = 100 V; tensión media de la carga U_{cc} = 40 V, es decir, el ciclo de trabajo sigue siendo k = 0,4; frecuencia del *chopper*: f = 1 kHz; resistencia del circuito: R = 5 Ω; inductancia del circuito L = 1 mH. De este modo, el periodo del *chopper* es T = 1/f = 1 ms y la constante de tiempo $\tau = L/R$ es de 0,2 ms, esto es, la constante de tiempo del circuito es inferior al periodo del *chopper*, pues se tiene que τ = 0,2 T.

De acuerdo con estos parámetros y siguiendo el proceso teórico que se ha realizado en este problema, el lector puede comprobar que se obtienen las corrientes máximas y mínimas: $I_{máx}$ = 17,41 A y $I_{mín} \approx$ 0,87 A y que las corrientes instantáneas en los semi-periodos correspondientes, son respectivamente:

En el intervalo $0 \le t \le t_{ON}$, es decir, $0 \le t \le$ 0,4 ms, se tiene:

$$i_{01}(t) = 20 - 19,1e^{-5000t}$$

y en el intervalo para $t_{ON} \le t \le T$, es decir, 0,4 ms $\le t \le$ 1 ms, se tiene:

$$i_{02}(t) = 128,64e^{-5000t}$$

b) Segundo caso:

Tensión de alimentación: U_s = 100 V; tensión media de la carga U_{cc} = 40 V, es decir, el ciclo de trabajo sigue siendo k = 0,4; frecuencia del *chopper*: f = 1 kHz; resistencia del circuito: R = 5 Ω; inductancia del circuito L = 2,5 mH. De este modo el periodo del *chopper* es T = 1/f = 1 ms y la constante de tiempo $\tau = L/R$ es de 0,5 ms. Es decir la constante de tiempo del circuito es inferior al periodo del *chopper*, pues se tiene que τ = 0,5 T.

De acuerdo con estos parámetros y siguiendo el proceso teórico que se ha realizado en este problema, el lector puede comprobar que se obtienen las corrientes máximas y mínimas: $I_{máx}$ = 12,74 A y $I_{mín}$ = 3.84 A y que las corrientes instantáneas en los semi-periodos correspondientes son respectivamente:

En el intervalo $0 \le t \le t_{ON}$, es decir, $0 \le t \le$ 0,4 ms, se tiene:

$$i_{01}(t) = 20 - 16,16e^{-2000t}$$

y en el intervalo para $t_{ON} \leq t \leq T$, es decir, $0,4$ ms $\leq t \leq 1$ ms, se tiene:

$$i_{02}(t) = 28,35e^{-2000t}$$

Empleando el software MATLAB® con sentencias similares a los casos anteriores se obtienen las respuestas correspondientes a estas dos nuevas situaciones adicionales y que se muestran en la Figura 3.9, en las que se han destacado las corrientes máxima y mínima y las expresiones instantáneas señaladas anteriormente.

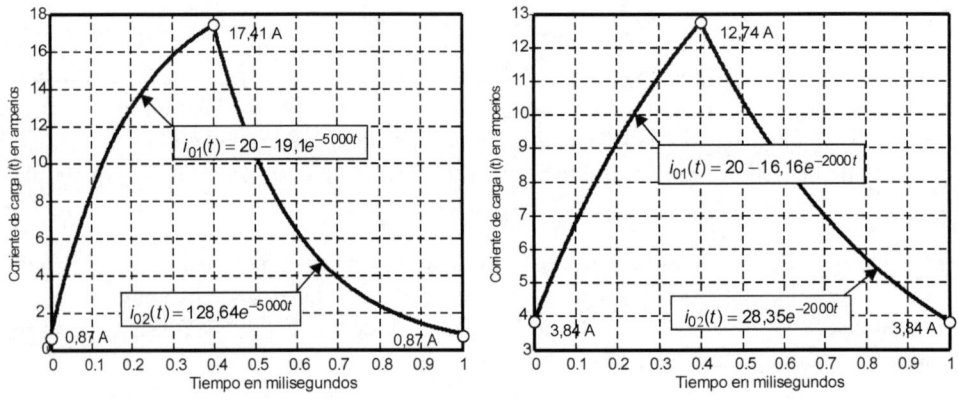

a) $f = 1$ kHz ($T = 1$ ms); $\tau = 0,2$ ms; $\tau = 0,2\ T$ b) $f = 1$ kHz ($T = 1$ ms); $\tau = 0,5$ ms; $\tau = 0,5\ T$

Figura 3.9

Es importante analizar estos resultados con detalle comparando las respuestas de las corrientes mostradas en los gráficos de las Figuras 3.8 con las de la Figura 3.9. Se observa claramente el carácter exponencial de las nuevas respuestas de la Figura 3.9, lo que se debe a que ahora las constantes de tiempo del circuito son mucho menores que las empleadas en la representación de la Figura 3.8. De hecho en la Figura 3.9a se tiene que $\tau = 0,2\ T$ y en la Figura 3.9b su valor es $\tau = 0,5\ T$, mientras que en la Figura 3.8 los valores correspondientes eran $\tau = 2\ T$ (en la Figura 3.8a) y $\tau = 10\ T$ (en la Figura 3.8b). De ahí se desprende que el estudio lineal de un *chopper* solamente es válido cuando la constante de tiempo del circuito es superior (o muy superior) al periodo del *chopper*. Esta situación es lo más normal en la práctica ya que los *chopper*s trabajan con frecuencias elevadas y además se suelen utilizar circuitos en los que se emplean altas inductancias en la carga, para aplanar la respuesta y conseguir constantes de tiempo elevadas. Por otro lado el lector puede comprobar que los rangos de variación (máximo y mínimo) de las corrientes es menos acusado en los circuitos en los que la constante de tiempo es elevada frente al periodo de las señales (y se tiene además la respuesta lineal), lo cual tiene la ventaja de conseguir una corriente en la carga con menos rizado. Creemos que estas consideraciones son importantes para que el estudiante comprenda el funcionamiento de los *chopper*s y le sirvan en su futuro profesional para lograr un buen diseño de la electrónica de potencia de estos convertidores.

3.6. El *chopper* reductor de tensión de la Figura 3.10 tiene una tensión de alimentación $U_s = 200$ V y alimenta una carga formada por una inductancia $L = 20$ mH en serie con una resistencia $R = 4\ \Omega$. Si la frecuencia de funcionamiento del *chopper* es de 50 Hz.

a) Determinar los valores de k del ciclo de trabajo del *chopper* para que la corriente mínima de la carga sea: 1) 5 A; 2) 10 A; 3) 25 A.

b) Para los valores de k obtenidos en al apartado anterior, determinar los valores de la corrientes máximas que circularán por la resistencia y los factores de rizado correspondientes.

Nota. Aplíquese el análisis exponencial.

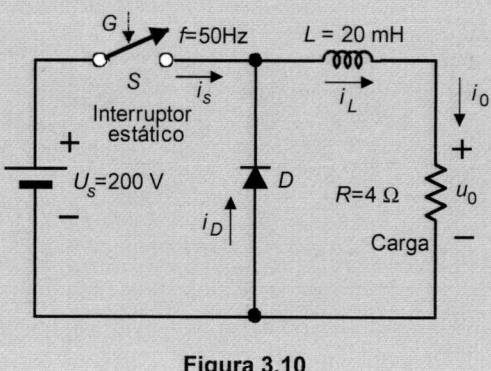

Figura 3.10

Los parámetros del *chopper* son:

$$U_s = 200 \text{ V} \ ; \ R = 4\ \Omega \ ; \ L = 20 \text{ mH} \ ; \ f = 50 \text{ Hz} \ ; \ T = 1/f = 20 \text{ ms};$$

$$\tau = L/R = 20 \cdot 10^{-3}/4 = 5 \text{ ms}$$

y los tiempos t_{ON} y t_{OFF} del *chopper* en función del ciclo de trabajo k son respectivamente:

$$t_{ON} = kT \ ; \ t_{OFF}\,(1-k)T$$

Sabemos que aplicando el análisis exponencial, las corrientes máxima y mínima que circulan por la resistencia de carga son:

$$I_{\text{máx}} = \frac{U_s}{R}\frac{1-e^{-t_{ON}/\tau}}{1-e^{-T/\tau}} = \frac{U_s}{R}\frac{1-e^{-kT/\tau}}{1-e^{-T/\tau}} \tag{1}$$

$$I_{\text{mín}} = \frac{U_s}{R}\frac{e^{-t_{OFF}/\tau}-e^{-T/\tau}}{1-e^{-T/\tau}} = \frac{U_s}{R}\frac{e^{-(1-k)T/\tau}-e^{-T/\tau}}{1-e^{-1/\tau}} = \frac{U_s}{R}\frac{e^{-kT/\tau}-1}{e^{-T/\tau}-1} \tag{2}$$

a.1) Si la corriente mínima es 5 A, de la Expresión (2) se puede escribir:

$$I_{mín} = \frac{U_s}{R}\frac{e^{kT/\tau}-1}{e^{-T/\tau}-1} \Rightarrow 5 = \frac{200}{4}\frac{e^{k20/5}-1}{e^{20/5}-1} \Rightarrow 0,1\left(e^4-1\right)+1 = e^{4k} \tag{3}$$

que al operar nos da:

$$e^{4k} = 0,1\left(e^4-1\right)+1 = 6,36 \tag{4}$$

y al tomar logaritmos neperianos resulta:

$$4k = \ln 6,36 = 1,85 \Rightarrow k = 0,462 \tag{5}$$

a.2) De una forma similar, si la corriente mínima es 10 A, de la Expresión (2) se obtiene:

$$I_{mín} = \frac{U_s}{R}\frac{e^{kT/\tau}-1}{e^{T/\tau}-1} \Rightarrow 10 = \frac{200}{4}\frac{e^{k20/5}-1}{e^{20/5}-1} \Rightarrow 0,2\left(e^4-1\right)+1 = e^{4k} \tag{6}$$

que al operar nos da:

$$e^{4k} = 11,72 \Rightarrow k = \frac{1}{4}\ln 11,72 = 0,615 \tag{7}$$

a.3) Y si la corriente mínima es de 25 A, de la Expresión (2) se obtiene:

$$I_{mín} = \frac{U_s}{R}\frac{e^{kT/\tau}-1}{e^{T/\tau}-1} \Rightarrow 25 = \frac{200}{4}\frac{e^{k20/5}-1}{e^{20/5}-1} \Rightarrow 0,5\left(e^4-1\right)+1 = e^{4k} \tag{8}$$

que al operar nos da:

$$e^{4k} = 27,80 \Rightarrow k = \frac{1}{4}\ln 27,80 = 0,830 \tag{9}$$

b.1) Cuando la corriente mínima es de 5 A y, por tanto, según la Expresión (5) se tiene $k = 0,462$ y resultan unos valores máximo y mínimo de las corrientes:

$$I_{máx} = \frac{U_s}{R}\frac{1-e^{-kT/\tau}}{1-e^{-T/\tau}} \quad ; \quad I_{mín} = \frac{U_s}{R}\frac{e^{kT/\tau}-1}{e^{T/\tau}-1} \tag{10}$$

En las ecuaciones anteriores se cumple que $T/\tau = 200/5 = 4$, por lo que

$$I_{máx} = \frac{U_s}{R}\frac{1-e^{-kT/\tau}}{1-e^{-T/\tau}} = \frac{200}{4}\frac{1-e^{-0,462\cdot4}}{1-e^{-4}} = 42,9 \text{ A}$$

$$I_{mín} = \frac{U_s}{R}\frac{e^{kT/\tau}-1}{e^{T/\tau}-1} = \frac{200}{4}\frac{e^{0,462\cdot4}-1}{e^4-1} \approx 5 \text{ A} \tag{11}$$

Por consiguiente, se tiene una corriente media y un factor de rizado:

$$I_{cc} = \frac{I_{máx} + I_{mín}}{2} = \frac{42,9+5}{2} \approx 24 \text{ A} \tag{12}$$

y un factor de rizado:

$$\Delta I = I_{máx} - I_{mín} = 42,9-5 = 37,9 \text{ A} \implies \frac{\Delta I}{I_{cc}} = \frac{37,9}{24} = 158 \text{ \%} \tag{13}$$

b.2) Cuando la corriente mínima es de 10 A y, por tanto, según la Expresión (7) se tiene $k = 0,615$ y como se cumple que $T/\tau = 200/5 = 4$, resultan unos valores de las corrientes según (10):

$$\begin{aligned} I_{máx} &= \frac{U_s}{R} \frac{1-e^{-kT/\tau}}{1-e^{-T/\tau}} = \frac{200}{4} \frac{1-e^{-0,615\cdot4}}{1-e^{-4}} = 46,58 \text{ A} \\ I_{mín} &= \frac{U_s}{R} \frac{e^{kT/\tau}-1}{e^{T/\tau}-1} = \frac{200}{4} \frac{e^{0,615\cdot4}-1}{e^4-1} \approx 10 \text{ A} \end{aligned} \tag{14}$$

Por consiguiente, se tiene una corriente media y un factor de rizado:

$$I_{cc} = \frac{I_{máx} + I_{mín}}{2} = \frac{46,58+10}{2} \approx 28,3 \text{ A} \tag{15}$$

y un factor de rizado:

$$\Delta I = I_{máx} - I_{mín} = 46,58-10 = 36,58 \text{ A} \implies \frac{\Delta I}{I_{cc}} = \frac{36,58}{28,3} = 130 \text{ \%} \tag{16}$$

b.3) Cuando la corriente mínima es de 25 A y, por tanto, según la Expresión (9) se tiene $k = 0,830$ y como se cumple que $T/\tau = 200/5 = 4$, resultan unos valores de las corrientes según (10):

$$\begin{aligned} I_{máx} &= \frac{U_s}{R} \frac{1-e^{-kT/\tau}}{1-e^{-T/\tau}} = \frac{200}{4} \frac{1-e^{-0,830\cdot4}}{1-e^{-4}} = 49,1 \text{ A} \\ I_{mín} &= \frac{U_s}{R} \frac{e^{kT/\tau}-1}{e^{T/\tau}-1} = \frac{200}{4} \frac{e^{0,830\cdot4}-1}{e^4-1} \approx 25 \text{ A} \end{aligned} \tag{17}$$

Por consiguiente, se tiene una corriente media y un factor de rizado:

$$I_{cc} = \frac{I_{máx} + I_{mín}}{2} = \frac{49,1+25}{2} \approx 37 \text{ A} \tag{18}$$

y un factor de rizado:

$$\Delta I = I_{máx} - I_{mín} = 49,1-25 = 24,1 \text{ A} \implies \frac{\Delta I}{I_{cc}} = \frac{24,1}{37} = 65,1 \text{ \%} \tag{19}$$

3.7. El *chopper* elevador de tensión de la Figura 3.11 se alimenta con una batería que tiene una tensión $U_s = 12$ V y se sabe que la tensión media en la resistencia de carga es $U_{cc} = 30$ V. La resistencia de la carga es $R = 50\ \Omega$ y la frecuencia de funcionamiento del *chopper* es de 25 kHz. Calcular:

a) El valor de k del ciclo de trabajo del *chopper*.

b) La corriente media entregada por la batería de 12 V al circuito.

c) El valor mínimo de la inductancia L que tiene el circuito y que asegure una conducción continua.

d) El valor que debe tener la inductancia L para que el rizado de la corriente en la inductancia no supere el 10 %.

e) Los valores máximo y mínimo de la corriente de entrada que circula por la batería de 12 V, teniendo en cuenta el valor de la inductancia calculado en el apartado anterior.

Nota. Aplíquese el análisis lineal.

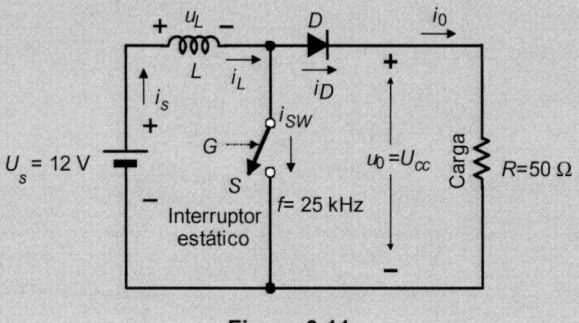

Figura 3.11

Solución

a) Sabemos que en *chopper* elevador de tensión, se tiene la siguiente relación entre la tensión media de c.c. U_{cc} y la tensión de alimentación U_s:

$$U_{cc} = \frac{U_s}{1-k} \quad \Rightarrow \quad 30 = \frac{12}{1-k} \quad \Rightarrow \quad k = 0,6 \tag{1}$$

b) La corriente media en la entrada de alimentación I_s (que coincide con la corriente de carga I_L) vale:

$$I_s = I_L = \frac{U_s}{(1-k)^2\,R} = \frac{12}{(1-0,6)^2 \cdot 50} = 1,5\ \text{A} \tag{2}$$

c) Como quiera que la frecuencia del *chopper* es de 25 kHz, el periodo correspondiente es $T = 1/f = 40$ μs y el valor mínimo de la inductancia que asegura la conducción continua se calcula mediante la ecuación:

$$L = \frac{RkT(1-k)^2}{2} = \frac{50 \cdot 0,6 \cdot 40 \cdot 10^{-6}(1-0,6)^2}{2} = 96\ \text{μH} \tag{3}$$

d) Por otro lado, el rizado no puede superar el 10 % y se puede escribir:

$$\frac{\Delta I}{I_L} = \frac{\Delta I}{1,5} = 10\ \% \implies \Delta I = 0,1 \cdot 1,5 = 0,15\ \text{A} \tag{4}$$

y llevando el valor anterior a la expresión del rizado del *chopper* resulta:

$$\Delta I = \frac{U_s kT}{L} \implies 0,15 = \frac{12 \cdot 0,6 \cdot 40 \cdot 10^{-6}}{L} \implies L = 1,92\ \ \text{mH} \tag{5}$$

es decir se requiere una inductancia de 1,92 mH para que el rizado no sea superior al 10 %.

e) Con el valor anterior de la inductancia se pueden calcular los valores máximo y mínimo de la corriente de alimentación de la entrada con las expresiones siguientes:

$$I_{\text{máx}} = \frac{U_s}{R(1-k)^2} + \frac{U_s kT}{2L} = I_L + \frac{\Delta I}{2} = 1,5 + \frac{0,15}{2} = 1,575\ \text{A} \tag{6}$$

$$I_{\text{mín}} = \frac{U_s}{R(1-k)^2} - \frac{U_s kT}{2L} = I_L - \frac{\Delta I}{2} = 1,5 - \frac{0,15}{2} = 1,425\ \text{A} \tag{7}$$

3.8. El *chopper* elevador de tensión de la Figura.3.12 se alimenta con una batería que tiene una tensión $U_s = 42$ V y se sabe que suministra una tensión media en la resistencia de carga es $U_{cc} = 140$ V. Si la inductancia del circuito es $L = 250\ \mu$H y la frecuencia de funcionamiento del *chopper* es de 5 kHz, calcular:

a) El valor de k del ciclo de trabajo del *chopper*.

b) Los valores máximo y mínimo de la corriente que circula por la inductancia.

c) La potencia media suministrada por la batería de 42 V al circuito.

d) La corriente media que circula por el diodo D.

Nota. Aplíquese el análisis lineal.

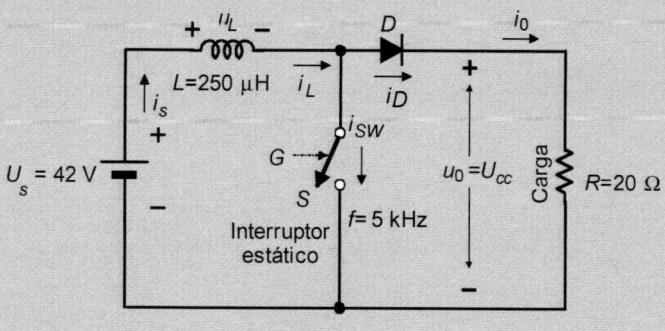

Figura 3.12

Solución

a) Sabemos que en el *chopper* elevador de tensión, se tiene la siguiente relación entre la tensión media de c.c. U_{cc} y la tensión de alimentación U_s:

$$U_{cc} = \frac{U_s}{1-k} \quad \Rightarrow \quad 140 = \frac{42}{1-k} \quad \Rightarrow \quad k = 0,7 \tag{1}$$

b) La frecuencia es de 5 kHz, por lo que el periodo es $T = 1/f = 200$ μs y las corrientes máxima y mínima que circulan por la inductancia son:

$$I_{máx} = \frac{U_s}{R(1-k)^2} + \frac{U_s kT}{2L} = \frac{42}{20(1-0,7)^2} + \frac{42 \cdot 0,7 \cdot 200 \cdot 10^{-6}}{2 \cdot 250 \cdot 10^{-6}} = 23,33 + 11,76 \approx 35,1 \text{ A} \tag{2}$$

$$I_{mín} = \frac{U_s}{R(1-k)^2} - \frac{U_s kT}{2L} = \frac{42}{20(1-0,7)^2} - \frac{42 \cdot 0,7 \cdot 200 \cdot 10^{-6}}{2 \cdot 250 \cdot 10^{-6}} = 23,33 - 11,76 \approx 11,6 \text{ A} \tag{3}$$

Los valores anteriores indican que el valor medio de la corriente en la inductancia y que es el valor medio de la corriente de alimentación vale:

$$I_L = I_s = \frac{I_{máx} + I_{mín}}{2} = \frac{35,1 + 11,6}{2} \approx 23,33 \text{ A} \tag{3}$$

c) La potencia eléctrica media suministrada por la fuente vale:

$$P_s = U_s I_s = 42 \cdot 23,33 \approx 980 \text{ W} \tag{4}$$

d) Para calcular la corriente media en el diodo es necesario conocer la evolución de la corriente en el mismo. En la Figura 3.13 se muestra la forma de esta corriente en el diodo, que en el periodo de encendido t_{ON}, que dura 140 μs, la corriente en el mismo es nula, mientras que en el periodo de apagado t_{OFF}, que dura 60 μs, la corriente pasa del valor máximo $I_{máx} = 35,1$ A hasta el valor mínimo de $I_{mín} = 11,6$ A.

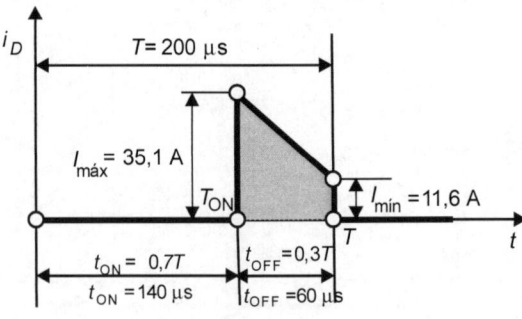

Figura 3.13

El valor medio de la corriente en el diodo es:

$$I_D \text{(medio)} = \frac{1}{T}\int_0^T i_D(t)\,dt = \frac{I_{máx}+I_{mín}}{2}\frac{t_{OFF}}{T} = \frac{35,1+11,6}{2}0,3 \approx 7 \text{ A} \qquad (5)$$

En la Figura 3.13 se muestra el significado geométrico de la integral (5) y que es el área del trapecio sombreada y cuyo valor es la semisuma de las bases $(I_{máx}+I_{mín})/2$ por la altura t_{OFF}.

3.9. La Figura 3.14 muestra un *chopper* que trabaja en el cuadrante I y que se alimenta por medio de una red de c.c. que tiene una tensión de $U_s = 200$ V. El *chopper* alimenta el inducido de un motor de c.c. que tiene los siguientes parámetros: $R = 1\ \Omega$; $L = 4$ mH; $E = 50$ V (f.c.e.m) a la velocidad asignada. La frecuencia de funcionamiento del *chopper* es de 1 kHz y el parámetro del ciclo de trabajo es k = 0,4. Contestar a las siguientes cuestiones:

a) Averiguar si la corriente de carga en el motor es continua o discontinua, justificando la respuesta.

b) Calcular la corriente media que pasa por el motor.

c) Hallar las corrientes máxima y mínima que atraviesa el motor.

d) Determinar la potencia eléctrica media absorbida por el motor.

e) Calcular la corriente media que absorbe el *chopper* de la red de alimentación.

Nota. Aplíquese el análisis exponencial para el cálculo de las corrientes.

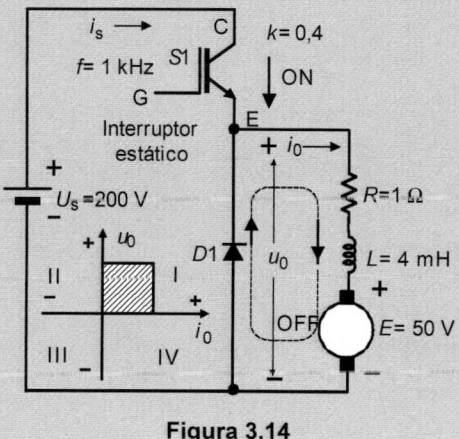

Figura 3.14

Los parámetros del circuito son:

$$U_s = 200 \text{ V} \ ; \ E = 50 \text{ V} \ ; \ R = 1\ \Omega \ ; \ L = 4 \text{ mH} \ ; \ f = 1 \text{ kHz} \ ; \ k = 0,4$$

Es por ello que se tiene:

$$T = \frac{1}{f} = \frac{1}{1000} = 1 \text{ ms} \; ; \; t_{ON} = kT = 0,4 \cdot 1 = 0,4 \text{ ms} \quad \tau = \frac{L}{R} = \frac{4 \cdot 10^{-3}}{1} = 4 \text{ ms}$$

a) La corriente mínima del motor viene expresada por la ecuación:

$$I_{mín} = \frac{U_s}{R} \left(\frac{e^{t_{ON}/\tau} - 1}{e^{T/\tau} - 1} - \frac{E}{U_s} \right) \quad \text{con } t_{ON} = kT = 0,4 \text{ ms} \tag{1}$$

Hay que calcular el parámetro k o ciclo de trabajo del *chopper* para que la corriente mínima anterior sea cero y de (1) se deduce:

$$\frac{E}{U_s} = \frac{e^{kT/\tau} - 1}{e^{T/\tau} - 1} \quad \Rightarrow \quad \frac{E}{U_s} \left(e^{T/\tau} - 1 \right) + 1 = e^{kT/\tau} \tag{2}$$

Al tomar logaritmos neperianos en la ecuación anterior (2) resulta:

$$\frac{kT}{\tau} = \ln \left[1 + \frac{E}{U_s} \left(e^{T/\tau} - 1 \right) \right] \quad \Rightarrow \quad k = \frac{\tau}{T} \ln \left[1 + \frac{E}{U_s} \left(e^{T/\tau} - 1 \right) \right] \tag{3}$$

y al sustituir los parámetros del circuito da lugar a:

$$k = 4 \ln \left[1 + \frac{50}{200} \left(e^{1/4} - 1 \right) \right] = 4 \ln \left[1 + 0,25 \cdot 0,284 \right] = 0,274 \tag{4}$$

Como quiera que el valor del ciclo de trabajo del *chopper* k que es igual a 0,4, que es superior a 0,274, la conducción será continua.

b) La corriente media que consume el motor es:

$$I_{cc} = \frac{kU_s - E}{R} = \frac{0,4 \cdot 200 - 50}{1} = 30 \text{ A} \tag{5}$$

c) Los valores máximo y mínimo de la corriente en el motor se obtienen de las expresiones siguientes:

$$I_{máx} = \frac{U_s}{R} \left[\frac{1 - e^{t_{ON}/\tau}}{1 - e^{-T/\tau}} - \frac{E}{U_s} \right] = \frac{200}{1} \left[\frac{1 - e^{0,4/4}}{1 - e^{-1/4}} - \frac{50}{200} \right] = 36,15 \text{ A} \tag{6}$$

$$I_{mín} = \frac{U_s}{R} \left[\frac{e^{t_{ON}/\tau} - 1}{e^{T/\tau} - 1} - \frac{E}{U_s} \right] = \frac{200}{1} \left[\frac{e^{0,4/4} - 1}{e^{1/4} - 1} - \frac{50}{200} \right] = 24,06 \text{ A} \tag{7}$$

d) La potencia eléctrica total absorbida por el motor, teniendo en cuenta su resistencia interna, es:

$$P_{cc} = U_{cc} I_{cc} = (kU_s) I_{cc} = 0,4 \cdot 200 \cdot 30 = 2400 \text{ W} \tag{8}$$

aunque hay que tener en cuenta que la potencia neta que absorbe el motor es inferior a la anterior, debido a la potencia disipada en su resistencia interna, de modo que la potencia útil que llega al inducido vale:

$$P_u \, (\text{motor}) = E \, I_{cc} = 50 \cdot 30 = 1500 \text{ W} \tag{9}$$

y la potencia disipada en su resistencia interna es:

$$P_R = RI_{cc}^2 = 1 \cdot 30^2 = 900 \text{ W} \tag{10}$$

El lector puede comprobar que la potencia total absorbida por el motor calculada en (8) es la suma de las potencias señaladas en (9) y (10).

e) Para calcular la corriente media absorbida de la alimentación, hay que tener en cuenta que la potencia eléctrica total absorbida por el motor es según (8) igual a 2400 W y esta es la potencia que se absorbe de la alimentación, por lo que si se denomina I_s(media) la corriente media en la red de entrada, se cumple:

$$P_s = P_{cc} = 2400 = U_s I_s \, (\text{media}) \implies I_s \, (\text{media}) = \frac{2400}{200} = 12 \text{ A} \tag{11}$$

3.10. En la Figura 3.15 se muestra un *chopper* que trabaja en el cuadrante I y que está conectado a una red de c.c. con una tensión de $U_s = 200$ V. El *chopper* alimenta el inducido de un motor de c.c. que tiene una resistencia $R = 0,5 \ \Omega$ y una inductancia lo suficientemente elevada para que la corriente no tenga rizado. El motor debe funcionar en el rango de velocidades 0-1800 r/min, moviendo un par resistente constante y absorbiendo por ello una corriente media constante e igual a 30 A. La constante $k\Phi$ del motor vale 0,1 V/(r/min). Calcular:

a) El rango de variación del parámetro k del ciclo de trabajo del *chopper*, para que el motor funcione en el rango de velocidades señalado.

b) La velocidad que adquirirá el motor si se aplica al motor la plena tensión, es decir, si $k = 1$.

Nota. La f.c.e.m. del motor viene expresada por la ecuación $E = k\Phi n$.

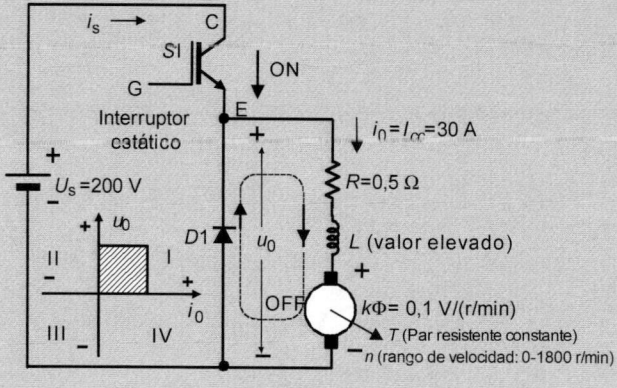

Figura 3.15

Solución

Los parámetros del circuito son:

$U_s = 200$ V ; $R = 0,5\ \Omega$; $L =$ valor elevado ; $E = k\Phi n$, siendo $k\Phi = 0,1$ V/(r/min)

a) La tensión media que llega al motor (incluyendo su resistencia en serie) está relacionada con la f.c.e.m. E y la caída interna de tensión por la expresión general siguiente:

$$U_{cc} = RI_{cc} + E = RI_{cc} + k\Phi n = RI_{cc} + 0,1n \qquad (n \text{ en r/min}) \qquad (1)$$

Es por ello que para $n = 0$ y teniendo en cuenta que la corriente media absorbida por el motor es constante e igual a 30A, la Ecuación (1) nos da:

$$U_{cc} = RI_{cc} + 0,1n = 0,5I_{cc} = 0,5 \cdot 30 = 15 \text{ V} \qquad (2)$$

lo que significa que la tensión media total que debe aplicarse al motor a rotor parado es de 15 V. Para la velocidad más elevada de 1800 r/min, la Ecuación (1) nos da:

$$U_{cc} = RI_{cc} + 0,1n = 0,5 \cdot 30 + 0,1 \cdot 1800 = 195 \text{ V} \qquad (3)$$

Por otro lado, como quiera que la tensión que produce el *chopper* y que llega al motor U_{cc} es igual a kU_s (siendo $U_s = 200$ V) y teniendo en cuenta los resultados (2) y (3) se obtienen los siguientes valores del ciclo de trabajo necesarios para el *chopper* que son, respectivamente:

a.1) Para $n = 0$ r/min:

$$U_{cc} = k_1 U_s = 15 \text{ V} \implies k_1 = \frac{15}{200} = 0,075 \qquad (4)$$

a.2) Para $n = 1800$ r/min:

$$U_{cc} = k_1 U_s = 195 \text{ V} \implies k_1 = \frac{195}{200} = 0,975 \qquad (5)$$

es decir, el ciclo de trabajo del *chopper* debe variar entre 0,075 para el arranque (rotor parado) y 0,975 cuando gira a 1800 r/min.

b) Si el valor del ciclo de trabajo del *chopper* es igual a 1, significa que U_{cc} debe ser igual a U_s, por lo que de acuerdo con la ecuación general (1) se cumple:

$$E = U_{cc} - RI_{cc} = U_s - RI_{cc} = 200 - 0,5 \cdot 30 = 185 = 0,1n \qquad (7)$$

De la ecuación anterior resulta que el motor puede alcanzar una velocidad $n = 1850$ r/min, que será el límite superior que puede conseguir la máquina.

4

Conversión
de corriente continua (c.c.)
a corriente alterna (c.a.)

4.1. El inversor monofásico en medio puente mostrado en la Figura 4.1 se alimenta con una tensión de c.c. de 100 V. La carga del inversor es una resistencia $R = 5$ Ω. Calcular:

a) El valor eficaz de la componente fundamental de la tensión en la carga.

b) La potencia disipada en la resistencia.

c) Las corrientes máxima y media que circulan por los interruptores electrónicos S1 y S2.

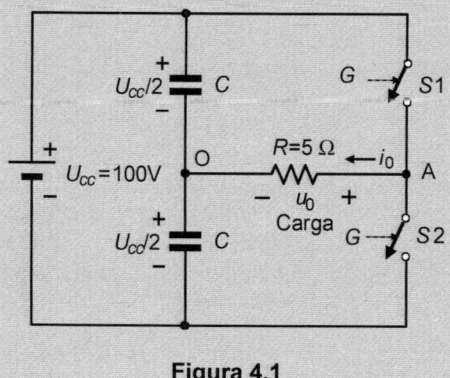

Figura 4.1

Solución

a) En la Figura 4.2 se muestra la forma de la tensión rectangular de la carga cuyo desarrollo en serie de Fourier es:

$$u_0 = \sum_{n=1,3,5,\ldots}^{\infty} \frac{2U_{cc}}{n\pi} \, \text{sen} \, n\omega t \tag{1}$$

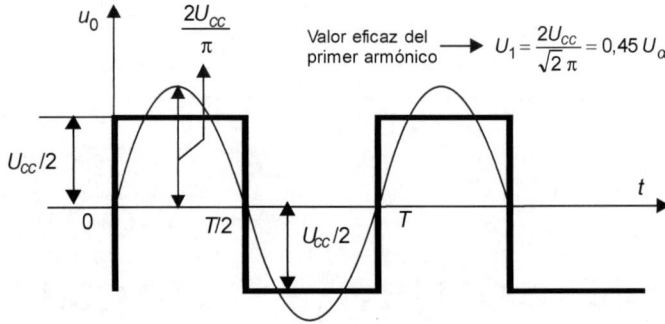

Figura 4.2

De acuerdo con (1), el valor eficaz del primer armónico ($n = 1$) del desarrollo en serie de Fourier es:

$$U_1 = \frac{2U_{cc}}{\sqrt{2}\pi} = 0,45U_{cc} = 45 \text{ V} \tag{2}$$

b) El valor eficaz de la tensión en la carga se obtiene de la expresión general:

$$U_0 = \sqrt{\frac{2}{T} \int_0^{T/2} \left(\frac{U_{cc}}{2}\right)^2 \, dt} = \frac{U_{cc}}{2} = \frac{100}{2} = 50 \text{ V} \tag{3}$$

por lo que la potencia disipada en la resistencia de carga será:

$$P = \frac{U_0^2}{R} = \frac{50^2}{5} = 500 \text{ W} \tag{3}$$

c) La corriente de pico en la carga es:

$$I_0(\text{pico}) = \frac{U_0}{R} = \frac{50}{5} = 10 \text{ A} \tag{4}$$

que es la misma que circula por los interruptores electrónicos S1 y S2, pero como estos interruptores funcionan medio ciclo, la corriente media que pasa por ellos será:

$$I_s = \frac{10}{2} = 5 \text{ A} \tag{5}$$

4.2. El inversor monofásico en medio puente mostrado en la Figura 4.3 está alimentado con una tensión de c.c. de 400 V. La carga del inversor está formada por la asociación en serie de una resistencia de 10 Ω y una inductancia de 50 mH. Si la frecuencia del inversor es de 400 Hz, calcular:

a) La expresión exacta de la corriente instantánea de carga $i_0(t)$.

b) El tiempo en el que se produce el primer paso por cero de la corriente anterior.

c) La expresión instantánea del primer armónico, tanto de la tensión como de la corriente en la carga.

d) La potencia disipada en la carga.

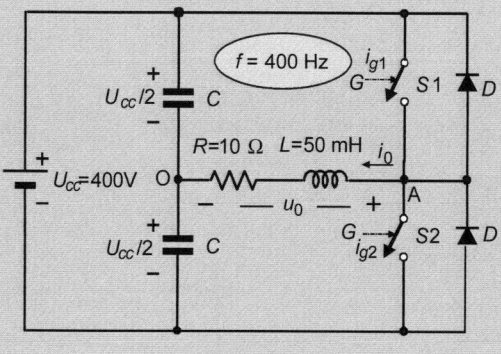

Figura 4.3

Solución

a) En la Figura 4.4 se muestran las ondas de la tensión y de la corriente en la carga. Para determinar la expresión exacta de la corriente instantánea de la carga, hay que tener en cuenta que cuando se cierra $S1$, la tensión en la carga es $u_0 = U_{cc}/2 = 200$ V y en el periodo $0 \leq t \leq T/2$ se cumple la siguiente ecuación diferencial:

$$u_0 = \frac{U_{cc}}{2} = Ri_0 + L\frac{di_0}{dt} \qquad (1)$$

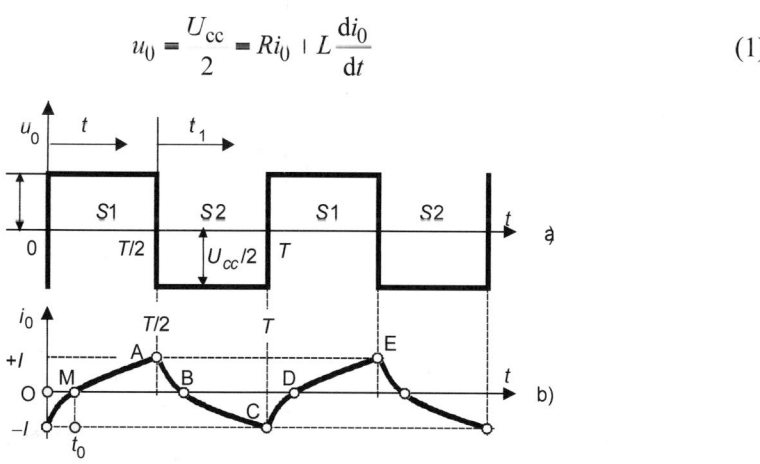

Figura 4.4

En la ecuación anterior (1), se cumple que para $t = 0$ se tiene $i_0 = -I$ y para $t = T/2$ se tiene $i_0 = +I$. Para resolver esta ecuación diferencial de primer orden sabemos que la solución general de este tipo de ecuaciones es de la forma:

$$i_0(t) = \left[i\left(0^+\right) - i_\infty\left(0^+\right) \right] \cdot e^{-t/\tau} + i_\infty(t) \tag{2}$$

donde $i(0^+)$ es el valor de la corriente en $t = 0^+$, $i_\infty(0^+)$ es la corriente en régimen permanente en $t = 0+$, $i_\infty(t)$ es la corriente en régimen permanente. Hay que tener en cuenta que en esta situación la inductancia equivale a un cortocircuito (debido a que la alimentación es de corriente continua) y τ es la constante de tiempo del circuito y que vale $\tau = L/R$. Los valores de estas corrientes son por ello las siguientes:

$$i(0^+) = -I \; ; \; i_\infty(t) = \frac{U_{cc}}{2R} = i_\infty\left(0^+\right) \tag{3}$$

y al sustituir estos valores en (2) se obtiene:

$$i_0(t) = \left[-I - \frac{U_{cc}}{2R} \right] \cdot e^{-t/\tau} + \frac{U_{cc}}{2R} \quad \Rightarrow \quad i_0(t) = \frac{U_{cc}}{2R}\left(1 - e^{-t/\tau}\right) - Ie^{-t/\tau} \tag{4}$$

Esta última Expresión (4) es la solución general de la ecuación diferencial (1) en el periodo señalado $0 \leq t < T/2$, donde la corriente I se puede calcular en función de los parámetros del circuito teniendo en cuenta que I es la corriente que circula para $t = T/2$ y, de esta forma, de la última Ecuación (4) se puede escribir:

$$i_0\left(t = \frac{T}{2}\right) = +I = \frac{U_{cc}}{2R}\left(1 - e^{-T/2\tau}\right) - Ie^{-T/2\tau} \quad \Rightarrow \quad I = \frac{U_{cc}}{2R}\frac{1 - e^{-T/2\tau}}{1 + e^{-T/2\tau}} \tag{5}$$

Teniendo en cuenta ahora que los parámetros del circuito son:

$$U_{cc} = 400 \text{ V}; R = 10 \text{ } \Omega; \tau = L/R = 50 \cdot 10^{-3}/10 = 5 \text{ ms}; T = 1/f = 1/400 = 2,5 \text{ ms} \tag{6}$$

se obtienen los siguientes resultados:

$$I = \frac{U_{cc}}{2R}\frac{1 - e^{-T/2\tau}}{1 + e^{-T/2\tau}} = \frac{400}{2 \cdot 10} \cdot \frac{1 - e^{-2,5/10}}{1 + e^{-2,5/10}} = 20 \cdot \frac{1 - e^{-0,25}}{1 + e^{-0,25}} = 2,487 \text{ A}$$

$$i_0(t) = \frac{U_{cc}}{2R}\left(1 - e^{-t/\tau}\right) - Ie^{-t/\tau} = 20 \cdot \left(1 - e^{-200t}\right) - 2,487e^{-200t} = 20 - 22,487e^{-200t} \tag{7}$$

La segunda Ecuación (7) es la solución numérica de la ecuación diferencial (1) y válida para periodo $0 \leq t < T/2$. Por otro lado, cuando se cierra $S2$, la tensión en la carga es $u_0 = -U_{cc}/2 = -200\text{V}$ y en el periodo $T/2 \leq t < T$ se cumple la siguiente ecuación diferencial:

$$u_0 = -\frac{U_{cc}}{2} = Ri_0 + L\frac{di_0}{dt} \tag{8}$$

Si se toma ahora como origen de tiempos $t_1 = 0$ en $t = T/2$ (ver Figura 4.4) la corriente anterior para $t_1 = 0$ es $i_0 = +I$ y para $t_1 = T/2$ se tiene $i_0 = -I$. (siendo el valor de I el ya calculado en (5)) y se cumplen las condiciones siguientes:

$$i(t_1 = 0^+) = +I \;;\; i_\infty(t_1) = -\frac{U_{cc}}{2R} = i_\infty\left(t_1 = 0^+\right) \tag{9}$$

y al aplicar la solución general (3) a esta nueva situación se obtiene:

$$i_0(t_1) = \left[I + \frac{U_{cc}}{2R}\right] \cdot e^{-t_1/\tau} - \frac{U_{cc}}{2R} \tag{10}$$

Teniendo en cuenta que la relación de tiempos es $t_1 = t - T/2$, el resultado anterior referido al tiempo origen t se transforma en:

$$i_0(t) = \left(I + \frac{U_{cc}}{2R}\right)e^{-(t-T/2)/\tau} - \frac{U_{cc}}{2R} \tag{11}$$

y que al sustituir los valores de los parámetros nos da:

$$i_0(t) = (2,487 + 20)e^{-\left(t - 1,25\cdot10^{-3}\right)/5.10^{-3}} - 20 =$$
$$= 22,487e^{-\left(t - 1,25\cdot10^{-3}\right)/5.10^{-3}} - 20 = 28,874e^{-200t} - 20 \tag{12}$$

En resumen, teniendo en cuenta los resultados mostrados en las Ecuaciones (7) y (12), se puede escribir el resultado de la corriente de carga $i_0(t)$ de la forma siguiente:

$$\begin{aligned} i_0(t) &= 20 - 22,487\ e^{-200t} \text{ para } 0 \le t < T/2 \\ i_0(t) &= 28,874\ e^{-200t} -\!\!- 20 \text{ para } T/2 \le t < T \end{aligned} \tag{13}$$

Se puede comprobar la veracidad de las soluciones (16) observando que para el primer semiperiodo de la onda de corriente se tiene para $t = 0$ una corriente $I = -2,487$ A y para $t = T/2 = 1,25\cdot10^{-3}$ la corriente es $I = +2,487$ A. Y para el segundo semiperiodo, se tiene para $t = T/2 = 1,25\cdot10^{-3}$ una corriente $I - 2,487$A y para $t = T - 2,5\cdot10^{-3}$ la corriente vale $I = -2,487$ A y estos valores se confirman en las curvas señaladas en la Figura 4.4.

Resolución con MATLAB®

Es de gran interés pedagógico dibujar con ayuda del programa MATLAB, la corriente de carga de este problema y que de forma genérica se mostraba en la Figura 4.4b. Para ello se ha preparado el siguiente programa:

```
>>t = 0:1E-6:1.25E-3; t1 = 1000*t;% Definición del tiempo del primer
semiperiodo de la onda de corriente y que varía entre 0 y 1,25 ms.
Se añade otra escala de tiempos t1 para que el plot dibuje la res-
puesta en milisegundos.
>> i1 = 20-22.487*exp(-200*t); % corriente de carga en el primer
semiperiodo de acuerdo con la primera Fórmula (13).
>> plot(t1,i1,'linewidth',2) % Así se dibuja el primer semiperiodo
de la corriente de carga. Se ha utilizado un espesor de la línea de
tamaño 2 para que se destaque la respuesta temporal de la corriente.
>> hold on;% Esta sentencia se escribe para mantener dibujada la
curva de corriente del primer semiciclo.
>> t = 1.25E-3:1E-6:2.5E-3; t2 = 1000*t; % Definición del tiempo del
segundo semiperiodo de la onda de corriente y que varía entre 1,25
ms y 2,5 ms. Se añade otra escala de tiempos t2 para que el plot
dibuje la respuesta en milisegundos.
>>i2 = 28.874*exp(-200*t)-20; % corriente de carga en el segundo
semiperiodo de acuerdo con la segunda Fórmula (13).
>> plot(t2,i2,'linewidth',2);grid % Así se dibuja el segundo semi-
periodo de la corriente de carga. Se ha utilizado un espesor de la
línea de tamaño 2 para que se destaque la respuesta temporal de la
corriente. Se ha añadido una rejilla (sentencia grid) para apreciar
los detalles de la onda y su variación con el tiempo.
>> xlabel('Tiempo en milisegundos'),ylabel('Corriente de carga i(t)
en amperios') % Se ponen etiquetas en los ejes del gráfico.
```

De acuerdo con estas sentencias en MATLAB se obtiene el gráfico de la Figura 4.5 (debe advertirse que se han añadido datos de tiempos y más divisiones verticales con un programa de dibujo adicional para mejorar y completar la información).

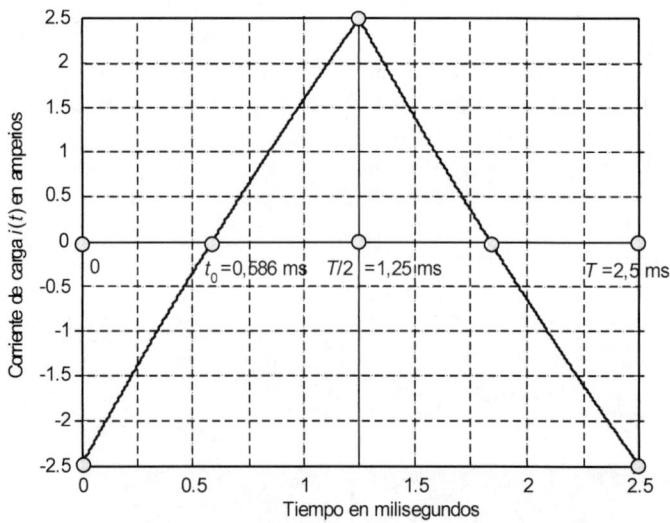

Figura 4.5

En este gráfico de MATLAB se observa que la onda de la corriente de carga es de forma cuasitriangular, lo que se debe a que la constante de tiempo es muy superior al periodo de la onda (es el doble de la misma); para valores de la constante de tiempo inferiores al periodo de la onda, la forma de la corriente estaría formada por tramos más exponenciales como se señalaba en la Figura 4.4.b. Se aprecia en la Figura 4.5 que la corriente en el primer semiciclo toma un valor en $t = 0$ de casi $-2,5$ A y alcanza una magnitud de $+2,5$ A para $t = T/2 = 1,25$ ms; mientras que en el segundo semiciclo pasa de valer $+2,5$ A para $t = T/2$ hasta $-2,5$ A para $t = T = 2,5$ ms; lo que está de acuerdo con los valores calculados analíticamente, donde estas cifras eran de $\pm 2,487$ A.

b) Para calcular ahora el primer paso por cero de la corriente de carga, se parte de la respuesta del primer semiperiodo señalada en (13) y que es la siguiente:

$$i_0(t) = 20 - 22{,}487\ e^{-200t} \text{ para } 0 \le t < T/2 \tag{14}$$

e imponiendo la condición de que se anula la corriente, resulta:

$$i_0(t) = 20 - 22{,}487 e^{-200t_0} = 0 \;\Rightarrow\; e^{-200t_0} = \frac{20}{22{,}487} = 0{,}8894 \tag{15}$$

de donde se deduce:

$$-200t_0 = \ln(0{,}8894) = -0{,}1172 \;\Rightarrow\; t_0 = \frac{0{,}1172}{200} = 5{,}86 \cdot 10^{-4} \text{ s} \tag{16}$$

es decir, el tiempo de paso por cero es de 0,586 ms (y que corresponde al punto M que se señala en la Figura 4.4b y que también se ha señalado en la Figura 4.5). Este resultado del tiempo para el cual se anula la corriente de carga se puede obtener mediante las siguientes instrucciones en MATLAB:

Resolución con MATLAB®

```
>> i = @(t)[20-22.487*exp(-200*t)-0]; % Se escribe la ecuación de la
corriente de carga del primer semiperiodo. El -0 final indica el
valor del segundo miembro de la ecuación que es igual a cero y que
pasado al primer miembro se hace negativo.
>> t0 = [6*exp(-4)]; % Se fija un valor de inicio para el cálculo
del tiempo. El término exp(-4)representa 10-4 y esta instrucción
también se hubiera podido escribir de una forma más simple de este
modo: t0 = [6E-4] y que significa lo mismo.
>> t = fsolve (i,t0)% Se resuelve la ecuación y se calcula el tiempo
para el cual se anula la corriente.
```

y se obtiene el resultado siguiente:

```
t = 5.8603e-04
```

que coincide con la solución señalada en (16) calculada manualmente. El lector se debe dar cuenta que al ser la respuesta de la Figura 4.5 cuasilineal, el paso por cero de la corriente debe ser cercano a la mitad del semiperiodo de la onda de corriente y como

$T/2 = 1,25$ ms, esa mitad es de 0,625 ms y el valor real obtenido con MATLAB es 0,58603 ms y esa pequeña diferencia se debe al carácter real exponencial de la respuesta. En la Figura 4.5 se han señalado los puntos de la onda de paso por cero de la onda $t_0 = 0,586$ ms, final del primer semiperiodo $T/2 = 1,25$ ms y final del segundo semiperiodo $T = 2,5$ ms.

c) De acuerdo con el desarrollo en serie de Fourier de una onda rectangular del Problema 4.1, se tiene que el primer armónico de tensión responde a la expresión instantánea siguiente:

$$u_1(t) = \frac{2U_{cc}}{\pi}\operatorname{sen}\omega t = \frac{2\cdot 400}{\pi}\operatorname{sen}\omega t = 254,65\operatorname{sen}\omega t \tag{17}$$

Para calcular la expresión instantánea del primer armónico de corriente hay que trabajar en el dominio complejo y tener en cuenta que la impedancia compleja de la carga para el armónico principal, es decir para la frecuencia de 400 Hz, tiene un valor:

$$\underline{Z} = R + jL\omega = 10 + j50\cdot 10^{-3}\cdot(2\pi\cdot 400) = 10 + j125,66 = 126,061\angle 85,45°\ \Omega \tag{18}$$

Si se tiene ahora en cuenta que según (17), el fasor máximo de tensión vale $\underline{U}_1 = 254,65 \angle 0°$ y se conoce en (21) el valor complejo de la impedancia, resulta un valor máximo del fasor de corriente de primer armónico, que es:

$$\underline{I}_1 = \frac{\underline{U}_1}{\underline{Z}} = \frac{254,65\angle 0°}{126,061\angle 85,45°} = 2,02\angle -85,45°\ A \tag{19}$$

y pasando esta respuesta fasorial al dominio del tiempo resulta:

$$i1(t) = 2,02\operatorname{sen}(\omega t - 85,45°) \tag{20}$$

que es la expresión instantánea de la corriente de primer armónico de la carga y que tiene un valor eficaz de $I_1 = 1,428$ A (es decir, el valor máximo dividido por raíz de dos).

d) La potencia disipada en la carga es la debida al primer armónico:

$$P_R = RI_1^2 = 10\cdot 1,428^2 = 20,40\ W \tag{21}$$

Se puede obtener el mismo resultado si se tiene en cuenta que el valor eficaz de la tensión es $U_1 = 254,65/\sqrt{2} = 180,06$ V y la potencia activa debida al primer armónico es:

$$P_1 = U_1 I_1 \cos\theta_1 = 180,06\cdot 1,428\cdot\cos 85,45° = 20,4\ W \tag{22}$$

y que coincide con el resultado anterior.

En realidad, la corriente eficaz de la onda real mostrada en la Figura 4.4b (o de la Figura 4.5) tiene un valor eficaz que se puede calcular con el programa MATLAB del siguiente modo:

Resolución con MATLAB®

```
>> i2 = @(t)(20-22.487*exp(-200*t)).^2; % Se escribe la expresión de
```
la corriente instantánea del primer semiciclo al cuadrado de la
primera Ecuación (4). Nota: es importante colocar el punto final
antes de elevar al cuadrado.
```
>> Ief = sqrt(integral(i2,0.287,1.25E-3)/(1.25E-3))% Se calcula la
```
raíz cuadrada de la integral de la corriente anterior al cuadrado
con los límites de integración 0 a $T/2$ = 1,25 ms y dividido por este
semiperiodo de 1,25 ms.

y se obtiene el resultado siguiente:

```
Ief = 1.4389
```

que como era de esperar es algo superior al valor eficaz del primer armónico de corriente calculado en el apartado c). Es por ello que la potencia disipada real es:

$$P_R = RI_1^2 = 10 \cdot 1,4389^2 = 20,70 \text{ W} \tag{23}$$

que lógicamente es algo superior al valor calculado en (22), pero este cálculo demuestra
que la potencia disipada en la resistencia de carga se debe fundamentalmente al primer
armónico.

4.3. El inversor monofásico en puente completo mostrado en la Figura 4.6 está alimentado con una tensión de c.c. de 200 V. La carga del inversor está carga formada
por la conexión en serie de una resistencia de 10 Ω, una inductancia de 50 mH y
un condensador de 300 μF. La frecuencia del inversor es de 50 Hz. Calcular:

a) La expresión instantánea de la tensión en la carga hasta el séptimo armónico.

b) La expresión instantánea de la corriente en la carga hasta el séptimo armónico.

c) El valor eficaz de la corriente del primer armónico o fundamental de la carga
y valor eficaz total.

d) La potencia media entregada a la carga debida al armónico fundamental y al
total de los armónicos.

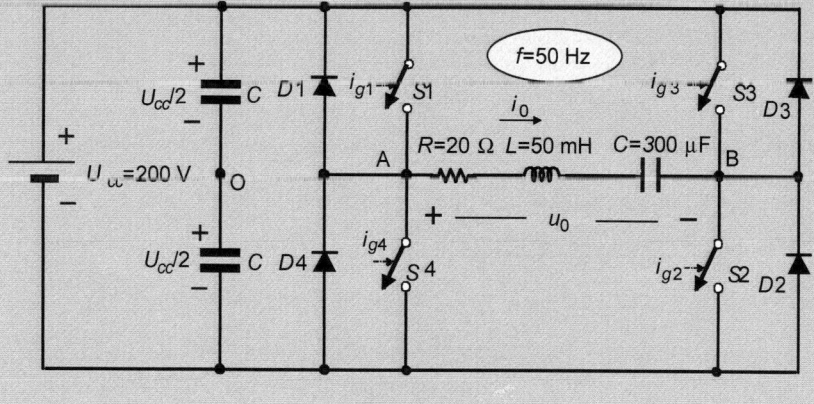

Figura 4.6

Solución

a) En la Figura 4.7 se muestra la forma de la tensión rectangular de la carga del inversor en puente completo (donde se muestra además el primer armónico) y cuyo desarrollo en serie de Fourier hasta el séptimo armónico es el siguiente:

$$u_0(t) = \sum_{n=1,3,5,\ldots}^{\infty} \frac{4U_{cc}}{n\pi} \operatorname{sen} n\omega t = \frac{4U_{cc}}{\pi}\left[\operatorname{sen} \omega t + \frac{1}{3}\operatorname{sen} 3\omega t + \frac{1}{5}\operatorname{sen} 5\omega t + \frac{1}{7}\operatorname{sen} 7\omega t\right] \qquad (1)$$

Teniendo en cuenta el valor de la tensión de alimentación $U_{cc} = 200$ V, al sustituir en (1) da lugar a la tensión:

$$u_0(t) = 254{,}65 \operatorname{sen} \omega t + 84{,}9 \operatorname{sen} 3\omega t + 50{,}9 \operatorname{sen} 5\omega t + 36{,}4 \operatorname{sen} 7\omega t \qquad (2)$$

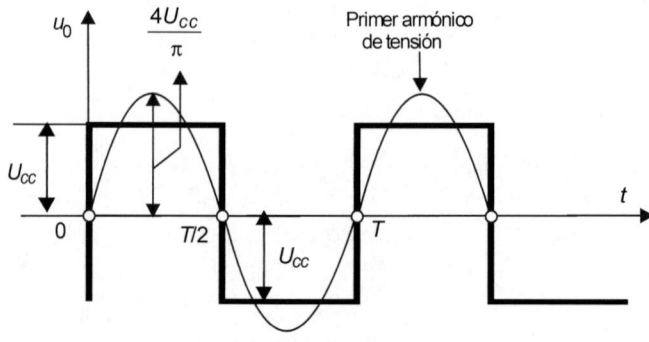

Figura 4.7

b) Por otro lado, de la impedancia compleja de la carga, teniendo en cuenta que $R = 10\ \Omega$, $L = 50$ mH y $C = 300$ µF, en función del armónico de orden n y que $\omega = 2\pi f = 2\pi 50 = 100\pi$ será de la forma genérica siguiente:

$$\underline{Z} = R + j\left[L\omega - \frac{1}{C\omega}\right] = 10 + j\left[50\cdot10^{-3}\cdot100\pi n - \frac{1}{300\cdot10^{-6}100\pi n}\right] \qquad (3)$$

por lo que las impedancias complejas a los diferentes armónicos son:

$$\underline{Z}_1(n=1) = 10 + j\,5{,}09 = 11{,}22\angle27°\ \Omega$$
$$\underline{Z}_3(n=3) = 10 + j\,43{,}56 = 44{,}7\angle77{,}1°\ \Omega$$
$$\underline{Z}_5(n=5) = 10 + j\,76{,}38 = 77{,}03\angle82{,}5°\ \Omega \qquad (4)$$
$$\underline{Z}_7(n=7) = 10 + j\,108{,}38 = 108{,}84\angle84{,}73°\ \Omega$$

De este modo, teniendo en cuenta (2) y (4). la corriente instantánea en la carga es de la forma:

$$i_0(t) = \frac{254,65}{11,22}\,\text{sen}\,(\omega t - 27°) + \frac{84,9}{44,7}\,\text{sen}\,(3\omega t - 77,1°) +$$
$$+\frac{50,9}{77,03}\,\text{sen}\,(5\omega t - 82,5°) + \frac{36,4}{108,84}\,\text{sen}\,(7\omega t - 84,73°) \tag{5}$$

es decir:

$$i_0(t) = 22,7\,\text{sen}\,(\omega t - 27°) + 1,9\,\text{sen}\,(3\omega t - 77,1°) +$$
$$+0,66\,\text{sen}\,(5\omega t - 82,5°) + 0,33\,\text{sen}\,(7\omega t - 84,73°) \tag{6}$$

c) El valor de la corriente eficaz del primer armónico, teniendo en cuenta (6) es:

$$I_{0,1} = \frac{22,7}{\sqrt{2}} = 16,1\ \text{A} \tag{7}$$

mientras que el valor eficaz total de los siete armónicos de corriente sería:

$$I_{0,\text{total}} = \sqrt{\left(\frac{22,7}{\sqrt{2}}\right)^2 + \left(\frac{1,9}{\sqrt{2}}\right)^2 + \left(\frac{0,66}{\sqrt{2}}\right)^2 + \left(\frac{0,33}{\sqrt{2}}\right)^2} = 16,12\ \text{A} \tag{8}$$

valor que escasamente supera el valor eficaz de la corriente del primer armónico.

d) Por consiguiente la potencia media entregada a la carga y que se disipa en la resistencia debida al primer armónico es:

$$P = RI_{0,1}^2 = 10 \cdot 16,1^2 = 2592\ \text{W} \tag{9}$$

y la potencia entregada a la carga por el total de los siete armónicos teniendo en cuenta el resultado (8) es:

$$P = RI_{0,\text{total}}^2 = 10 \cdot 16,12^2 = 2598,5\ \text{W} \tag{10}$$

4.4. El inversor monofásico en puente completo mostrado en la Figura 4.8 está alimentado con una tensión de c.c. de 100 V. La carga del inversor está formada por la conexión en serie de una resistencia de 10 Ω y una inductancia de 30 mH. La frecuencia del inversor es de 50 Hz. Calcular:

a) La expresión instantánea de la tensión en la carga hasta el quinto armónico.

b) La expresión instantánea de la corriente en la carga hasta el quinto armónico.

c) La potencia disipada en la resistencia de carga debida a cada uno de los armónicos.

d) La tasa de distorsión armónica THD tanto de la tensión, como de la corriente en la carga.

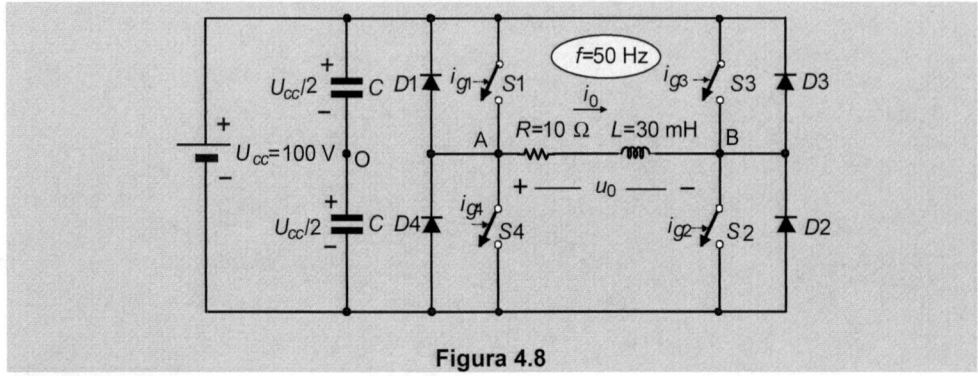

Figura 4.8

Solución

a) De acuerdo con el problema anterior el desarrollo en serie de Fourier será el que se señalaba en la Figura 4.7 del Problema 4.3 y cuyo desarrollo en serie de Fourier hasta el quinto armónico es el siguiente:

$$u_0(t) = \sum_{n=1,3,5,...}^{\infty} \frac{4U_{cc}}{n\pi} \,\text{sen}\, n\omega t = \frac{4U_{cc}}{\pi}\left[\text{sen}\,\omega t + \frac{1}{3}\text{sen}\,3\omega t + \frac{1}{5}\text{sen}\,5\omega t\right] \qquad (1)$$

Teniendo en cuenta el valor de la tensión de alimentación $U_{cc} = 100$ V, al sustituir en (1) da lugar a la tensión:

$$u_0(t) = 127{,}32\,\text{sen}\,\omega t + 42{,}44\,\text{sen}3\omega t + 25{,}46\,\text{sen}5\omega t \qquad (2)$$

b) Por otro lado, de la impedancia compleja de la carga, teniendo en cuenta que $R = 10\ \Omega$ y $L = 30$ mH y en función del armónico de orden n, dado que $\omega = 2\pi f = 2\pi 50 = 100\pi$, será de la forma genérica siguiente:

$$\underline{Z} = R + j\,L\omega = 10 + j\left(30\cdot 10^{-3}\cdot 100\pi n\right) \qquad (3)$$

por lo que las impedancias complejas a los diferentes armónicos son, respectivamente:

$$\underline{Z}_1\,(n=1) = 10 + j\,9{,}42 = 13{,}74\angle 43{,}3°\ \Omega$$
$$\underline{Z}_3\,(n=3) = 10 + j\,28{,}27 = 30\angle 70{,}52°\ \Omega \qquad (4)$$
$$\underline{Z}_5\,(n=5) = 10 + j\,47{,}12 = 48{,}17\angle 78{,}02°\ \Omega$$

De este modo, teniendo en cuenta (2) y (4). la corriente instantánea en la carga es de la forma:

$$i_0(t) = \frac{127{,}32}{13{,}74}\text{sen}\left(\omega t - 43{,}3°\right) + \frac{42{,}44}{30}\,\text{sen}\left(3\omega t - 70{,}52°\right) + \frac{25{,}46}{48{,}17}\,\text{sen}\left(5\omega t - 78{,}02°\right) \quad (5)$$

es decir:

$$i_0(t) = 9,27 \text{ sen } (\omega t - 43,3^\circ) + 1,41 \text{ sen}(3\omega t - 70,52^\circ) + 0,53 \text{ sen}(5\omega t - 78,02^\circ) \tag{6}$$

c) Las potencias disipadas en la carga debidas a los diferentes armónicos son, respectivamente:

$$P_{0,1} = RI_{0,1}^2 = 10 \cdot \left(\frac{9,27}{\sqrt{2}}\right)^2 = 429,7 \text{ W } ; P_{0,3} = RI_{0,3}^2 = 10 \cdot \left(\frac{1,41}{\sqrt{2}}\right)^2 = 10 \text{ W}$$

$$P_{0,5} = RI_{0,5}^2 = 10 \cdot \left(\frac{0,53}{\sqrt{2}}\right)^2 = 1,4 \text{ W} \tag{7}$$

lo que da lugar a una potencia total disipada:

$$P_{0,\text{total}} = 429,7 + 10 + 1,4 = 441,1 \text{ W} \tag{8}$$

d) La tasa de distorsión armónica de la tensión en tanto por ciento vale:

$$THD(u_0) = \frac{\sqrt{U_{0,3}^2 + U_{0,5}^2}}{U_{0,1}} \cdot 100 = \frac{\sqrt{42,44^2 + 25,46^2}}{127,32} \cdot 100 = 38,87\% \tag{9}$$

y para la corriente nos da:

$$THD(i_0) = \frac{\sqrt{I_{0,3}^2 + I_{0,5}^2}}{I_{0,1}} \cdot 100 = \frac{\sqrt{1,41^2 + 0,53^2}}{9,27} \cdot 100 = 16,25\% \tag{10}$$

4.5. En el problema anterior se desea calcular:

a) La expresión exacta de la corriente instantánea exponencial de la carga $i_0(t)$.

b) La potencia media disipada en la carga.

c) La corriente media entregada por la fuente de alimentación de c.c.

Solución

a) Procediendo de una forma similar al empleado en la resolución del Problema 4.2, se pueden escribir las siguientes soluciones:

Semiperiodo $0 \leq t < T/2$:

$$i_0(t) = \frac{U_{cc}}{R} + \left(I_{\text{mín}} - \frac{U_{cc}}{R}\right)e^{-t/\tau} \tag{1}$$

Semiperiodo $T/2 \leq t < T$ (contando el tiempo a partir de $t = T/2$):

$$i_0(t) = -\frac{U_{cc}}{R} + \left(I_{\text{máx}} + \frac{U_{cc}}{R}\right)e^{-t/\tau} \tag{2}$$

Teniendo en cuenta que los parámetros del circuito son:

$$U_{cc} = 100 \text{ V}; R = 10 \text{ }\Omega; L = 30 \text{ mH}; \tau = L/R = 30 \cdot 10^{-3}/10 = 3 \text{ ms};$$
$$f = 50 \text{ Hz}; T = 1/f = 1/50 = 20 \text{ ms} \tag{3}$$

al sustituir estos parámetros en las Ecuaciones (1) y (2) resulta:

Semiperiodo $0 \leq t < T/2$:

$$i_0(t) = \frac{100}{10} + \left(I_{\text{mín}} - \frac{100}{10}\right)e^{-t/0,003} = 10 + \left(I_{\text{mín}} - 10\right)e^{-333,33t} \tag{4}$$

Semiperiodo $T/2 \leq t < T$:

$$i_0(t) = -\frac{100}{10} + \left(I_{\text{máx}} + \frac{100}{10}\right)e^{-t/0,003} = -10 + \left(I_{\text{máx}} + 10\right)e^{-333,33t} \tag{5}$$

Teniendo en cuenta en la ecuación del primer semiciclo (4) que para $t = T/2$ la corriente es máxima $I_{\text{máx}}$ y que además se cumple que $I_{\text{máx}} = -I_{\text{mín}}$, de esta ecuación se obtiene:

$$i_0\left(t = \frac{T}{2} = 10 \text{ ms}\right) = I_{\text{máx}} = -I_{\text{mín}} =$$
$$= 10 + \left(I_{\text{mín}} - 10\right)e^{-3,333} = 10\left(1 - e^{-3,333}\right) + I_{\text{mín}}e^{-3,333} \tag{6}$$

Despejando de la ecuación anterior la corriente $I_{\text{mín}}$ se obtiene:

$$I_{\text{mín}} = -10\frac{1 - e^{-3,333}}{1 + e^{-3,333}} = -10\frac{0,964}{1,036} = -9,31 \text{ A} \implies I_{\text{máx}} = -I_{\text{mín}} = +9,31 \text{ A} \tag{7}$$

y sustituyendo estos valores en (4) y (5) se obtienen las expresiones de las corrientes siguientes:

Semiperiodo $0 \leq t < T/2$:

$$i_0(t) = 10 + (-9,31 - 10)e^{-333,33t} = 10 - 19,31e^{-333,33t} \tag{8}$$

Semiperiodo $T/2 \leq t < T$:

$$i_0(t) = -10 + (9,31 + 10)e^{-333,33t} = -10 + 19,31e^{-333,33t} \tag{9}$$

b) Para calcular la potencia media disipada en la carga se debe calcular previamente el valor eficaz de la corriente de la carga y que debido a su simetría se puede calcular de la forma siguiente:

$$I_{0,\text{ef}} = \sqrt{\frac{1}{T/2} \int_0^{T/2} i_0^2(t)\,dt} = \sqrt{\frac{1}{0,01} \int_0^{0,01} \left[10 - 19,31 e^{-333,33t}\right]^2 dt} =$$

$$= \sqrt{100 \int_0^{0,01} \left[100 + 372,9 e^{-666,66t} - 386,2 e^{-333,33t}\right] dt} \tag{10}$$

que al integrar nos da:

$$I_{0,\text{ef}} = \sqrt{100 \left[100t - 0,56 e^{-666,66t} + 1,16 e^{-333,33t}\right]_0^{0,01}}$$

$$= \sqrt{100 \left(1 - 0,56 e^{-6,666} + 1,16 e^{-3,333} + 0,56 - 1,16\right)} = 6,64 \text{ A} \tag{11}$$

Se puede facilitar el cálculo anterior utilizando el software MATLAB, de acuerdo con las sentencias siguientes:

Resolución con MATLAB®

```
>> i2 = @(t)(10-19.31*exp(-333.33*t)).^2; % Se escribe la expresión
de la corriente instantánea del primer semiciclo al cuadrado de la
primera Ecuación (8). Nota: es importante colocar el punto final
antes de elevar al cuadrado.
>> Ief = sqrt(integral(i2,0.0,0.01)/(0.01))% Se calcula la raíz cua-
drada de la integral de la corriente anterior al cuadrado con los
límites de integración 0 a T/2 = 0.01s y dividido por este semiperiodo
de 0.01 s.
```

y se obtiene el resultado siguiente:

```
Ief = 6.6433
```

que coincide con el obtenido manualmente en (11). Se puede constatar también este resultado utilizando la expresión instantánea de la corriente de carga obtenida en el Problema 4.4 y que era:

$$i_0(t) = 9,27 \text{ sen } (\omega t - 43,3°) + 1,41 \text{ sen}(3\omega t - 70,52°) + 0,53 \text{ sen}(5\omega t - 78,02°) \tag{12}$$

por lo que el valor eficaz de los cinco primeros armónicos sería:

$$I_{0,\text{ef}} = \sqrt{\left(\frac{9,27}{\sqrt{2}}\right)^2 + \left(\frac{1,41}{\sqrt{2}}\right)^2 + \left(\frac{0,53}{\sqrt{2}}\right)^2} \approx 6,64 \text{ A} \tag{13}$$

que sigue coincidiendo con los resultados obtenidos en este problema. Es por ello que la potencia disipada en la carga (potencia media) tiene un valor:

$$P_0 = R I_{0,\text{ef}}^2 = 10 \cdot 6,64^2 \approx 441 \text{ W} \tag{14}$$

c) Como la potencia anterior es la misma que suministra la fuente, se puede poner:

$$U_{cc}I_{cc}(\text{media}) = 100 \cdot I_{cc}(\text{media}) = 441 \text{ W} \Rightarrow I_{cc}(\text{media}) = \frac{441}{100} = 4,41 \text{ A} \qquad (15)$$

El valor anterior también se puede obtener calculando el valor medio de la corriente de la fuente y que coincide con el valor medio de la corriente de carga y por ello resulta:

$$I_{cc}(\text{media}) = \frac{1}{T/2} \int_0^{T/2} i_0(t)\,dt = \frac{1}{0,01} \int_0^{0,01} \left(10 - 19,31e^{-333,33t}\right)dt =$$

$$= 100\left[10t + 0,058e^{-333,33t}\right]_0^{0,01} \qquad (16)$$

cuyo resultado es finalmente el siguiente:

$$I_{cc}(\text{media}) = 100\left(0,1 + 2,07 \cdot 10^{-3} - 0,058\right) = 4,407 \approx 4,41 \text{ A} \qquad (17)$$

que coincide con el resultado (15), como era de esperar.

4.6. Un inversor trifásico en puente como el mostrado en la Figura 4.9 está alimentado con una tensión de c.c. de 300 V. La frecuencia del inversor es de 50 Hz. El inversor tiene una carga conectada en estrella sin neutro y cada una de sus fases está formada por la conexión en serie de una resistencia de 10 Ω y una inductancia de 30 mH.

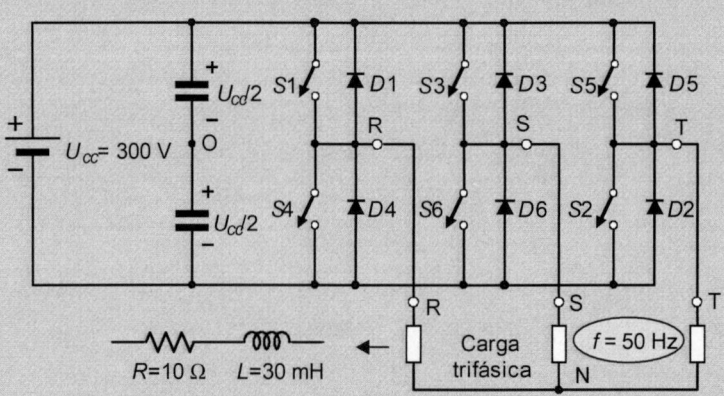

Figura 4.9

Calcular:

a) La expresión de la tensión instantánea de línea entre las fases R y S de la carga hasta el séptimo armónico.

b) La expresión de la tensión instantánea de línea entre la fase R y el neutro hasta el séptimo armónico.

c) La expresión de la corriente instantánea en la carga en la fase R hasta el séptimo armónico.

d) La tasa de distorsión armónica THD de la tensión de línea y de la corriente de fase.

e) La potencia absorbida por las resistencias de carga debida a la primera armónica.

f) La corriente media entregada por la fuente de alimentación de c.c.

Solución

a) Sabemos de la teoría de los inversores trifásicos que la expresión de la tensión entre las fases R y S hasta el séptimo armónico es la siguiente:

$$u_{RS} = \frac{2\sqrt{3}}{\pi} U_{cc} \left[\text{sen}\left(\omega t + \frac{\pi}{6}\right) - \frac{1}{5}\text{sen}5\left(\omega t + \frac{\pi}{6}\right) - \frac{1}{7}\text{sen}7\left(\omega t + \frac{\pi}{6}\right) \right] \tag{1}$$

Teniendo en cuenta que los parámetros del circuito son:

$$U_{cc} = 300 \text{ V}; R = 10 \text{ }\Omega; L = 30 \text{ mH}; \tau = L/R = 30 \cdot 10^{-3}/10 = 3 \text{ ms};$$
$$f = 50 \text{ Hz}; T = 1/f = 1/50 = 20 \text{ ms} \tag{2}$$

se tiene el valor siguiente del término inicial de la Ecuación (1):

$$\frac{2\sqrt{3}}{\pi} U_{cc} = \frac{2\sqrt{3}}{\pi} \cdot 300 = 330,8 \text{ V} \tag{3}$$

y, por consiguiente, la expresión numérica de (1) es:

$$u_{RS} = 330,8\text{sen}\left(\omega t + \frac{\pi}{6}\right) - 66,16\text{sen}5\left(\omega t + \frac{\pi}{6}\right) - 47,26\text{sen}7\left(\omega t + \frac{\pi}{6}\right) \tag{4}$$

b) En cuanto a la expresión de la tensión simple entre R y N hasta el séptimo armónico, se tiene:

$$u_{RN} = \frac{2}{\pi} U_{cc} \left(\text{sen}\omega t + \frac{1}{5}\text{sen } 5\omega t + \frac{1}{7}\text{sen } 7\omega t \right) \tag{5}$$

que da lugar a la siguiente expresión numérica:

$$u_{RN} = 191\text{sen}\omega t + 38,2\text{sen } 5\omega t + 27,3\text{sen } 7\omega t \tag{6}$$

c) Para calcular la expresión de la corriente instantánea de carga en la fase R hay que calcular previamente los valores de la impedancia de carga para los armónicos 1, 5 y 7 y de este modo resulta para el armónico genérico de orden n la siguiente impedancia:

$$\underline{Z}_n = R + jL\omega = 10 + j30 \cdot 10^{-3} \cdot 2\pi 50n = 10 + j3\pi n = 10 + j9,424n \tag{7}$$

lo que da lugar a las impedancias siguientes:

$$\underline{Z}_1 = 10 + j9,424 = 13,74\angle 43,3° \ \Omega$$
$$\underline{Z}_5 = 10 + j47,12 = 48,17\angle 78,02° \ \Omega \tag{8}$$
$$\underline{Z}_7 = 10 + j65,97 = 66,73\angle 81,4° \ \Omega$$

Teniendo en cuenta (6) y (8) se tiene una expresión de la corriente de carga en la fase R que es:

$$i_R = \frac{191}{13,74}\operatorname{sen}\left(\omega t - 43,3°\right) + \frac{38,2}{48,17}\operatorname{sen}\left(5\omega t - 78,02°\right) + \frac{27,3}{66,73}\operatorname{sen}\left(7\omega t - 81,4°\right) \tag{9}$$

es decir:

$$i_R = 13,9\operatorname{sen}\left(\omega t - 43,3°\right) + 0,79\operatorname{sen}\left(5\omega t - 78,02°\right) + 0,41\operatorname{sen}\left(7\omega t - 81,4°\right) \tag{10}$$

d) La tasa de distorsión armónica THD de la tensión de línea teniendo en cuenta la Expresión (4) es en tanto por ciento:

$$THD\left(u_{\text{línea RS}}\right) = \frac{\sqrt{66,16^2 + 47,26^2}}{330,8}\cdot 100 = 24,57\% \tag{11}$$

y para la corriente de fase (10), la tasa de distorsión armónica vale:

$$\text{THD}\left(i_R\right) = \frac{\sqrt{0,79^2 + 0,41^2}}{13,9}\cdot 100 = 6,4\% \tag{12}$$

e) Para el armónico de orden 1 o fundamental, se tiene para la tensión simple de la fase R y de acuerdo con (6) un valor máximo de 191 V, siendo la corriente máxima del primer armónico según (10) igual a 13,9 A y la diferencia de fase entre ambas magnitudes es de 43,3°, es por ello que la potencia absorbida por las tres resistencias de la carga debida al primer armónico tiene un valor:

$$P_1 = 3U_{\text{fase}}I_{\text{fase}}\cos\varphi_1 = 3\cdot\frac{191}{\sqrt{2}}\cdot\frac{13,9}{\sqrt{2}}\cdot\cos 43,3° \approx 2900 \text{ W} \tag{13}$$

f) Vamos a calcular en primer lugar la potencia total absorbida por la carga debida a todos los armónicos y que teniendo en cuenta las expresiones (6) y (10) sería igual a:

$$P_{\text{total}} = \sum_{i=1,5,7} 3U_i I_i \cos\varphi_i =$$
$$= 3\cdot\frac{191}{\sqrt{2}}\cdot\frac{13,9}{\sqrt{2}}\cdot\cos 43,3° + \frac{38,2}{\sqrt{2}}\cdot\frac{0,79}{\sqrt{2}}\cdot\cos 78,02° + \frac{27,3}{\sqrt{2}}\cdot\frac{0,41}{\sqrt{2}}\cdot\cos 81,4° \approx 2904 \text{ W} \tag{14}$$

Este resultado demuestra, comparado con (13), que prácticamente toda la potencia activa que consume la carga se debe al primer armónico. Y teniendo en cuenta que esta potencia (supuestas las pérdidas nulas) es la que debe suministrar la fuente de corriente continua del inversor, se puede escribir:

$$P_{\text{total}} = 2904 = U_{cc}\,I_{cc} = 300 \cdot I_{cc} \;\Rightarrow\; I_{cc} = \frac{2904}{300} = 9{,}67 \text{ A} \qquad (15)$$

que es la corriente que se deseaba calcular.

4.7. En la Figura 4.10 se muestra la onda de tensión generada por un inversor mono-fásico en puente completo con modulación por impulso único. La anchura del escalón es de 120°, la tensión de alimentación de c.c. es de 400 V y la frecuencia generada es de 50 Hz. La carga es la asociación en serie de una resistencia de 8 Ω y una inductancia de 30 mH. Calcular:

a) La expresión de la tensión instantánea en la carga hasta el séptimo armónico.

b) Los valores eficaces de los armónicos anteriores.

c) El valor eficaz total de la tensión.

d) La expresión de la corriente instantánea en la carga hasta el séptimo armónico.

e) Las potencias entregadas a la carga por los diferentes armónicos.

f) La tasa de distorsión armónica THD de la corriente en la carga.

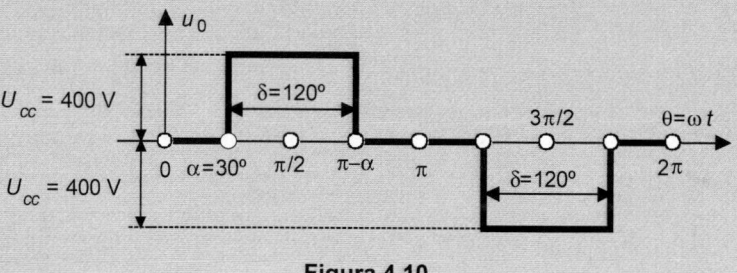

Figura 4.10

Solución

a) Los parámetros del circuito son:

$$U_{cc} = 400 \text{ V}; R = 8\ \Omega; L = 30 \text{ mH}; f = 50 \text{ Hz}; \alpha = 30°; T = 1/f = 1/50 = 20 \text{ ms} \qquad (1)$$

Debe recordarse que la expresión general de la tensión instantánea en la carga hasta el séptimo armónico viene definida por la ecuación:

$$u_0(t) = \frac{4U_{cc}}{\pi}\left[\cos\alpha\ \text{sen}\ \omega t + \frac{1}{3}\cos3\alpha\ \text{sen}3\ \omega t + \frac{1}{5}\cos5\alpha\ \text{sen}5\ \omega t + \frac{1}{7}\cos7\alpha\ \text{sen}7\ \omega t\right] \qquad (2)$$

que al sustituir valores nos da:

$$u_0(t) = \frac{4\cdot400}{\pi}\left[\begin{array}{l}\cos30°\ \text{sen}\ \omega t + \dfrac{1}{3}\cos90°\ \text{sen}3\ \omega t + \\[2mm] +\dfrac{1}{5}\cos150°\ \text{sen}5\ \omega t + \dfrac{1}{7}\cos210°\ \text{sen}7\ \omega t\end{array}\right] \qquad (3)$$

es decir:

$$u_0(t) = 441,1 \text{ sen } \omega t + 0 - 88,21 \text{ sen} 5 \ \omega t - 63 \text{ sen} 7 \ \omega t \qquad (4)$$

b) Los valores eficaces de las tensiones anteriores son:

$$U_1 = \frac{441,1}{\sqrt{2}} = 311,9 \text{ V} , \ U_3 = 0 \text{ V} \ ; \ U_5 = \frac{88,21}{\sqrt{2}} = 62,37 \text{ V} \ ; \ U_7 = \frac{63}{\sqrt{2}} = 44,55 \text{ V}; \qquad (5)$$

que daría lugar a un valor eficaz total de los armónicos de tensión 1, 3, 5 y 7:

$$U_{ef} = \sqrt{311,9^2 + 0^2 + 62,37^2 + 44,55^2} = 321,12 \text{ V} \qquad (6)$$

c) Sin embargo, el valor de la tensión eficaz total, teniendo en cuenta la forma de la onda mostrada en la Figura 4.10 se obtiene de la definición de valor eficaz siguiente:

$$U_{ef}(\text{total}) = \sqrt{\frac{1}{\pi} \int_0^{\pi} u_0^2(t)\,dt} = \sqrt{\frac{1}{\pi} \int_{\alpha}^{\pi-\alpha} U_{cc}^2 dt} = U_{cc} \sqrt{\frac{\pi - 2\alpha}{\pi}} = $$

$$= U_{cc} \sqrt{\frac{\delta}{\pi}} = 400 \sqrt{\frac{120°}{180°}} = 326,6 \text{ V} \qquad (7)$$

d) Para calcular la expresión instantánea de la corriente hasta el séptimo armónico, hay que determinar primero las impedancias complejas correspondientes. Téngase en cuenta para ello que la impedancia genérica para el armónico de orden n teniendo en cuenta que $R = 8 \ \Omega$ y $L = 30$ mH tiene la forma siguiente:

$$\underline{Z}_n = R + jL\omega = 8 + j30 \cdot 10^{-3} \cdot 2\pi 50n = 8 + j \ 3\pi n = 10 + j \ 9,424n \qquad (8)$$

lo que da lugar a las impedancias siguientes (no se calcula la impedancia del tercer armónico porque al ser de tensión nula no interviene en los cálculos):

$$\underline{Z}_1 = 8 + j \ 9,424 = 12,36\angle 49,7° \ \Omega$$
$$\underline{Z}_5 = 8 + j \ 47,12 = 47,8\angle 80,37° \ \Omega \qquad (8)$$
$$\underline{Z}_7 = 8 + j \ 65,97 = 66,46\angle 83,09° \ \Omega$$

Teniendo en cuenta la expresión de la tensión instantánea (4) da lugar a una corriente instantánea en la carga de valor:

$$i_0(t) = \frac{441,1}{12,36} \text{ sen}(\omega t - 49,7°) - \frac{88,21}{47,8} \text{ sen}(5\omega t - 80,37°) - \frac{63}{66,46} \text{sen}(7\omega t - 83,09°) \qquad (9)$$

es decir:

$$i_0(t) = 35,69 \text{ sen}(\omega t - 49,7°) - 1,85 \text{ sen}(5\omega t - 80,37°) - 0,95 \text{ sen}(7\omega t - 83,09°) \qquad (10)$$

lo que significa que las corrientes eficaces de los armónicos de corriente son, respectivamente:

$$I_1 = \frac{35,69}{\sqrt{2}} = 25,24 \text{ A} ; \quad I_5 = \frac{1,85}{\sqrt{2}} = 1,31 \text{ A} ; \quad I_7 = \frac{0,95}{\sqrt{2}} = 0,67 \text{ A} \quad (11)$$

e) Las potencias eléctricas entregadas a la carga por los armónicos anteriores, teniendo en cuenta (5) (10) y (11) son:

$$\begin{aligned} P_{0,1} &= U_1 I_1 \cos\varphi_1 = 311,9 \cdot 25,24 \cdot \cos 49,7^\circ \approx 5099 \text{ W} \\ P_{0,5} &= U_5 I_5 \cos\varphi_5 = 62,37 \cdot 1,31 \cdot \cos 80,37^\circ \approx 13,7 \text{ W} \\ P_{0,7} &= U_7 I_7 \cos\varphi_7 = 44,55 \cdot 0,67 \cdot \cos 83,09^\circ \approx 3,6 \text{ W} \end{aligned} \quad (12)$$

El lector puede comprobar que estos valores coinciden con las potencias disipadas por la resistencia de carga $R = 8 \ \Omega$ y así se tienen los resultados siguientes:

$$P_{0,1} = RI_1^2 = 8 \cdot 25,24^2 = 5097 \approx 5099 \text{ W}$$

$$P_{0,5} = RI_5^2 = 8 \cdot 1,31^2 = 13,7 \text{ W}$$

$$P_{0,7} = RI_7^2 = 8 \cdot 0,67^2 = 3,6 \text{ W}$$

f) La tasa de distorsión armónica THD de la corriente en la carga es:

$$THD(i_0) = \frac{\sqrt{1,31^2 + 0,67^2}}{25,24} \cdot 100 = 5,83\% \quad (13)$$

4.8. En la Figura 4.11 se muestra un periodo de la onda de tensión generada por un inversor monofásico en puente completo con modulación por impulsos múltiples de igual anchura. La frecuencia de la señal de referencia es de 50 Hz. Si la tensión de alimentación es de 200 V, el índice de modulación de amplitud es $m_a = 0,8$ y el índice de frecuencia es $m_f = 6$.

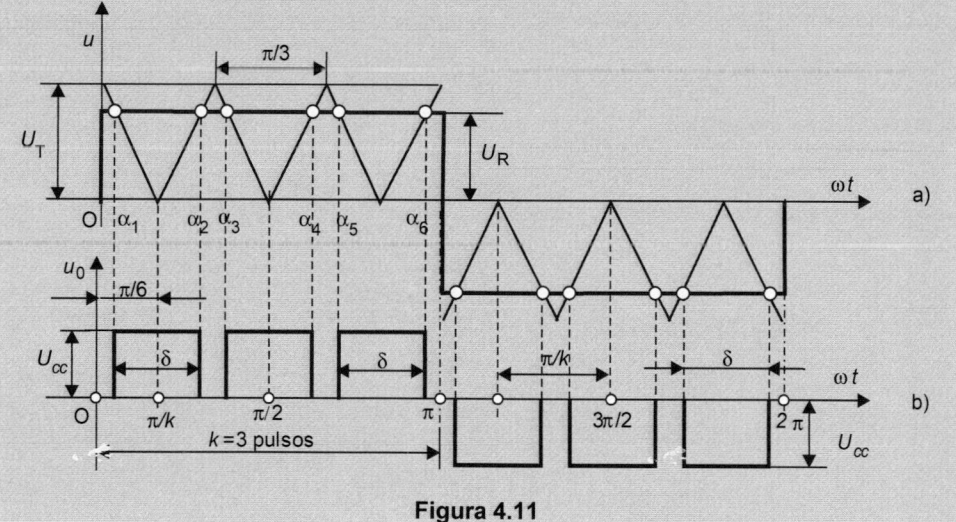

Figura 4.11

Calcular:

a) Los ángulos α_1, α_2,... y α_6 de intersección de la onda triangular con la onda de referencia.

b) El desarrollo en serie de Fourier de la tensión de salida formada por tres impulsos por semiperiodo, hasta el séptimo armónico.

c) Los valores eficaces de los armónicos de tensión anteriores y el eficaz total.

d) La tasa de distorsión armónica THD de la tensión generada.

Solución

a) Los parámetros del circuito son: $U_{cc} = 200$ V; $f = 50$ Hz; $m_a = U_R/U_T = 0,8$; $m_f = f_T/f = 6$. Para calcular los ángulos de intersección de la serie de ondas triangulares con la onda de referencia, se ha dibujado la figura 4.12, en la que se ha dividido la serie de las tres ondas triangulares positivas en seis tramos.

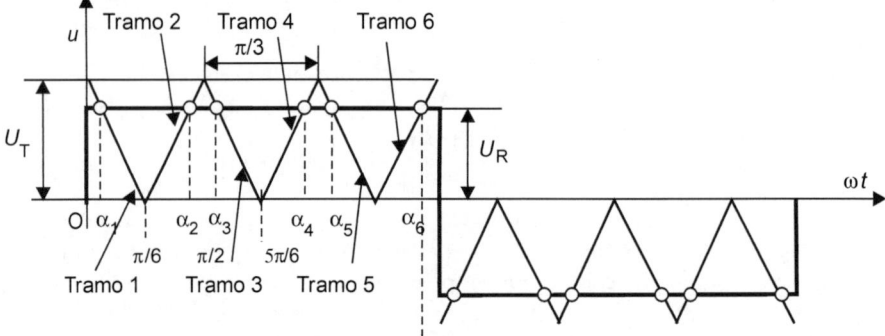

Figura 4.12

Las ecuaciones correspondientes a las rectas de estos tramos son las siguientes:

$$\text{Tramo 1: } u_T = U_T\left[-\frac{6}{\pi}\alpha + 1\right]$$

$$\text{Tramo 2: } u_T = U_T\left[\frac{6}{\pi}\alpha - 1\right]$$

$$\text{Tramo 3: } u_T = U_T\left[-\frac{6}{\pi}\alpha + 3\right]$$

$$\text{Tramo 4: } u_T = U_T\left[\frac{6}{\pi}\alpha - 3\right] \tag{1}$$

$$\text{Tramo 5: } u_T = U_T\left[-\frac{6}{\pi}\alpha + 5\right]$$

$$\text{Tramo 6: } u_T = U_T\left[\frac{6}{\pi}\alpha - 5\right]$$

Para calcular el ángulo de intersección de las rectas triangulares de estos tramos con la onda rectangular de referencia, se observa por ejemplo que para el tramo 1, cuando $u_T = U_R$ el ángulo correspondiente es α_1 y teniendo en cuenta que el índice de amplitud es $m_a = U_R/U_T = 0,8$, la primera Ecuación (1) correspondiente a este tramo da lugar a la ecuación siguiente:

$$\text{Tramo 1: } u_T = U_R = U_T\left[-\frac{6}{\pi}\alpha_1 + 1\right] \Rightarrow \frac{U_R}{U_T} = m_a = 0,8 = -\frac{6}{\pi}\alpha_1 + 1 \Rightarrow$$

$$\Rightarrow \alpha_1 = \frac{1-0,8}{6}\pi = 0,1047 \text{ rad } (6°) \tag{2}$$

y de un modo análogo se obtienen las siguientes soluciones:

$$\text{Tramo 2: } 0,8 = \frac{6}{\pi}\alpha_2 - 1 \Rightarrow \alpha_2 = \frac{1+0,8}{6}\pi = 0,942 \text{ rad } (54°) \tag{3}$$

$$\text{Tramo 3: } 0,8 = -\frac{6}{\pi}\alpha_3 + 3 \Rightarrow \alpha_3 = \frac{3-0,8}{6}\pi = 1,152 \text{ rad } (66°) \tag{4}$$

$$\text{Tramo 4: } 0,8 = \frac{6}{\pi}\alpha_4 - 3 \Rightarrow \alpha_4 = \frac{3+0,8}{6}\pi = 1,989 \text{ rad } (114°) \tag{5}$$

$$\text{Tramo 5: } 0,8 = -\frac{6}{\pi}\alpha_5 + 5 \Rightarrow \alpha_5 = \frac{5-0,8}{6}\pi = 2,199 \text{ rad } (126°) \tag{6}$$

$$\text{Tramo 6: } 0,8 = \frac{6}{\pi}\alpha_6 - 5 \Rightarrow \alpha_6 = \frac{5+0,8}{6}\pi = 3,037 \text{ rad } (174°) \tag{7}$$

b) El desarrollo en serie de Fourier de la tensión de salida mostrada en la Figura 4.11b viene expresado por:

$$u(t) = \frac{a_0}{2} + \sum_{1}^{\infty} a_n \cos n\omega t + \sum_{1}^{\infty} b_n \operatorname{sen} n\omega t \tag{8}$$

donde los valores de los coeficientes son:

$$a_0 = \frac{4}{T}\int_0^{T/2} u(t)\,dt = \frac{2}{\pi}\int_0^{\pi} u(\theta)\,d\theta \;\;;\;\; a_n = \frac{4}{T}\int_0^{T/2} u(t)\cos n\omega t\,dt = \frac{2}{\pi}\int_0^{\pi} u(\theta)\cos n\theta\,d\theta \;;$$

$$b_n = \frac{4}{T}\int_0^{T/2} u(t)\operatorname{sen} n\omega t\,dt = \frac{2}{\pi}\int_0^{\pi} u(\theta)\operatorname{sen} n\theta\,d\theta \tag{9}$$

Por el tipo de simetría de la onda de la Figura 4.11b se anulan los términos a_0, a_n y los términos pares de b_n. Los valores de los otros coeficientes b_i (los impares) se obtienen de la siguiente ecuación:

$$b_n = \frac{2U_{cc}}{\pi} \left[\int_{\alpha_1}^{\alpha_2} \text{sen} n\theta \, d\theta + \int_{\alpha_3}^{\alpha_4} \text{sen} n\theta \, d\theta + \int_{\alpha 5}^{\alpha_6} \text{sen} n\theta \, d\theta \right] \tag{10}$$

Al integrar la expresión anterior se obtiene:

$$b_n = \frac{2U_{cc}}{n\pi} \left[(\cos n\alpha_1 - \cos n\alpha_2) + (\cos n\alpha_3 - \cos n\alpha_4) + (\cos n\alpha_5 - \cos n\alpha_6) \right] \tag{11}$$

y sustituyendo los valores de los ángulos α_i calculados antes en el apartado a) y para los armónicos 1 al 7, resulta:

$$b_1 = \frac{2 \cdot 200}{\pi} \left[(\cos 6° - \cos 54°) + (\cos 66° - \cos 114°) + (\cos 126° - \cos 174°) \right] = 207,14 \text{ V} \tag{12}$$

$$b_3 = \frac{2 \cdot 200}{3\pi} \left[(\cos 18° - \cos 162°) + (\cos 198° - \cos 342°) + (\cos 378° - \cos 522°) \right] = 80,72 \text{ V} \tag{13}$$

$$b_5 = \frac{2 \cdot 200}{5\pi} \left[(\cos 30° - \cos 270°) + (\cos 330° - \cos 342°) + (\cos 630° - \cos 870°) \right] = 41,94 \tag{14}$$

$$b_7 = \frac{2 \cdot 200}{7\pi} \left[(\cos 42° - \cos 378°) + (\cos 462° - \cos 798°) + (\cos 882° - \cos 1218°) \right] = -15,13 \text{ V} \tag{15}$$

Por consiguiente el desarrollo en serie de Fourier de la tensión de los impulsos (escalones) de salida es:

$$u_0(t) = 207,14 \text{sen} \omega t + 80,72 \text{sen} 3\omega t + 41,94 \text{sen} 5\omega t - 15,13 \text{sen} 7\omega t \tag{16}$$

c) Los valores eficaces de los armónicos de tensión anteriores es:

$$U_1 = \frac{207,14}{\sqrt{2}} = 146,47 \text{ V} \; ; \; U_3 = \frac{80,72}{\sqrt{2}} = 57,08 \text{ V} \; ;$$

$$U_5 = \frac{41,94}{\sqrt{2}} = 29,66 \text{ V} \; ; \; U_7 = \frac{15,13}{\sqrt{2}} = 10,7 \text{ V} \tag{17}$$

que daría lugar a un valor eficaz total de los armónicos de tensión 1, 3, 5 y 7:

$$U_{ef} = \sqrt{146,47^2 + 57,08^2 + 29,66^2 + 19,7^2} = 160,33 \text{ V} \tag{18}$$

d) La tasa de distorsión armónica de la tensión THD en tanto por ciento es:

$$THD(u_0) = \frac{\sqrt{57,08^2 + 29,66^2 + 19,7^2}}{146,47} \cdot 100 = 44,5\% \tag{19}$$

4.9. En la Figura 4.13 se muestra un periodo de la onda de tensión generada por un inversor monofásico en puente completo con modulación sinusoidal. La frecuencia de la señal de referencia es de 50 Hz. Si la tensión de alimentación es de 200V, el índice de modulación de amplitud es $m_a = 0,8$ y el índice de frecuencia es $m_f = 6$. Calcular:

a) Los ángulos $\alpha_1, \alpha_2,...$ y α_6 de intersección de la onda triangular con la onda de referencia sinusoidal.

b) El desarrollo en serie de Fourier de la tensión de salida formada por tres impulsos por semiperiodo, hasta el séptimo armónico.

c) Los valores eficaces de los armónicos anteriores.

d) La tasa de distorsión armónica THD de la tensión generada.

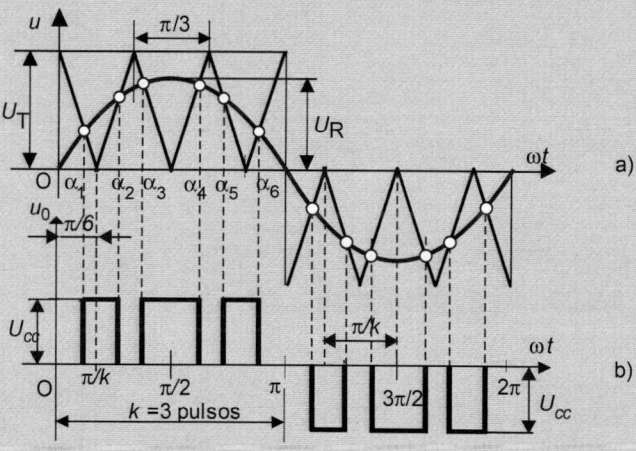

Figura 4.13

Solución

a) Los parámetros del circuito son: $U_{cc} = 200$ V; $f = 50$ Hz; $m_a = U_R/U_T = 0,8$; $m_f = f_T/f = 6$. Para calcular los ángulos de intersección de la serie de ondas triangulares con la onda de referencia, se debe seguir un proceso similar al del problema anterior, es decir en primer lugar hay que calcular las ecuaciones de las rectas de los diversos tramos de la onda triangular y se obtienen las mismas ecuaciones que en el problema anterior ya que se tienen los mismos seis tramos debido a que en ambos casos se trabaja con el mismo índice de frecuencia. Y las ecuaciones correspondientes a las rectas de estos tramos son las siguientes:

$$\text{Tramo 1: } u_T = U_T\left[-\frac{6}{\pi}\alpha+1\right] \quad \text{Tramo 2: } u_T = U_T\left[\frac{6}{\pi}\alpha-1\right]$$

$$\text{Tramo 3: } u_T = U_T\left[-\frac{6}{\pi}\alpha+3\right] \quad \text{Tramo 4: } u_T = U_T\left[\frac{6}{\pi}\alpha-3\right] \tag{1}$$

$$\text{Tramo 5: } u_T = U_T\left[-\frac{6}{\pi}\alpha+5\right] \quad \text{Tramo 6: } u_T = U_T\left[\frac{6}{\pi}\alpha-5\right]$$

El cálculo del ángulo de intersección de las rectas triangulares de estos tramos con la onda de referencia que ahora es sinusoidal y de la forma $u_R = U_R \operatorname{sen} \omega t$ requiere resolver ecuaciones transcendentes. Para que lo comprenda el lector vamos a considerar por ejemplo que se trata de calcular el ángulo de intersección de la recta del tramo 1 con la onda de referencia sinusoidal. Si se denomina α_1 al ángulo de intersección, en este punto (ángulo) deben coincidir los valores de ambas tensiones y que son: la tensión u_T del tramo 1 de la onda triangular y la tensión sinusoidal de referencia $u_R = U_R \operatorname{sen}\alpha_1$ y además hay que tener en cuenta que el índice de modulación en amplitud es $m_a = U_R/U_T$, por lo que se cumple:

$$\text{Tramo 1: } u_T = U_R \operatorname{sen}\alpha_1 = U_T\left[-\frac{6}{\pi}\alpha_1+1\right] \Rightarrow m_a\operatorname{sen}\alpha_1 = -\frac{6}{\pi}\alpha_1+1 \Rightarrow$$

$$0{,}8\operatorname{sen}\alpha_1 = -\frac{6}{\pi}\alpha_1+1 \tag{2}$$

La ecuación última (2) se resuelve con el software MATLAB de la forma siguiente:

Resolución con MATLAB®

```
>> f = @(alfa)[0.8*sin(alfa)+(6/pi)*(alfa)-1]; % Se escribe la Ecua-
ción (2). El -1 final indica el valor del segundo sumando del segundo
miembro de la Ecuación (2) que es igual a 1 y que pasado al primer
miembro se hace negativo.
>> alfa0 = [0.3]; % Se fija un valor de inicio para el cálculo del
ángulo alfa.
>> alfa = fsolve (f,alfa0)% Se resuelve la ecuación y se calcula el
ángulo alfa de la intersección de la onda triangular con la sinusoidal.
```

y se obtiene el resultado siguiente

```
alfa = 0.3715
```

es decir, el ángulo $\alpha_1 \approx 0{,}372$ (21,3º). Y de un modo similar se repite esta resolución en MATLAB para los otros tramos, lo que da lugar a los siguientes resultados:

$$\text{Tramo 2: } 0{,}8\operatorname{sen}\alpha_2 = \frac{6}{\pi}\alpha_2-1 \Rightarrow \alpha_2 = 0{,}834 \text{ rad } (47{,}8º) \tag{3}$$

$$\text{Tramo 3: } 0,8\mathrm{sen}\,\alpha_3 = -\frac{6}{\pi}\alpha_3 + 3 \;\Rightarrow\; \alpha_3 = 1,183 \text{ rad } (67,8°) \tag{4}$$

$$\text{Tramo 4: } 0,8\mathrm{sen}\,\alpha_4 = \frac{6}{\pi}\alpha_4 - 3 \;\Rightarrow\; \alpha_4 = 1,96 \text{ rad } (122,2°) \tag{5}$$

$$\text{Tramo 5: } 0,8\mathrm{sen}\,\alpha_5 = -\frac{6}{\pi}\alpha_5 + 5 \;\Rightarrow\; \alpha_5 = 2,308 \text{ rad } (132,2°) \tag{6}$$

$$\text{Tramo 6: } 0,8\mathrm{sen}\,\alpha_6 = \frac{6}{\pi}\alpha_6 - 5 \;\Rightarrow\; \alpha_6 = 2,77 \text{ rad } (158,7°) \tag{7}$$

b) Debido a la simetría de la onda mostrada en la Figura 4.13b, el desarrollo en serie de Fourier sólo tiene componentes impares tipo seno y que se calculan con la integral siguiente:

$$b_n = \frac{2U_{cc}}{\pi}\left[\int_{\alpha_1}^{\alpha_2} \mathrm{sen}\,n\theta\; \mathrm{d}\theta + \int_{\alpha_3}^{\alpha_4} \mathrm{sen}\,n\theta\; \mathrm{d}\theta + \int_{\alpha 5}^{\alpha_6} \mathrm{sen}\,n\theta\; \mathrm{d}\theta\right] \tag{8}$$

Al integrar la expresión anterior se obtiene:

$$b_n = \frac{2U_{cc}}{n\pi}\Big[\left(\cos n\alpha_1 - \cos n\alpha_2\right) + \left(\cos n\alpha_3 - \cos n\alpha_4\right) + \left(\cos n\alpha_5 - \cos n\alpha_6\right)\Big] \tag{9}$$

y al sustituir los valores de los ángulos anteriores da lugar el desarrollo de Fourier siguiente:

$$u_0(t) = 162,6\,\mathrm{sen}\,\omega t + 54,2\,\mathrm{sen}\,3\omega t + 32,5\,\mathrm{sen}\,5\omega t + 23,2\,\mathrm{sen}\,7\omega t \tag{10}$$

c) Los valores eficaces de los armónicos de tensión anteriores son:

$$U_1 = \frac{162,6}{\sqrt{2}} = 115 \text{ V} \;\;;\;\; U_3 = \frac{54,2}{\sqrt{2}} = 38,3 \text{ V}$$

$$U_5 = \frac{32,5}{\sqrt{2}} = 23 \text{ V} \;\;;\;\; U_7 = \frac{23,2}{\sqrt{2}} = 16,44 \text{ V} \tag{11}$$

y que daría lugar a un valor eficaz total de los armónicos de tensión 1, 3, 5 y 7:

$$U_{ef} = \sqrt{115^2 + 38,3^2 + 23^2 + 16,44^2} = 124,5 \text{ V} \tag{12}$$

d) La tasa de distorsión armónica de la tensión THD en tanto por ciento es:

$$THD(u_0) = \frac{\sqrt{38,3^2 + 23^2 + 16,44^2}}{115} \cdot 100 = 41,4\% \tag{13}$$

4.10. Se dispone de un inversor trifásico en puente alimentado por una fuente de c.c. de 690 V. Utilizando la técnica de vector espacial, se desea generar un sistema simétrico de tensiones de la forma:

$$u_{R0} = \sqrt{2}\ 230\ \cos(\omega t + \varphi)\ ;\ u_{S0} = \sqrt{2}\ 230\ \cos(\omega t + \varphi - 2\pi/3)\ ;$$

$$u_{R0} = \sqrt{2}\ 230\ \cos(\omega t + \varphi + 2\pi/3)$$

El ciclo de conmutación del inversor es $T_s = 100$ μs. Calcular las expresiones del vector espacial de referencia, el sector de funcionamiento y los tiempos T_1, T_2 y T_0 de los estados correspondientes, en los siguientes casos:

a) Para $\omega t = \pi/2$ y $\varphi = -70°$.

b) Para $\omega t = \pi/2$ y $\varphi = +80°$.

c) Para $\omega t = 3\pi/2$ y $\varphi = 0°$.

Solución

Teoría previa

Recordemos que la modulación por vectores espaciales de los inversores trifásicos utilizan ocho estados o combinaciones posibles que se pueden realizar con los interruptores electrónicos de un inversor trifásico. Como se muestra en la Figura 4.14a hay seis vectores espaciales activos $u_1 - u_6$ que tienen la misma magnitud y que vale $(2/3)U_{cc}$ y que están 60° desfasados entre sí, el primero de ellos u_1 es el origen y su referencia es 0° y los demás van girando en el sentido contrario a las agujas del reloj cada 60° y de este modo con estos seis vectores se forma un hexágono y que dan lugar a seis sectores numerados del 1 al 6. A estos seis vectores activos hay que añadir los dos vectores espaciales $u_0 - u_7$, que se denominan *vectores de tensión nulos*, porque no contribuyen a suministrar tensión a la carga y que solamente se emplean para minimizar las conmutaciones del inversor regulando los tiempos muertos. Estos dos vectores se sitúan en el origen del hexágono, tal como se refleja en la Figura 4.14a.

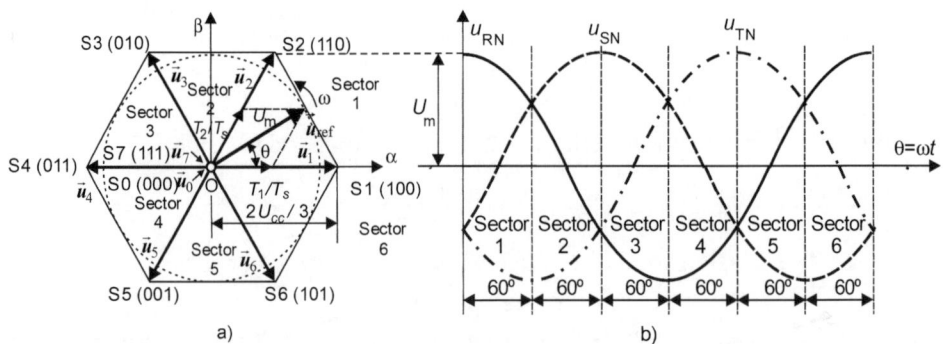

Figura 4.14

Hay que recordar que en un sistema trifásico, se define el vector espacial de tensión de referencia $\boldsymbol{u}_{\text{ref}}$ en función de las tensiones de fase u_{RN}, u_{SN} y u_{TN}, de la forma siguiente:

$$\vec{u}_{\text{ref}} = \frac{2}{3}\left[u_{\text{RN}} + \underline{a}\, u_{\text{SN}} + \underline{a}^2\, u_{\text{TN}} \right] \text{ donde } \underline{a} = e^{j(2\pi/3)} \quad ; \quad \underline{a}^2 = -e^{-j(2\pi/3)} \tag{1}$$

En particular, se puede sintetizar el vector de tensión que corresponde a un sistema trifásico simétrico y equilibrado $\boldsymbol{u}_{\text{ref}}$; téngase en cuenta para ello que si los valores instantáneos de las tensiones trifásicas son de la forma:

$$u_{\text{RN}} = U_{\text{m}}\cos\omega t \; ; \; u_{\text{SN}} = U_{\text{m}}\cos\left(\omega t - \frac{2\pi}{3} \right) \; ; \; u_{\text{TN}} = U_{\text{m}}\cos\left(\omega t + \frac{2\pi}{3} \right) \tag{2}$$

entonces el vector espacial de referencia, teniendo en cuenta (1) es igual a:

$$\vec{u}_{\text{ref}} = \frac{2}{3}U_{\text{m}}\left[\cos\omega t + \underline{a}\cos\left(\omega t - \frac{2\pi}{3} \right) + \underline{a}^2\cos\left(\omega t + \frac{2\pi}{3} \right) \right] \tag{3}$$

Teniendo en cuenta que se cumplen las relaciones trigonométricas siguientes:

$$\cos\omega t = \frac{e^{j\omega t} + e^{-j\omega t}}{2}; \cos\left(\omega t + \frac{2\pi}{3} \right) = \frac{e^{j(\omega t + 2\pi/3)} + e^{-j(\omega t + 2\pi/3)}}{2} \; ;$$

$$\cos\left(\omega t - \frac{2\pi}{3} \right) = \frac{e^{j(\omega t - 2\pi/3)} + e^{-j(\omega t - 2\pi/3)}}{2} \tag{4}$$

Al sustituir estas expresiones en (3) y teniendo en cuenta los valores de a y a^2 señalados en (1) resulta:

$$\vec{u}_{\text{ref}} = \frac{2}{3}U_{\text{m}}\left[\begin{array}{l} \dfrac{e^{j\omega t} + e^{-j\omega t}}{2} + e^{j(2\pi/3)}\dfrac{e^{j(\omega t - 2\pi/3)} + e^{-j(\omega t - 2\pi/3)}}{2} + \\[2mm] + e^{-j(2\pi/3)}\dfrac{e^{j(\omega t + 2\pi/3)} + e^{-j(\omega t + 2\pi/3)}}{2} \end{array} \right] \tag{3}$$

y que simplificando da lugar al siguiente resultado:

$$\vec{u}_{\text{ref}} = \frac{U_{\text{m}}}{3}\left[3e^{j\omega t} + e^{-j\omega t}\left(1 + e^{j(2\pi/3)} + e^{-j(2\pi/3)} \right) \right] = \frac{U_{\text{m}}}{3}\left[3e^{j\omega t} + e^{-j\omega t}\cdot 0 \right] = U_{\text{m}}e^{j\omega t} \tag{4}$$

Esta Expresión (4) indica que el vector espacial de referencia $\boldsymbol{u}_{\text{ref}}$ es un vector rotativo de longitud U_{m} (radio), que tiene una magnitud igual a la amplitud máxima de las tensiones trifásicas a las que representa y que gira a una velocidad angular ω, que es la pulsación de las tensiones y donde se cumple que $\theta = \omega t$. En la Figura 4.14a se muestra este detalle del vector espacial $\boldsymbol{u}_{\text{ref}}$ y que se ha supuesto que forma un ángulo θ con el vector espacial $\boldsymbol{u}_1$ (1,0,0) del sector 1.

Para modular este vector espacial se utilizan los dos vectores de tensión activos adyacentes al vector de referencia u_{ref} y que en el caso de la Figura 4.14, son los vectores u_1 y u_2 del sector 1 y también intervendrán los vectores de tensión nulos situados en el origen u_0 y u_7, que se utilizan para determinar los tiempos de conmutación. La técnica de modulación de la anchura de impulso mediante el vector espacial consiste en generar una tensión que tenga el mismo valor medio que el vector de referencia u_{ref} en el periodo de modulación T_s.

Vamos a analizar a continuación este proceso de modulación. En primer lugar, el vector espacial de tensión de referencia u_{ref} se supone que permanece constante durante todo el periodo de modulación T_s. De acuerdo con la Figura 4.14a, al estar situado este vector en el sector 1, los vectores activos correspondientes son u_1 y u_2 y es por ello que se aplica u_1 durante un tiempo T_1 y como resultado se tiene una tensión de salida u_1 (T_1/T_s) en la dirección y sentido de u_1. Por otro lado, el otro vector activo u_2, se aplica durante un tiempo T_2, dando lugar a una tensión de salida u_2 (T_2/T_s) y así se determina tanto el módulo como la fase del vector de referencia u_{ref} (se debe dejar claro que en general los vectores activos son u_n y u_{n+1}, donde n indica el número del sector en que esté situado u_{ref}). Mediante estos dos pasos, es posible generar la misma tensión de salida que el vector de referencia u_{ref} durante el periodo de modulación T_s. Por último, si $T_1 + T_2 < T_s$, entonces uno (o los dos) de los vectores de tensión nulos u_0 o u_7, se deben aplicar durante el tiempo restante $T_0 = T_s - T_1 - T_2$.

Las duraciones de los tiempos $(T_1, T_2$ y $T_0)$ de cada vector de tensión para generar el vector de referencia $\vec{u}_{\text{ref}}$, se calculan reflejando matemáticamente el proceso de modulación de acuerdo con la ecuación integral siguiente:

$$\int_0^{T_s} \vec{u}_{\text{ref}}\, dt = \int_0^{T_1} \vec{u}_1\, dt + \int_{T_1}^{T_1+T_2} \vec{u}_2\, dt + \int_{T_1+T_2}^{T_s} \vec{u}_{0,7}\, dt \tag{5}$$

Para frecuencias de modulación suficientemente elevadas el vector espacial de referencia $\vec{u}_{\text{ref}}$ se supone constante durante el ciclo de modulación T_s, o periodo de muestreo de la frecuencia de conmutación de frecuencia f_s. Y si se denomina en general U_{ref} al módulo de esta tensión de referencia, cuyo argumento o fase es θ y teniendo en cuenta que las magnitudes de u_1 y u_2 (del sector 1) son iguales a $2U_{\text{cc}}/3$ y con fases de $0°$ y $60°$ respectivamente, el resultado de (5) es el siguiente:

$$U_{\text{ref}}\angle\theta \cdot T_s = T_1 \cdot \frac{2}{3}U_{\text{cc}}\angle 0° + T_2 \cdot \frac{2}{3}U_{\text{cc}}\angle 60° \tag{6}$$

Y al igualar las parte reales e imaginarias de la ecuación anterior, se obtiene:

$$T_s U_{\text{ref}}\cos\theta = T_1 \cdot \left(\frac{2}{3}U_{\text{cc}}\right) + T_2 \cdot \left(\frac{2}{3}U_{\text{cc}}\right)\cos 60° \; ; \; T_s U_{\text{ref}}\,\text{sen}\,\theta = T_2 \cdot \left(\frac{2}{3}U_{\text{cc}}\right)\text{sen}\,60° \tag{7}$$

de donde se deducen los tiempos T_1 y T_2 siguientes:

$$T_1 = \left[\sqrt{3}\frac{U_{\text{ref}}}{U_{cc}}\right]T_s \operatorname{sen}\left(60° - \theta\right) \; ; \; T_2 = \left[\sqrt{3}\frac{U_{\text{ref}}}{U_{cc}}\right]T_s \operatorname{sen}\theta \; ; \; T_0 = T_s - T_1 - T_2 \qquad (8)$$

Cuando el vector de referencia se sitúa en otros sectores, el cálculo de los tiempos de duración se determina de una forma similar. Vamos a aplicar esta teoría al problema que nos ocupa, en el que los datos o parámetros son los siguientes:

- Tensión de c.c.: $U_{cc} = 690$ V.

- Tensión máxima de cada fase del sistema trifásico: $U_m = \sqrt{2}\ 230$ V

- Periodo del ciclo de conmutación del inversor: $T_s = 100$ μs.

En este problema hay que calcular la expresión del vector espacial, el sector de funcionamiento y los tiempos T_1, T_2 y T_0 de los estados correspondientes, en los siguientes casos: para $\omega t = \pi/2$ y $\varphi = -70°$; para $\omega t = \pi/2$ y $\varphi = +80°$; para $\omega t = 3\pi/2$ y $\varphi = 0°$. Así que comenzamos el cálculo:

a) Cuando $\omega t = \pi/2 = 90°$ y $\varphi = -70°$, de acuerdo con esta teoría previa, el vector espacial de referencia responde a la expresión:

$$\vec{u}_{ref} = U_m e^{j(\omega t + \varphi)} = \sqrt{2}\ 230 e^{j(90° - 70°)} = 325,3\angle 20°\ \text{V} \qquad (9)$$

Este resultado indica que el vector espacial está situado en el Sector 1 y forma 20° con el radio vector del origen u_1, por lo que los tiempos T_1, T_2 y T_0, de acuerdo con las Expresiones (8), son los siguientes:

$$T_1 = \left[\sqrt{3}\frac{U_m}{U_{cc}}\right] \cdot 100 \cdot \operatorname{sen}\left(60° - 20°\right) = 52,5\ \text{μs}, \qquad (10)$$

que se aplica con el vector activo $u_1\ (1,0,0)$

$$T_2 = \left[\sqrt{3}\frac{U_m}{U_{cc}}\right] \cdot 100 \cdot \operatorname{sen}20° = 27,9\ \text{μs} \qquad (11)$$

que se aplica con el vector activo $u_2\ (1,1,0)$

$$T_3 = 100 - 52,5 - 27,9 = 19,6\ \text{μs}$$

que se aplica a los vectores nulos $u_0\ (0,0,0)$ y $u_7\ (1,1,1)$ $\qquad (12)$

b) Cuando $\omega t = \pi/2 = 90°$ y $\varphi = +80°$, el vector espacial de referencia responde a la expresión:

$$\vec{u}_{ref} = U_m e^{j(\omega t + \varphi)} = \sqrt{2}\ 230 e^{j(90° + 80°)} = 325,3\angle 170°\ \text{V} \qquad (13)$$

Este resultado indica que el vector espacial está en el Sector 3 y está retrasado 10° respecto al vector activo $u_4\ (0,0,1)$ y los tiempos T_1, T_2 y T_0, de acuerdo con las Expresiones (8), son los siguientes:

$$T_1 = \left[\sqrt{3} \frac{U_{\mathrm{m}}}{U_{\mathrm{cc}}} \right] \cdot 100 \cdot \mathrm{sen}\left(60^\circ - 10^\circ\right) = 62,5 \ \mu s \tag{14}$$

que se aplica con el vector activo $u_4\left(0,0,1\right)$

$$T_2 = \left[\sqrt{3} \frac{U_{\mathrm{m}}}{U_{\mathrm{cc}}} \right] \cdot 100 \cdot \mathrm{sen}10^\circ = 14,2 \ \mu s \tag{15}$$

que se aplica con el vector activo $u_3\left(0,1,0\right)$

$$T_3 = 100 - 62,5 - 14,2 = 23,3 \ \mu s$$

y que se aplica a los vectores nulos $u_0\left(0,0,0\right)$ y $u_7\left(1,1,1\right)$ (16)

c) Cuando $\omega t = 3\pi/2 = 270^\circ$ y $\varphi = 0^\circ$, el vector espacial de referencia responde a la expresión:

$$\vec{u}_{\mathrm{ref}} = U_{\mathrm{m}} e^{j\left(\omega t + \varphi\right)} = \sqrt{2} \ 230 e^{j\left(270^\circ + 0^\circ\right)} = 325,3\angle 270^\circ \ \mathrm{V} \tag{17}$$

Este resultado indica que el vector espacial está en el Sector 5 y está retrasado 30° respecto al vector activo $u_6(1,0,1)$ y los tiempos T_1, T_2 y T_0 son los siguientes:

$$T_1 = \left[\sqrt{3} \frac{U_{\mathrm{m}}}{U_{\mathrm{cc}}} \right] \cdot 100 \cdot \mathrm{sen}\left(60^\circ - 30^\circ\right) = 40,8 \ \mu s \tag{18}$$

que se aplica con el vector activo $u_6\left(0,0,1\right)$

$$T_2 = \left[\sqrt{3} \frac{U_{\mathrm{m}}}{U_{\mathrm{cc}}} \right] \cdot 100 \cdot \mathrm{sen}30^\circ = 40,8 \ \mu s \tag{19}$$

que se aplica con el vector activo $u_5\left(0,1,0\right)$

$$T_3 = 100 - 40,8 - 40,8 = 18,3 \ \mu s$$

que se aplica a los vectores nulos $u_0\left(0,0,0\right)$ y $u_7\left(1,1,1\right)$ (20)

El lector puede comprobar que en este caso el vector de referencia es equidistante con los vectores activos u_6 y u_5, por lo que los tiempos de funcionamiento respectivos T_1 y T_2 coinciden y el tiempo muerto T_3 es el menor posible.

A la vista de los resultados de este problema, se pueden deducir las siguientes reglas mnemotécnicas para el cálculo de los tiempos de conmutación:

1. El ángulo $\gamma = \omega t + \varphi$ determina la posición instantánea de vector de referencia y, por consiguiente, la situación del sector de trabajo del inversor. Así, si el ángulo γ está comprendido entre 0° y 60°, el inversor trabajará en el sector 1. Si el ángulo γ está comprendido entre 60° y 120°, el inversor trabajará en el sector 2. Si el ángulo γ está comprendido entre 120° y 180°, el inversor trabajará en el sector 3. Si el ángulo γ está comprendido entre 180° y 240°, el inversor trabajará en

el sector 4. Si el ángulo γ está comprendido entre 240° y 300°, el inversor trabajará en el sector 5. Y si el ángulo γ está comprendido entre 300° y 360°, el inversor trabajará en el sector 6.

2. Definido el sector de funcionamiento de acuerdo con el apartado anterior, se detectan los dos vectores activos que delimitan este sector. Con el ángulo $\gamma = \omega t + \varphi$ del vector de referencia y los argumentos de estos dos vectores activos del sector, se calculan los ángulos que forman el radiovector de referencia con los vectores activos del sector y el que sea de menor valor, que es el ángulo θ y que se utiliza para calcular los tiempos de funcionamiento de los vectores activos con las Fórmulas (8).

3. Es evidente de acuerdo con las Fórmulas (8), que el vector activo más cercano a la posición que tiene el vector de referencia será el que funcione durante mayor tiempo.

4. Cuando el vector de referencia es equidistante con los vectores activos correspondiente (es decir se cumple que $\theta = 30°$), entonces ambos vectores activos trabajarán el mismo tiempo. En esta situación el tiempo muerto T_3 es el menor posible y se lo distribuyen los vectores nulos u_0 y u_7.

5

Conversión
de corriente alterna (c.a.)
a corriente alterna(c.a.)

5.1. En la Figura 5.1 se muestra en trazo grueso la tensión u_0 resultante en una carga resistiva de un circuito monofásico equipado con un regulador de control de fase con triac y con un ángulo de disparo (o de control de fase) de α radianes. La tensión de la red es $u_s(t) = U_m$ sen ωt. Se sabe por la teoría de Fourier que la componente fundamental del desarrollo en serie de la onda u_0 es de la forma:

$$u_0(t) = a_1 \cos \omega t + b_1 \text{sen} \omega t = c_1 \text{sen} \left[\omega t + \text{arctg} \left(a_1 / b_1 \right) \right]$$

siendo $c_1 = \sqrt{a_1^2 + b_1^2}$

a) Determinar las expresiones de los coeficientes a_1 y b_1 del desarrollo anterior, teniendo en cuenta que la tensión máxima de la red es U_m y α es el ángulo de control de fase del regulador.

b) Calcular la expresión de la componente fundamental calculada en el apartado anterior cuando $\alpha = 90°$.

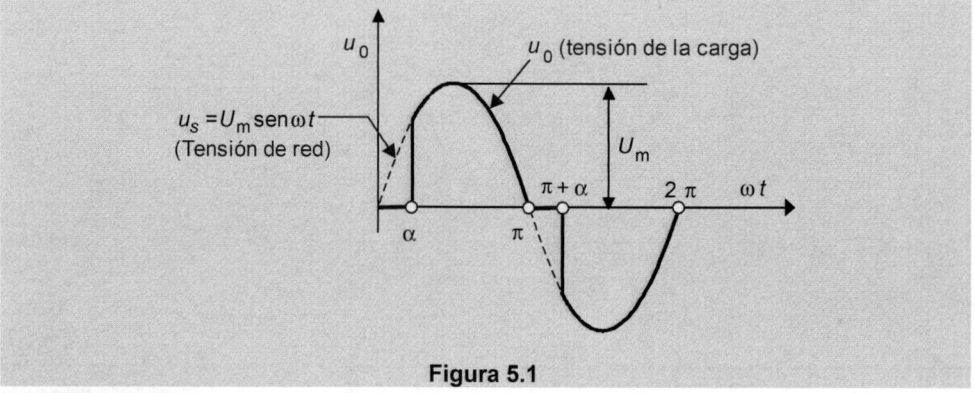

Figura 5.1

Solución

a) Los coeficientes de la componente fundamental de la tensión en la carga se obtienen de las ecuaciones siguientes:

$$a_1 = \frac{1}{\pi}\int_0^{2\pi} u_s \cos \omega t \, d(\omega t) \quad ; \qquad b_1 = \frac{1}{\pi}\int_0^{2\pi} u_s \sin \omega t \, d(\omega t) \tag{1}$$

Denominando $\gamma = \omega t$ y teniendo en cuenta la forma de la onda de la Figura 5.1, se tiene para el coeficiente a_1:

$$a_1 = \frac{1}{\pi}\left[\int_\alpha^\pi U_m \sin\gamma \cos\gamma \, d\gamma + \int_{\pi+\alpha}^{2\pi} U_m \sin\gamma \cos\gamma \, d\gamma\right] = \frac{U_m}{\pi}\left[\int_\alpha^\pi \frac{\sin 2\gamma}{2} d\gamma + \int_{\pi+\alpha}^{2\pi} \frac{\sin 2\gamma}{2} d\gamma\right] \tag{2}$$

que al integrar nos da:

$$a_1 = \frac{U_m}{\pi}\left\{\left[-\frac{\cos 2\gamma}{4}\right]_\alpha^\pi + \left[-\frac{\cos 2\gamma}{4}\right]_{\pi+\alpha}^{2\pi}\right\} =$$
$$= -\frac{U_m}{4\pi}\left\{[\cos 2\pi - \cos 2\alpha] + [\cos 4\pi - \cos(2\pi + 2\alpha)]\right\} \tag{3}$$

es decir:

$$a_1 = -\frac{U_m}{4\pi}\left\{[1-\cos 2\alpha] + [1-\cos 2\alpha]\right\} = \frac{U_m}{2\pi}[\cos 2\alpha - 1] \tag{4}$$

y para coeficiente b_1 se tiene:

$$b_1 = \frac{1}{\pi}\left[\int_\alpha^\pi U_m \sin^2\gamma \, d\gamma + \int_{\pi+\alpha}^{2\pi} U_m \sin^2\gamma \, d\gamma\right] = \frac{U_m}{\pi}\left[\int_\alpha^\pi \frac{1-\cos 2\gamma}{2} d\gamma + \int_{\pi+\alpha}^{2\pi} \frac{1-\cos 2\gamma}{2} d\gamma\right] \tag{5}$$

que al integrar nos da:

$$b_1 = \frac{U_m}{2\pi}\left\{\left[\gamma - \frac{\mathrm{sen}2\gamma}{2}\right]_\alpha^\pi + \left[\gamma - \frac{\mathrm{sen}2\gamma}{2}\right]_{\pi+\alpha}^{2\pi}\right\} = \frac{U_m}{2\pi}\left[\mathrm{sen}2\alpha + 2(\pi - \alpha)\right] \qquad (6)$$

b) Cuando $\alpha = 90°$, los coeficientes anteriores valen respectivamente:

$$a_1 = \frac{U_m}{2\pi}[\cos 2\alpha - 1] = \frac{U_m}{2\pi}[\cos 180° - 1] = -\frac{U_m}{\pi} \qquad (7)$$

$$b_1 = \frac{U_m}{2\pi}\left[\mathrm{sen}2\alpha + 2(\pi - \alpha)\right] = \frac{U_m}{2\pi}\left[\mathrm{sen}180° + 2\left(\pi - \frac{\pi}{2}\right)\right] = \frac{U_m}{2} \qquad (8)$$

y la expresión de la componente fundamental de la tensión de la carga sería de la forma:

$$u_0(t) = a_1\cos\omega t + b_1\mathrm{sen}\,\omega t = -\frac{U_m}{\pi}\cos\omega t + \frac{U_m}{2}\mathrm{sen}\,\omega t = -0,318\,U_m\cos\omega t + 0,5\,U_m\mathrm{sen}\,\omega t \quad (9)$$

que se puede escribir de una forma más compacta de la forma siguiente:

$$u_0(t) = -0,318\,U_m\cos\omega t + 0,5\,U_m\mathrm{sen}\,\omega t = 0,593\,U_m\mathrm{sen}(\omega t - 32,48°) \qquad (10)$$

5.2. Una red de c.a. monofásica tiene una tensión eficaz de 100 V y alimenta una carga resistiva de 100 Ω a través de un regulador con triac o dos tiristores en contrafase. Calcular el valor eficaz de la corriente del circuito para los ángulos de encendido del triac siguientes:

a) $\alpha = 30°$.

b) $\alpha = 60°$.

c) $\alpha = 90°$.

d) $\alpha = 120°$.

e) $\alpha = 150°$.

Solución

En la Figura 5.2a se muestra el esquema eléctrico del regulador con triac y cuya tensión de salida se muestra en la Figura 5.2d. Si se denomina $U_S = U_m/\sqrt{2}$ al valor eficaz de la tensión de la red, la tensión eficaz en la carga es:

$$U_0 = \sqrt{\frac{2}{2\pi}\int_\alpha^\pi \left(\sqrt{2}\,U_s\mathrm{sen}\,\omega t\right)^2 d(\omega t)} = U_s\sqrt{1 - \frac{\alpha}{\pi} + \frac{\mathrm{sen}2\alpha}{2\pi}} \qquad (1)$$

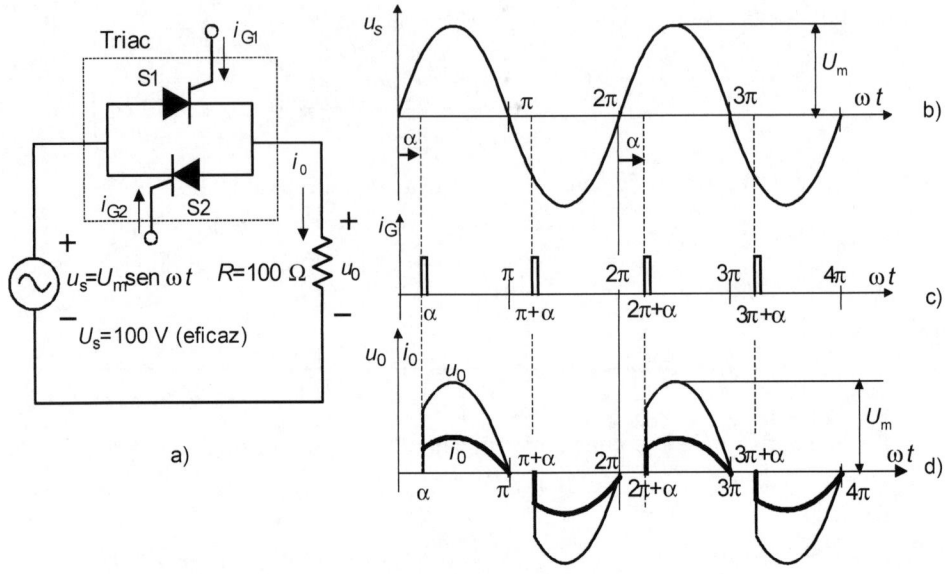

Figura 5.2

por lo que el valor de la corriente eficaz del circuito para $U_s = 100$ V; $R = 100$ Ω (es decir, con $U_s/R = 100/100 = 1$ A) obedece a la expresión:

$$i_0 = \frac{U_s}{R}\sqrt{1 - \frac{\alpha}{\pi} + \frac{\text{sen}2\alpha}{2\pi}} = \sqrt{1 - \frac{\alpha}{\pi} + \frac{\text{sen}2\alpha}{2\pi}} \qquad (2)$$

a) Teniendo en cuenta el resultado (2), el valor eficaz de la corriente en la carga para $\alpha = 30°$ (es decir, $\pi/6$) vale:

$$I_s = \sqrt{1 - \frac{\alpha}{\pi} + \frac{\text{sen}2\alpha}{2\pi}} = \sqrt{1 - \frac{\pi/6}{\pi} + \frac{\text{sen}60°}{2\pi}} = 0,985 \text{ A}$$

b) Para $\alpha = 60°$ (es decir, $\pi/3$) la corriente es:

$$I_s = \sqrt{1 - \frac{\alpha}{\pi} + \frac{\text{sen}2\alpha}{2\pi}} = \sqrt{1 - \frac{\pi/3}{\pi} + \frac{\text{sen}120°}{2\pi}} = 0,897 \text{ A}$$

c) Para $\alpha = 90°$ (es decir, $\pi/2$) la corriente es:

$$I_s = \sqrt{1 - \frac{\alpha}{\pi} + \frac{\text{sen}2\alpha}{2\pi}} = \sqrt{1 - \frac{\pi/2}{\pi} + \frac{\text{sen}180°}{2\pi}} = 0,707 \text{ A}$$

d) Para $\alpha = 120°$ (es decir, $2\pi/3$) la corriente es:

$$I_s = \sqrt{1 - \frac{\alpha}{\pi} + \frac{\text{sen}2\alpha}{2\pi}} = \sqrt{1 - \frac{2\pi/3}{\pi} + \frac{\text{sen}240°}{2\pi}} = 0,442 \text{ A}$$

e) Finalmente para $\alpha = 150°$ (es decir, $5\pi/6$) la corriente es:

$$I_S = \sqrt{1 - \frac{\alpha}{\pi} + \frac{\mathrm{sen}\,2\alpha}{2\pi}} = \sqrt{1 - \frac{5\pi/6}{\pi} + \frac{\mathrm{sen}\,300°}{2\pi}} = 0,170\ \mathrm{A}$$

5.3. Una red de c.a. monofásica con una tensión eficaz de 100 V alimenta una carga resistiva de 10 Ω a través de un regulador ideal con triac. Calcular:

a) El ángulo de encendido del triac si la potencia disipada en la resistencia de carga es de 600 W.

b) La corriente eficaz del circuito en el caso anterior.

c) El factor de potencia del circuito.

Solución

El esquema del circuito es el mismo que el del problema anterior (Figura 5.2) y los parámetros de este ejemplo son: $U_s = 100$ V; $R = 10\ \Omega$.

a) Sabiendo que la potencia disipada en la resistencia de carga es de 600 W, se puede escribir:

$$P_0 = \frac{U_0^2}{R} \quad \Rightarrow \quad 600 = \frac{U_0^2}{10} \quad \Rightarrow \quad U_0 = \sqrt{6000} = 77,46\ \mathrm{V} \tag{1}$$

Teniendo en cuenta que el valor eficaz U_0 de la tensión en la carga viene definido por la expresión siguiente:

$$U_0 = U_s \sqrt{1 - \frac{\alpha}{\pi} + \frac{\mathrm{sen}\,2\alpha}{2\pi}} = 100 \sqrt{1 - \frac{\alpha}{\pi} + \frac{\mathrm{sen}\,2\alpha}{2\pi}} \tag{2}$$

Al sustituir el resultado (1) en (2) se obtiene la ecuación trascendente:

$$0,7746 = \sqrt{1 - \frac{\alpha}{\pi} + \frac{\mathrm{sen}\,2\alpha}{2\pi}} \quad \Rightarrow \quad 0,6 = 1 - \frac{\alpha}{\pi} + \frac{\mathrm{sen}\,2\alpha}{2\pi} \tag{3}$$

Esta Ecuación (3) se resuelve por el método de ensayo y error o más fácilmente con el software MATLAB escribiendo las sentencias siguientes:

Resolución con MATLAB®

```
>> f = @(alfa)[alfa/pi-(sin(2*alfa))/(2*pi)-0.4]; % Se escribe la
ecuación a resolver(3)pasando todos los sumandos al primer miembro.
>> alfa0 = [1.5]; % Se fija un valor de inicio para el cálculo del
argumento alfa.
>> fsolve (f,alfa0) % Se resuelve la ecuación y se calcula el tiempo
para el cual se anula la corriente.
```

y obtiene el resultado siguiente:

```
alfa = 1.4124
```

También se puede obtener el mismo resultado con la instrucción simplificada siguiente:

```
fsolve(@(alfa)alfa/pi-(sin(2*alfa))/(2*pi)-0.4, 1.5) % única ins-
trucción para resolver la Ecuación (3)y que da lugar al mismo resul-
tado anterior.
```

El valor de alfa (α) calculado con ayuda del software MATLAB está expresado en radianes y corresponde a un valor en grados de $\alpha = (1,4124/\pi)180° = 80,92° \approx 81°$ y éste debe ser el ángulo de encendido del triac para que se disipe una potencia de 600 W en la resistencia de carga.

b) La corriente eficaz del circuito vale entonces:

$$I_0 = \frac{U_0}{R} = \frac{77,46}{10} = 7,746 \text{ A} \tag{4}$$

c) La corriente anterior coincide con el valor eficaz de la corriente I_s que suministra la red de alimentación de corriente alterna, es por ello que la potencia aparente suministrada por la red vale:

$$S_s = U_s I_s = 100 \cdot 7,746 = 774,6 \text{ VA} \tag{5}$$

por lo que el f.d.p. con el que trabaja el circuito es:

$$\lambda = \frac{P_0}{S} = \frac{600}{774,6} = 0,7746 \tag{6}$$

que es simplemente el cociente entre la tensión eficaz en la carga y la tensión eficaz de alimentación, ya que se cumple:

$$\lambda = \frac{P_0}{S} = \frac{U_0 I_0}{U_s I_s} = \frac{U_0}{U_s} = \frac{77,46}{100} = 0,7746 \tag{7}$$

5.4. Un regulador de c.a. monofásico equipado con triac alimenta una carga formada por una resistencia $R = 3 \, \Omega$ en serie con una reactancia (a la frecuencia de la red) de valor $X = 4 \, \Omega$. Si la tensión eficaz de la red es de 230 V y el triac se supone ideal. Calcular:

   a) El rango del ángulo de encendido α del triac para que la corriente del circuito varíe entre cero y el máximo posible.

   b) El valor de la corriente eficaz máxima del circuito y la potencia correspondiente.

   c) El factor de potencia del circuito en el caso anterior.

Teoría previa

a) En la Figura 5.3a se muestra el esquema eléctrico del circuito, en la Figura 5.3b se ha dibujado la onda sinusoidal de la red, en la Figura 5.3c se muestran los impulsos de disparo aplicados al triac, en la Figura 5.3d se representa la forma de onda de la corriente en función del ángulo de encendido o de disparo α del triac y en la Figura 5.3e se observa la forma de la tensión en la carga.

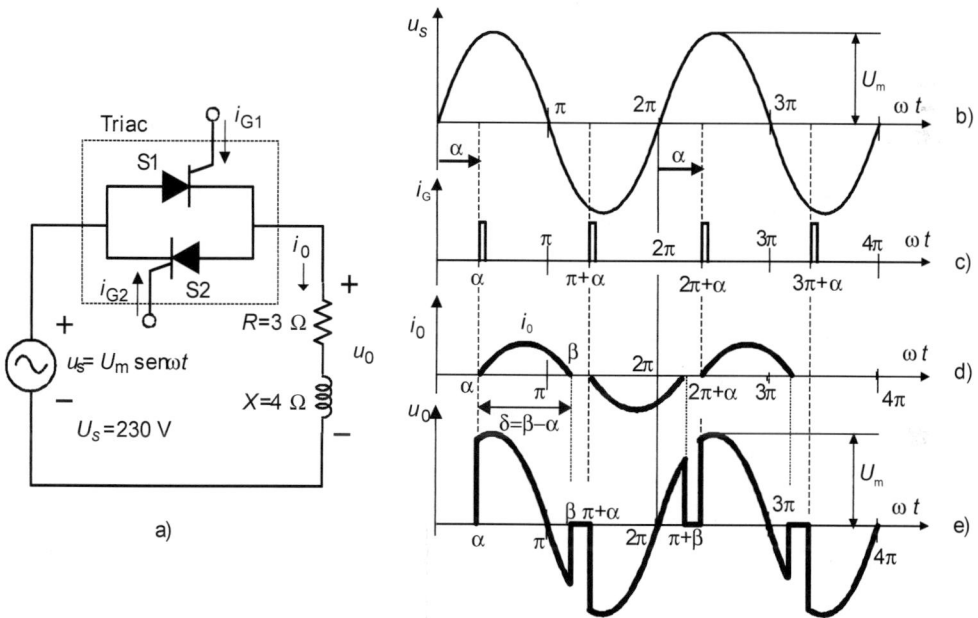

Figura 5.3

Sabemos que el triac no puede conducir hasta que no se apliquen los impulsos de disparo a sus puertas respectivas y siempre que el ánodo sea positivo respecto al cátodo (polarización directa), que en el caso del tiristor S1 superior de la Figura 5.3a significa que su ángulo de ignición α debe ser inferior a π radianes para que esté polarizado directamente (en el semiciclo positivo). Al observar la respuesta de la corriente de carga de la Figura 5.3, es evidente que conforme vaya aumentando el ángulo α la corriente será de menor magnitud, de modo que cuando este ángulo de encendido llegue al valor límite de π radianes, ya no podrá conducir porque quedaría polarizado inversamente. Es por ello que para este valor límite de $\alpha = \pi$, la corriente de carga será nula y por consiguiente este ángulo representa el mayor valor posible del ángulo de encendido y que da lugar a una corriente de carga nula.

Por otra parte, para calcular el valor mínimo del ángulo α de encendido que lógicamente dará lugar al máximo valor de la corriente es necesario partir de la ecuación general de la corriente de carga de un triac que alimenta una carga inductiva y que sabemos que responde a la expresión siguiente:

$$i_0(t) = \frac{\sqrt{2}\,U_s}{Z}\left[\operatorname{sen}(\omega t - \theta) - e^{-(\omega t - \alpha)/\operatorname{tg}\theta}\operatorname{sen}(\alpha - \theta)\right] \tag{1}$$

En la ecuación anterior, U_s representa el valor eficaz de la tensión de la red, Z es el módulo de la impedancia de carga y θ el argumento de la misma. Hay que tener en cuenta, según se aprecia en la Figura 5.3d, que la corriente de salida i_0 se anula, tanto para $\omega t = \alpha$ como para $\omega t = \beta$, donde β representa el *ángulo de extinción* del triac. Se observa en la Ecuación (1), que la primera condición anterior ya se cumple, pero falta aplicar la segunda condición a la expresión general (1), lo que da lugar a la siguiente ecuación:

$$\operatorname{sen}(\beta - \theta) = e^{-(\beta - \alpha)/\operatorname{tg}\theta}\operatorname{sen}(\alpha - \theta) \tag{2}$$

La expresión anterior se puede escribir en función del *ángulo de conducción* δ que es igual a $\beta - \alpha$, por lo que si se sustituye β por $\delta + \alpha$ y se opera el resultado se obtiene la ecuación:

$$\frac{\operatorname{sen}\delta}{e^{-\delta/\operatorname{tg}\theta} - \cos\delta} = \operatorname{tg}(\alpha - \theta) \tag{3}$$

Esta Ecuación (3) permite calcular el ángulo de conducción δ, pero debe destacarse que su valor debe ser inferior a π radianes para que el tiristor $S1$ del triac se apague antes de encender el tiristor $S2$ en $\omega t = \alpha + \pi$. Téngase en cuenta que si se dispara el tiristor $S1$ en $\omega t = \alpha$, el triac comenzará a conducir en sentido positivo hasta que se anule la corriente de carga, de manera que si en el instante $\pi + \alpha$ aquella aún no se ha anulado, el tiristor $S2$ no entrará en conducción aunque se envíe el correspondiente impulso de disparo a su puerta. En consecuencia, el ángulo de conducción de cada tiristor del triac debe ser como máximo igual a π, es decir, un semiperiodo y de este modo cada tiristor del triac funcionará de un modo independiente del otro. De acuerdo con esta premisa, es importante señalar que en la resolución de la Ecuación (3), si se toma $\delta \leq \pi$, se deduce del segundo miembro, que siempre debe cumplirse la desigualdad $\alpha \geq \theta$ para que ambos lados de la ecuación tengan el mismo signo. *En definitiva, el ángulo de encendido α del triac debe ser como mínimo igual al argumento θ de la carga.*

Como quiera que en nuestro caso, el valor de la impedancia compleja de la carga es:

$$\underline{Z} = R + jX = 3 + j4 = 5\angle 53{,}13°\ \Omega \ \Rightarrow\ |\underline{Z}| = 5\ \Omega\ ;\ \theta = 53{,}13°\ (0{,}927\ \text{rad}) \tag{4}$$

De acuerdo con lo señalado, el ángulo de encendido mínimo y que dará lugar a la máxima corriente en la carga debe ser:

$$\alpha_{\text{mín}} = \theta = 53{,}13° \tag{5}$$

Es por ello que el rango del ángulo de encendido entre la corriente máxima y cero responde a la desigualdad siguiente:

$$53,13° \leq \alpha \leq 180° \tag{6}$$

b) Para calcular ahora el valor de la corriente de carga eficaz máxima, se observa que cuando se aplica la condición de ángulo de encendido mínimo ($\alpha_{\text{mín}} = \theta$) en la Ecuación (1) de la corriente de carga $i_0(t)$ se anula el segundo sumando de esta ecuación, lo que significa que la respuesta de la corriente es una sinusoide pura y que viene expresada por la ecuación:

$$i_0(t) = \frac{\sqrt{2}\, U_s}{Z} \operatorname{sen}(\omega t - \theta) \tag{7}$$

Teniendo en cuenta que los parámetros del circuito son: $U_s = 230$ V, $Z = 5\ \Omega$ y $\theta = 53,13°$ se obtiene el siguiente valor instantáneo de la corriente de la carga:

$$i_0(t) = \frac{\sqrt{2} \cdot 230}{5} \operatorname{sen}(\omega t - 53,13°) = 65,05 \operatorname{sen}(\omega t - 53,13°) \tag{8}$$

es decir, la *corriente eficaz de la carga* será la máxima posible y tiene un valor:

$$I_{0,\text{máx}} = \frac{U_s}{Z} = \frac{230}{5} = 46\ \text{A} = I_s \tag{9}$$

y la potencia correspondiente (que es la máxima posible) vale:

$$P_{0,\text{máx}} = R I_{0,\text{máx}}^2 = 3 \cdot 46^2 = 6348\ \text{W} \tag{10}$$

c) El factor de potencia en el caso anterior es el cociente entre la potencia activa o disipada (10) y la potencia aparente entregada por la fuente, por lo que resulta:

$$\lambda = \frac{P_{0,\text{máx}}}{S} = \frac{P_{0,\text{máx}}}{U_s I_s} = \frac{6348}{230 \cdot 46} = 0,6 \tag{11}$$

5.5. Un regulador de c.a. monofásico equipado con triac alimenta una impedancia de carga de valor $\underline{Z}_{\text{L}} = 5 + j5\sqrt{3}\ \Omega$. Si el ángulo de encendido del triac es $\alpha = 120°$, calcular:

a) El ángulo de conducción δ del triac.

b) El ángulo de extinción β de la corriente.

Solución

a) En primer lugar la impedancia compleja de la carga a la frecuencia de red es:

$$\underline{Z} = R + jX = 5 + j5\sqrt{3} = 10\angle 60°\ \Omega \quad \Rightarrow \quad Z = 10\ \Omega\ ;\ \theta = 60°\ (1,047\ \text{rad}) \tag{1}$$

Como se ha señalado en el Problema 5.4, sabemos que en un circuito inductivo la corriente de carga viene expresada por la ecuación general:

$$i_0\left(t\right)=\frac{\sqrt{2}\,U_s}{Z}\left[\operatorname{sen}\left(\omega t-\theta\right)-e^{-\left(\omega t-\alpha\right)/\operatorname{tg}\theta}\operatorname{sen}\left(\alpha-\theta\right)\right] \tag{2}$$

En la ecuación anterior U_s representa el valor eficaz de la tensión de la red, Z es el módulo de la impedancia de carga y θ el argumento de la misma. Hay que tener en cuenta, según se apreciaba en la Figura 5.3d del Problema 5.4, que la corriente de salida i_0 se anula, tanto para $\omega t = \alpha$ como para $\omega t = \beta$, donde β representa el *ángulo de extinción* del triac. Se observa en la Ecuación (2) que la primera condición anterior ya se cumple, pero falta aplicar la segunda condición a la expresión general (2), lo que da lugar a la siguiente ecuación:

$$\operatorname{sen}\left(\beta-\theta\right)=e^{-\left(\beta-\alpha\right)/\operatorname{tg}\theta}\operatorname{sen}\left(\alpha-\theta\right) \tag{3}$$

La expresión anterior se puede escribir en función del *ángulo de conducción* δ, que es igual a $\beta-\alpha$, por lo que si se sustituye β por $\delta+\alpha$ y se opera el resultado se obtiene la ecuación:

$$\frac{\operatorname{sen}\delta}{e^{-\delta/\operatorname{tg}\theta}-\cos\delta}=\operatorname{tg}\left(\alpha-\theta\right) \tag{4}$$

Teniendo en cuenta que en este problema se cumple que $\operatorname{tg}\theta=\operatorname{tg}60°=1{,}732$ y $\alpha=120°$, al sustituir en (4) resulta:

$$\frac{\operatorname{sen}\delta}{e^{-\delta/1,732}-\cos\delta}=\operatorname{tg}\left(120°-60°\right)=1{,}732 \;\Rightarrow\; \operatorname{sen}\delta=1{,}732\left(e^{-\delta/1,732}-\cos\delta\right) \tag{5}$$

que es una ecuación trascendente que se va resolver con el software MATLAB de acuerdo con las sentencias siguientes:

Resolución con MATLAB®

```
>> f = @(delta)[sin(delta)+1.732*cos(delta)-1.732*exp(-delta/1.732)
0.]; % Se escribe la Ecuación (5)pasando todos los sumandos al primer
miembro.
>> delta0 = [2.0]; % Se fija un valor de inicio para el cálculo del
argumento alfa.
>> fsolve(f,delta0) % Se resuelve la ecuación y se calcula el tiempo
para el cual se anula la corriente.
```

y se obtiene el resultado siguiente:

```
delta = 1.7792
```

es decir, se deduce que ángulo de conducción es $\delta \approx 1{,}78$ radianes (102°), que es la solución que se buscaba.

b) Como quiera que el ángulo de extinción es a $\beta=\delta+\alpha$, resulta:

$$\beta = \delta + \alpha = 102° + 120° = 222° \tag{6}$$

que es el ángulo que se solicitaba en el enunciado de este problema.

5.6. Un regulador de c.a. monofásica equipado con triac alimenta una impedancia de carga de valor $\underline{Z}_L = 3 + j4\ \Omega$. La tensión eficaz de la red es de 200 V. Si el ángulo de encendido del triac es $\alpha = 70°$, calcular:

a)   El ángulo de extinción β de la corriente.

b)   La tensión eficaz en la impedancia de carga.

c)   La corriente eficaz en la impedancia de carga.

d)   La potencia activa en la carga.

e)   El f.d.p. del circuito.

Solución

a) En primer lugar la impedancia compleja de la carga a la frecuencia de red es:

$$\underline{Z}_L = R + jX = 3 + j4 = 5\angle 53{,}13°\ \Omega \;\Rightarrow\; Z = 5\ \Omega \;;\; \theta = 53{,}13°\ (0{,}927\ \text{rad}) \tag{1}$$

Como se ha señalado en el Problema 5.4, sabemos que en un circuito inductivo la corriente de carga viene expresada por la ecuación general:

$$i_0(t) = \frac{\sqrt{2}\ U_s}{Z}\left[\operatorname{sen}(\omega t - \theta) - e^{-(\omega t - \alpha)/\operatorname{tg}\theta}\operatorname{sen}(\alpha - \theta)\right] \tag{2}$$

En la ecuación anterior U_s representa el valor eficaz de la tensión de la red, Z es el módulo de la impedancia de carga y θ el argumento de la misma. Hay que tener en cuenta, según se apreciaba en la Figura 5.3d del Problema 5.4, que la corriente de salida i_0 se anula, tanto para $\omega t = \alpha$ como para $\omega t = \beta$, donde β representa el *ángulo de extinción* del triac. Se observa en la Ecuación (2) que la primera condición anterior ya se cumple, pero falta aplicar la segunda condición a la expresión general (2), lo que da lugar a la siguiente ecuación:

$$\operatorname{sen}(\beta - \theta) - e^{-(\beta - \alpha)/\operatorname{tg}\theta}\operatorname{sen}(\alpha - \theta) \tag{3}$$

La expresión anterior se puede escribir en función del *ángulo de conducción* δ que es igual a $\beta - \alpha$, por lo que si se sustituye β por $\delta + \alpha$ y se opera el resultado se obtiene la ecuación:

$$\frac{\operatorname{sen}\delta}{e^{-\delta/\operatorname{tg}\theta} - \cos\delta} = \operatorname{tg}(\alpha - \theta) \tag{4}$$

Teniendo en cuenta que en este problema se cumple que: $\text{tg}\,\theta = \text{tg}\,53,13° = 1,333$, $\alpha = 70°$, al sustituir en (4) resulta:

$$\frac{\text{sen}\,\delta}{e^{-\delta/1,333} - \cos\delta} = \text{tg}\,(70° - 53,13°) = 0,303 \;\Rightarrow\; \text{sen}\,\delta = 0,303\left(e^{-\delta/1,333} - \cos\delta\right) \tag{5}$$

que es una ecuación trascendente que se va resolver con el software MATLAB de acuerdo con las sentencias siguientes:

Resolución con MATLAB®

```
>> f = @(delta)[sin(delta)+0.303*cos(delta)-0.333*exp(-delta/1.333)
0.]; % Se escribe la Ecuación (5) pasando todos los sumandos al
primer miembro.
>> delta0 = [2.5]; % Se fija un valor de inicio para el cálculo del
argumento alfa.
>> fsolve (f,delta0) % Se resuelve la ecuación y se calcula el
argumento delta del ángulo de conducción.
```

y se obtiene el resultado siguiente:

```
delta = 2.8086
```

es decir se tiene que ángulo de conducción es $\delta \approx 2,81$ radianes (161°) y como quiera que el ángulo de extinción es a $\beta = \delta + \alpha$, resulta:

$$\beta = \delta + \alpha = 161° + 70° = 231° \;(4,032\text{ rad}) \tag{6}$$

que es el ángulo que se solicitaba en el enunciado de este problema.

b) La tensión eficaz en la carga se deduce de la expresión:

$$U_0 = \sqrt{\frac{1}{\pi}\int_{\alpha}^{\beta}\left(\sqrt{2}U_s\,\text{sen}\,\omega t\right)^2 \text{d}(\omega t)} = U_s\sqrt{\frac{\beta - \alpha}{\pi} + \frac{\text{sen}\,2\alpha}{2\pi} - \frac{\text{sen}\,2\beta}{2\pi}} \tag{7}$$

Teniendo en cuenta que $U_s = 200$ V, $\beta = 231°$ (4,032 rad) y $\alpha = 70°$ (1,222 rad), al sustituir en (7) se tiene:

$$U_0 = 200\sqrt{\frac{4,032 - 1,222}{\pi} + \frac{\text{sen}\,140°}{2\pi} - \frac{\text{sen}\,462°}{2\pi}} = 183,4\text{ V} \tag{8}$$

c) La corriente eficaz de la carga se obtiene de la expresión:

$$I_0 = \sqrt{\frac{1}{\pi}\int_{\alpha}^{\beta}\left(\frac{\sqrt{2}\,U_s}{Z}\right)^2\left[\text{sen}\,(\omega t - \theta) - e^{-(\omega t - \alpha)/\text{tg}\,\theta}\,\text{sen}\,(\alpha - \theta)\right]^2 \text{d}(\omega t)} \tag{9}$$

que al sustituir valores nos da:

$$I_0 = \sqrt{\frac{1}{\pi} \int_{1,222}^{4,032} \left(\frac{\sqrt{2} \cdot 200}{5}\right)^2 \left[\text{sen}\left(\omega t - 0,927\right) - e^{-(\omega t - 1,222)/1,333} \text{sen}\left(70° - 53,13°\right) \right]^2 d\left(\omega t\right)} \quad (10)$$

es decir:

$$I_0 = \sqrt{\frac{1}{\pi} \int_{1,222}^{4,032} 3200 \left[\text{sen}\left(\omega t - 0,927\right) - 0,725 \cdot e^{-0,75\omega t} \right]^2 d\left(\omega t\right)} \quad (11)$$

que es una ecuación que se va resolver con el software MATLAB de acuerdo con las sentencias siguientes:

Resolución con MATLAB®

```
>> i2 = @(gamma)(sin(gamma-0.927)-0.725*exp(-0.75*gamma)).^2; % Se
escribe la parte entre corchetes de la expresión de la corriente
(11). Nota: es importante colocar el punto final antes de elevar al
cuadrado.
>> I0 = sqrt(3200*(integral(i2,1.222,4.032)/pi)) % Se calcula la raíz
cuadrada de la integral del producto de la constante 3200 por la
corriente anterior al cuadrado con los límites de integración 1.222
a 4.032 y dividido por π.
```

y se obtiene el resultado siguiente:

```
I0 = 34.0424
```

es decir la corriente eficaz en la carga tiene un valor aproximado $I_0 = 34,04$ A.

d) La potencia activa o disipada en la carga vale:

$$P_0 = RI_0^2 = 3 \cdot 34,04^2 \approx 3476 \text{ W} \quad (12)$$

e) El factor de potencia del circuito es:

$$\lambda = \frac{P_0}{U_s I_s} = \frac{3476}{200 \cdot 34,04} \approx 0,51 \quad (13)$$

Sin embargo, el f.d.p. de la carga es cos θ = cos 53,13° = 0,6.

5.7. Un regulador de c.a. monofásica equipado con triac alimenta una impedancia de carga de valor: $\underline{Z}_L = 10 + j10$ Ω. La tensión eficaz de la red es de 200 V. Si el ángulo de encendido del triac α varía en el rango comprendido entre 60° y 120°. Calcular:

   a) El rango correspondiente de los ángulos de conducción δ y de extinción β del triac.

b) El rango correspondiente de la corriente eficaz que atraviesa el circuito.

c) El rango de la potencia activa absorbida por la carga.

d) El valor del ángulo de encendido α del triac para que la carga absorba una potencia activa de 500 W

Solución

a) En primer lugar la impedancia compleja de la carga a la frecuencia de red es:

$$\underline{Z}_L = R + jX = 10 + j10 = 14,142\angle 45° \ \Omega \ \Rightarrow \ Z = 14,142 \ \Omega \ ; \ \theta = 45° \ (0,785 \ \text{rad}) \tag{1}$$

Como quiera que en un circuito inductivo la corriente de carga viene expresada por la ecuación general:

$$i_0(t) = \frac{\sqrt{2}\,U_s}{Z}\left[\operatorname{sen}(\omega t - \theta) - e^{-(\omega t - \alpha)/\operatorname{tg}\theta}\operatorname{sen}(\alpha - \theta)\right] \tag{2}$$

En la ecuación anterior, U_s representa el valor eficaz de la tensión de la red, Z es el módulo de la impedancia de carga y θ el argumento de la misma. Debe recordarse que la corriente anterior se debe anular para $\omega t = \beta$, donde β representa el *ángulo de extinción* del triac, por lo que de la Ecuación (2) se deduce:

$$\operatorname{sen}(\beta - \theta) = e^{-(\beta - \alpha)/\operatorname{tg}\theta}\operatorname{sen}(\alpha - \theta) \tag{3}$$

La expresión anterior se puede escribir en función del *ángulo de conducción* δ que es igual a $\beta-\alpha$, por lo que si se sustituye β por $\delta+\alpha$ y se opera el resultado se obtiene la ecuación:

$$\frac{\operatorname{sen}\delta}{e^{-\delta/\operatorname{tg}\theta} - \cos\delta} = \operatorname{tg}(\alpha - \theta) \tag{4}$$

Teniendo en cuenta que en este problema se cumple que: $\operatorname{tg}\theta = \operatorname{tg}45° = 1$, para el primer ángulo de encendido $\alpha = 60°$, la Ecuación (4) nos da:

$$\frac{\operatorname{sen}\delta}{e^{-\delta} - \cos\delta} = \operatorname{tg}(60° - 45°) = 0,268 \ \Rightarrow \ \operatorname{sen}\delta = 0,268\left(e^{-\delta} - \cos\delta\right) \tag{5}$$

que es una ecuación trascendente que se va resolver con el software MATLAB de acuerdo con las sentencias siguientes:

Resolución con MATLAB®

```
>> f = @(delta)[sin(delta)+0.268*cos(delta)-0.268*exp(-delta) 0.]; %
Se escribe la Ecuación (5) pasando todos los sumandos al primer
miembro.
```

```
>> delta0 = [2.5]; % Se fija un valor de inicio para el cálculo del
argumento alfa.
>> fsolve (f,delta0) % Se resuelve la ecuación y se calcula el
argumento delta del ángulo de conducción.
```

y se obtiene el resultado siguiente:

```
delta = 2.8650
```

es decir se tiene que ángulo de conducción es δ = 2,865 radianes (164,15°) y como quiera que el ángulo de extinción es a $\beta=\delta+\alpha$, resulta:

$$\beta = \delta + \alpha = 164{,}15° + 60° = 224{,}15° \ (3{,}91 \ \text{rad}) \tag{6}$$

que es el ángulo de extinción del triac cuando el ángulo de encendido es $\alpha = 60°$.

Por otra parte, cuando el ángulo de encendido es $\alpha = 120°$, la condición (4) nos da:

$$\frac{\operatorname{sen}\delta}{e^{-\delta} - \cos\delta} = \operatorname{tg}(120° - 45°) = 3{,}732 \tag{7}$$

Resolviendo esta ecuación en MATLAB de una forma similar a la anterior se obtiene el siguiente resultado:

$$\delta = 1{,}6451 \ \text{radianes} \ (\approx 94{,}3°)$$

y como quiera que el ángulo de extinción es a $\beta = \delta + \alpha$, resulta:

$$\beta = \delta + \alpha = 94{,}3° + 120° = 214{,}3° \ (3{,}74 \ \text{rad}) \tag{8}$$

que corresponde al ángulo de extinción del triac cuando el ángulo de encendido es $\alpha = 120°$.

En resumen y de acuerdo con estos resultados, el rango de los ángulos de conducción del triac δ varía entre 164,15° (2,865 radianes) cuando el ángulo de encendido del triac es de 60°, hasta 94,3° (1,645 radianes) para un ángulo de encendido de 120°. Mientras que el rango de los ángulos de extinción β varía entre 224,15° (3,91 radianes) para un ángulo de encendido de 60°, hasta 214,3° (3,74 radianes) cuando el ángulo de encendido es de 120°.

b) La corriente eficaz de la carga se obtiene de la expresión:

$$I_0 = \sqrt{\frac{1}{\pi}\int_{\alpha}^{\beta} \left(\frac{\sqrt{2}\ U_s}{Z}\right)^2 \left[\operatorname{sen}(\omega t - \theta) - e^{-(\omega t - \alpha)/\operatorname{tg}\theta}\operatorname{sen}(\alpha - \theta)\right]^2 d(\omega t)} \tag{9}$$

Como quiera que el argumento de la carga es $\theta = 45°$ (0,785 rad) y cuando el ángulo de encendido es $\alpha = 60°$ (1,047 rad) que corresponde según el apartado anterior a un valor de $\beta = 224,15°$ (3,91 rad), la ecuación anterior nos da:

$$I_0 = \sqrt{\frac{1}{\pi} \int_{1,047}^{3,91} \left(\frac{\sqrt{2} \cdot 200}{14,142}\right)^2 \left[\operatorname{sen}\left(\omega t - 0,785\right) - e^{-(\omega t - 1,047)/1}\operatorname{sen}\left(60° - 45°\right)\right]^2 d\left(\omega t\right)} \qquad (10)$$

es decir:

$$I_0 = \sqrt{\frac{1}{\pi} \int_{1,047}^{3,91} 400 \left[\operatorname{sen}\left(\omega t - 0,785\right) - 0,7373 \cdot e^{-\omega t}\right]^2 d\left(\omega t\right)} \qquad (11)$$

que es una ecuación que se va resolver con el software MATLAB, de acuerdo con las sentencias siguientes:

Resolución con MATLAB®

```
>>i2 = @(gamma)(sin(gamma-0.785)-0.7373*exp(-gamma)).^2; % Se es-
cribe la expresión del término entre corchetes de la corriente (11).
Nota: es importante colocar el punto final antes de elevar al cua-
drado.
>> I0 = sqrt(400*(integral(i2,1.047,3.91)/pi)) % Se calcula la raíz
cuadrada de la integral del producto de la constante 400 por la
corriente anterior al cuadrado con los límites de integración 1.047
a 3.91 y dividido por π.
```

y se obtiene el resultado siguiente:

```
I0 = 12.6999
```

es decir la corriente eficaz en la carga tiene un valor aproximado $I_0 = 12,7$ A, cuando el ángulo de encendido es $\alpha = 60°$. Y cuando el ángulo de encendido tiene el límite superior de $\alpha = 120°$ (2,094 rad), sabemos entonces del apartado anterior que $\beta = 214,3°$ (3,74 rad) y la Ecuación (9) se transforma ahora en:

$$I_0 = \sqrt{\frac{1}{\pi} \int_{2,094}^{3,74} 400 \left[\operatorname{sen}\left(\omega t - 0,785\right) - e^{-(\omega t - 2,094)/1}\operatorname{sen}\left(120° - 45°\right)\right]^2 d\left(\omega t\right)} \qquad (12)$$

esto es:

$$I_0 = \sqrt{\frac{1}{\pi} \int_{2,094}^{3,74} 400 \left[\operatorname{sen}\left(\omega t - 0,785\right) - 7,841 e^{-\omega t}\right]^2 d\left(\omega t\right)} \qquad (13)$$

Al resolver esta integral en MATLAB de forma similar a la anterior se obtiene un valor eficaz de la corriente de carga $I_0 \approx 4,47$ A, para este límite del ángulo de encendido de $\alpha = 120°$.

Por tanto, el rango de las corrientes eficaces en la carga varía entre 4,47 A para un ángulo de encendido del triac de 120°, hasta 12,7 A para un ángulo de encendido de 60°.

c) La potencia activa cuando el ángulo de encendido es $\alpha = 60°$, para el cual la corriente eficaz de la carga es según el apartado anterior igual a 12,7 A es:

$$P_0 = RI_0^2 = 10 \cdot 12,7^2 \approx 1613 \text{ W} \qquad (14)$$

Cuando el ángulo de encendido es $\alpha = 120°$, para el cual la corriente eficaz de la carga es según el apartado anterior igual a 4,47 A, la potencia activa absorbida por la carga es:

$$P_0 = RI_0^2 = 10 \cdot 4,47^2 \approx 200 \text{ W} \qquad (15)$$

es decir el rango de potencias en la carga varía entre 200 W, para un ángulo de encendido del triac de 120°, hasta 1613 W para un ángulo de encendido de 60°.

d) Si la potencia activa absorbida por la carga es de 500 W, entonces el valor de la corriente eficaz debe ser:

$$P_0 = RI_0^2 = 500 \text{ W} \Rightarrow I_0 = \sqrt{\frac{P_0}{R}} = \sqrt{\frac{500}{10}} = 7,07 \text{ A} \qquad (16)$$

El cálculo del ángulo de encendido correspondiente a esta corriente requiere un poco de reflexión. Téngase en cuenta que el rango de corrientes varía entre 4,47 A, para un ángulo de encendido del triac de 120°, hasta 12,7 A para un ángulo de encendido de 60° y los rangos correspondientes de los ángulos de extinción varían entre 224,15° (3,91 radianes) para un ángulo de encendido de 60°, hasta 214,3° (3,74 radianes) cuando el ángulo de encendido es de 120°. Evidentemente, cuando la potencia activa es de 500 W, para la cual la corriente eficaz es según (16) igual a 7,07 A se tendrá un ángulo de encendido comprendido entre 60° y 120°, pero de acuerdo con la Expresión (9) de la corriente eficaz y que se repite a continuación:

$$I_0 = \sqrt{\frac{1}{\pi} \int_\alpha^\beta \left(\frac{\sqrt{2}\,U_s}{Z}\right)^2 \left[\operatorname{sen}(\omega t - \theta) - e^{-(\omega t - \alpha)/\operatorname{tg}\theta} \operatorname{sen}(\alpha - \theta)\right]^2 d(\omega t)} \qquad (17)$$

es decir:

$$I_0 = \sqrt{\frac{1}{\pi} \int_\alpha^\beta 400 \left[\operatorname{sen}(\omega t - 0,785) - e^{-(\omega t - \alpha)} \operatorname{sen}(\alpha - 45°)\right]^2 d(\omega t)} \qquad (18)$$

De acuerdo con esta ecuación el valor de la corriente, no solamente depende del ángulo de encendido α sino también del ángulo de extinción β, pero por otra parte este último ángulo debe cumplir la Ecuación (4) y que se repite a continuación:

$$\frac{\text{sen}\,\delta}{e^{-\delta/\text{tg}\,\theta} - \cos\delta} = \text{tg}(\alpha - \theta) \quad \Rightarrow \quad \frac{\text{sen}\,\delta}{e^{-\delta} - \cos\delta} = \text{tg}(\alpha - 45°) \tag{19}$$

Es por ello que la solución a este apartado no es obvia y requiere preparar un programa de ordenador específico, pero aquí se va a recurrir a un ensayo de prueba y error. Por ejemplo si se elige un ángulo $\alpha = 100°$ (1,745 radianes) y teniendo en cuenta que $\theta = 45°$ (0,785 radianes), las Ecuaciones (19) y (18) programadas en MATLAB para calcular la corriente eficaz son las siguientes:

Resolución con MATLAB®

```
>> alfa = 1.745; m = tan(alfa-0.785); % a) Se fija el valor inicial
de prueba del ángulo de encendido alfa; b)Se calcula el segundo
miembro de (19) donde se ha tenido en cuenta que 45° es 0,785 radia-
nes.
>> f = @(delta)[sin(delta)+m*cos(delta)-m*exp(-delta) 0.]; % Se es-
cribe la Ecuación (19).
>> delta0 = [2.0]; % Se fija un valor de inicio para el cálculo del
argumento alfa.
>> delta = fsolve (f,delta0); % Se resuelve la Ecuación (19) y se
calcula el argumento delta del ángulo de conducción.
>> beta = delta +alfa; n = sin(alfa-0.785); % a) Se calcula el ángulo
de extinción beta. b) Se calcula el sen(alfa-45°).
>> i2 = @(gamma)(sin(gamma-0.785)-n*exp(alfa-gamma)).^2; % Se es-
cribe la expresión de la corriente (18). Nota: es importante colocar
el punto final antes de elevar al cuadrado.
>> I0 = sqrt(400*(integral(i2,alfa,beta)/pi)) % Se calcula la raíz
cuadrada de la integral de la corriente anterior al cuadrado con los
límites de integración alfa y beta y dividido por π.
```

y se obtiene el resultado siguiente:

```
I0 = 7.3416
```

El lector puede comprobar que cuando el ángulo de encendido es $\alpha = 101,8°$ (1,777 radianes), la corriente obtenida es de 7,0719 A y que es lo suficientemente aproximada al valor buscado de 7,07 A y el valor correspondiente del ángulo de extinción es $\beta = 218,73°$ (3,8176 radianes) y el ángulo de conducción correspondiente es $\delta = 116,92°$ (2,0406 radianes).

5.8. Se dispone de una red trifásica a tres hilos que tiene una tensión eficaz por fase (tensión simple) de 200 V y que mediante un regulador trifásico constituido por dos tiristores en antiparalelo por fase, alimenta una carga formada por tres resistencias iguales a 10 Ω y conectadas en estrella. Calcular el valor de la tensión eficaz (simple) en cada una de las resistencias de la carga cuando el ángulo de encendido de los tiristores es:

a) $\alpha = 30°$.

b) $\alpha = 80°$.

c) $\alpha = 120°$.

Solución

Teoría previa

Antes de resolver este problema es conveniente que el lector repase el Epígrafe 5.4 del libro de Accionamientos Eléctricos de los autores de este libro y que estudien con detalle la resolución del Ejemplo de aplicación 5.4 en el que se demuestran las expresiones utilizadas en la resolución de este problema. Los parámetros de este ejercicio son:

$$\text{Tensión eficaz de fase } U_s = 200 \text{ V; resistencia de carga } R = 10 \text{ } \Omega \qquad (1)$$

a) Cuando el ángulo de encendido de los tiristores colocados en antiparalelo es $\alpha = 30°$ (0,524 radianes) y que es un ángulo comprendido entre 0° y 60°, la expresión de la tensión simple que llega a las resistencias de carga conectadas en estrella viene expresada por la ecuación:

$$U_0 = U_s \sqrt{1 - \frac{3\alpha}{2\pi} + \frac{3}{4\pi} \operatorname{sen} 2\alpha} \qquad (2)$$

que al sustituir los parámetros del circuito nos da:

$$U_0 = 200 \sqrt{1 - \frac{3 \cdot 0,524}{2\pi} + \frac{3}{4\pi} \operatorname{sen} 60°} = 195,6 \text{ V} \qquad (3)$$

b) Cuando el ángulo de encendido de los tiristores colocados en antiparalelo es $\alpha = 80°$ (1,4 radianes) y que es un ángulo comprendido entre 60° y 90°, la expresión de la tensión simple que llega a las resistencias de carga conectadas en estrella viene expresada por la ecuación:

$$U_0 = U_s \sqrt{\frac{1}{2} + \frac{9}{8\pi} \operatorname{sen} 2\alpha + \frac{3\sqrt{3}}{8\pi} \cos 2\alpha} \qquad (4)$$

que al sustituir los parámetros del circuito nos da:

$$U_0 = U_s \sqrt{\frac{1}{2} + \frac{9}{8\pi} \operatorname{sen} 160° + \frac{3\sqrt{3}}{8\pi} \cos 160°} = 130,87 \text{ V} \qquad (5)$$

c) Cuando el ángulo de encendido de los tiristores colocados en antiparalelo es $\alpha = 120°$ (2,094 radianes) y que es un ángulo comprendido entre 90° y 150°, la expresión de la tensión simple que llega a las resistencias de carga conectadas en estrella viene expresada por la ecuación:

$$U_0 = U_s\sqrt{\frac{5}{4} - \frac{3\alpha}{2\pi} + \frac{3}{8\pi}\text{sen}2\alpha + \frac{3\sqrt{3}}{8\pi}\cos 2\alpha} \tag{6}$$

que al sustituir los parámetros del circuito nos da:

$$U_0 = U_s\sqrt{\frac{5}{4} - \frac{3\cdot 2{,}094}{2\pi} + \frac{3}{8\pi}\text{sen}240^\circ + \frac{3\sqrt{3}}{8\pi}\cos 240^\circ} = 41{,}95 \text{ V} \tag{7}$$

5.9. Se dispone de un regulador monofásico con triac con un tipo de control de ciclos completos que se conecta a una red monofásica de 200 V eficaces y alimenta una resistencia de carga de 10 Ω. Si se controla el triac para que tenga dos ciclos de conducción (*ON*), seguidos de dos ciclos de no conducción (*OFF*). Calcular:

a) La tensión y corriente eficaz en la carga.

b) La potencia activa absorbida por la carga.

c) El f.d.p. con el que trabaja el circuito.

d) El ángulo de encendido del triac para que se consuma la misma potencia activa en la resistencia de carga que con el regulador de ciclos completos si se emplea un regulador monofásico con control de fase.

Solución

Los datos de este problema son:

$$\text{Tensión eficaz de la red } U_s = 200 \text{ V; resistencia de carga } R = 10 \text{ }\Omega; \\ \text{ciclos } ON\text{: } n = 2\text{; ciclos } OFF\text{; } m = 2 \tag{1}$$

a) De acuerdo con los datos anteriores, la tensión eficaz en la carga se calcula con la expresión:

$$U_0 = U_s\sqrt{\frac{n}{n+m}} = 200\sqrt{\frac{2}{2+2}} = \frac{200}{\sqrt{2}} = 141{,}42 \text{ V} \tag{2}$$

y la corriente eficaz será:

$$I_0 = \frac{U_0}{R} = \frac{141{,}42}{10} = 14{,}142 \text{ A} \tag{3}$$

b) De acuerdo con el resultado (3), la potencia activa que absorbe la carga es:

$$P_0 = RI_0^2 = 10\cdot 14{,}142^2 = 2000 \text{ W} \tag{4}$$

c) El factor de potencia con el que trabaja el circuito es:

$$\lambda = \frac{P_0}{U_s I_s} = \frac{P_0}{U_s I_0} = \frac{2000}{200 \cdot 14{,}142} = 0{,}707 \tag{5}$$

d) Si se utiliza un regulador monofásico con control de fase para que produzca la misma potencia activa, la tensión que debe tener la carga es la misma que la calculada en el aparatado a) y sabemos que esta tensión en un sistema resistivo con control de fase, la tensión viene definida por la ecuación:

$$U_0 = U_s \sqrt{1 - \frac{\alpha}{\pi} + \frac{\text{sen} 2\alpha}{2\pi}} \Rightarrow 141{,}42 = 200 \sqrt{1 - \frac{\alpha}{\pi} + \frac{\text{sen} 2\alpha}{2\pi}} \tag{6}$$

de donde se deduce:

$$\left(\frac{141{,}42}{200}\right)^2 = 0{,}5 = 1 - \frac{\alpha}{\pi} + \frac{\text{sen} 2\alpha}{2\pi} \Rightarrow \alpha + \frac{\text{sen} 2\alpha}{2} = \frac{\pi}{2} \tag{7}$$

cuya solución es $\alpha = \pi/2 = 90°$.

5.10. Se dispone de un regulador monofásico con triac con un tipo de control de ciclos completos que se conecta a una red monofásica de 500 V eficaces y alimenta una resistencia de carga cuya potencia disipada se desea que varíe entre 5 kW y 25 kW de 10 Ω.

   a) Comprobar que la máxima potencia deseada de 25 kW, se obtiene con un paso continuo de los ciclos de la red a la carga (es decir, con $m = 0$ y en esta situación el circuito funciona en régimen permanente sinusoidal) y determinar la corriente eficaz que circula por la resistencia de carga.

   b) Si el número de ciclos de conducción (*ON*) es $n = 5$, calcular el número de ciclos en que debe permanecer abierto el triac (desconexión) para que se obtenga la potencia mínima deseada de 5 kW.

Solución

Los datos de este problema son:

Tensión eficaz de la red $U_s = 500$ V; resistencia de carga $R = 10$ Ω;   (1)
rango de potencias: 5 kW a 25 kW

a) Si $m = 0$, significa que no hay ciclos de desconexión (*OFF*) y solamente se tiene un paso continuo de ciclos de conducción (*ON*) y de este modo la tensión eficaz en la carga es:

$$U_0 = U_s \sqrt{\frac{n}{n+m}} = 500 \sqrt{\frac{n}{n}} = 500 \text{ V} \tag{2}$$

y la corriente eficaz sería:

$$I_0 = \frac{U_0}{R} = \frac{500}{10} = 50 \text{ A} \tag{3}$$

por lo que la potencia máxima que se genera en la carga en esta situación es:

$$P_0 = RI_0^2 = 10 \cdot 50^2 = 25000 \text{ W} = 25 \text{ kW} \tag{4}$$

b) b) Si el regulador trabaja con $n = 5$ ciclos de conducción (*ON*) y *m* ciclos de descone-xión (*OFF*) y cuyo valor es desconocido, se tiene un valor de la tensión y de la potencia disipada en la resistencia que responden a las expresiones siguientes:

$$U_0 = U_s\sqrt{\frac{n}{n+m}} = 500\sqrt{\frac{5}{5+m}} \implies P_0 = \frac{U_0^2}{R} = \frac{500^2}{10} \cdot \frac{5}{5+m} = \frac{125000}{5+m} \tag{5}$$

Como esta potencia debe ser igual a 5 kW, de la última Ecuación (5) se obtiene:

$$\frac{125000}{5+m} = 5000 \implies 5+m = \frac{125000}{5000} = 25 \implies m = 20 \tag{6}$$

es decir, el triac debe cerrar (*ON*) durante 5 ciclos y debe abrir (*OFF*) durante 20 ciclos.

6

Generalidades sobre accionamientos eléctricos

6.1. Se dispone de un motor eléctrico que tiene una respuesta par-velocidad lineal de acuerdo con la expresión: $T = 800 - \Omega$, donde el par T se mide en N · m y la velocidad angular Ω en rad/s. Este motor mueve una carga cuyo par resistente sigue la ley cuadrática siguiente: $T_r = 100 + 0,06\Omega^2$ y que se expresa en las mismas unidades anteriores. La inercia de los elementos de rotación es $J = 1$ kg · m². Calcular:

a) La estabilidad de la combinación motor-carga.

b) b)La expresión de la evolución de la velocidad angular de rotación del grupo con el tiempo.

c) c) La velocidad de régimen permanente del grupo.

d) El tiempo para el cual el equipo alcanza el 95 % de la velocidad permanente.

Sugerencia. Para resolver la ecuación diferencial de primer orden de comportamiento del grupo (apartado b) se aconseja utilizar la función *dsolve* del programa MATLAB.

Solución

a) Para comprobar la estabilidad del conjunto motor-carga, vamos a calcular las derivadas de los pares motor y resistente respecto a la velocidad. Y así se tiene:

$$\frac{\mathrm{d}T}{\mathrm{d}\Omega} = \frac{\mathrm{d}(800-\Omega)}{\mathrm{d}\Omega} = -1 \quad ; \quad \frac{\mathrm{d}T_r}{\mathrm{d}\Omega} = \frac{\mathrm{d}(100+0,06\Omega^2)}{\mathrm{d}\Omega} = 0,12\ \Omega \tag{1}$$

El conjunto es estable ya que para cualquier valor de la velocidad Ω se cumple siempre la siguiente desigualdad:

$$\frac{\mathrm{d}T_r}{\mathrm{d}\Omega} > \frac{\mathrm{d}T}{\mathrm{d}\Omega} \qquad \text{puesto que siempre se cumple que } 0,12\ \Omega > -1 \tag{2}$$

b) La ecuación dinámica del conjunto motor-carga, es la siguiente:

$$T - T_r = J\frac{\mathrm{d}\Omega}{\mathrm{d}t} \quad \Rightarrow \quad 800 - \Omega - 100 - 0,06\Omega^2 = 1\cdot\frac{\mathrm{d}\Omega}{\mathrm{d}t} \tag{3}$$

de donde se deduce:

$$\frac{\mathrm{d}\Omega}{\mathrm{d}t} = -0,06\Omega^2 - \Omega + 700 \tag{4}$$

Esta ecuación diferencial se va a resolver en MATLAB, llamando $y = \Omega$, con la sentencia siguiente:

Resolución con MATLAB®

```
>> y = dsolve('Dy = -0.06*y^2-y + 700','y(0) = 0'); % Se escribe la
ecuación diferencial (4) con el valor inicial y = 0.
>> simplify(y) % Instrucción para simplificar el resultado.
```

y se obtiene el resultado siguiente:

```
y = (700*exp(13*t) - 700)/(7*exp(13*t) + 6)
```

que teniendo en cuenta que $y = \Omega$ corresponde a la expresión:

$$\Omega = \frac{700e^{13t} - 700}{7e^{13t} + 6} \tag{5}$$

c) De acuerdo con el resultado (5), la velocidad de régimen permanente del grupo es el valor que adquiere cuando el tiempo tiende a infinito, lo que da el siguiente resultado:

$$\Omega(\text{permanente}) = \lim_{t\to\infty} \frac{700e^{13t} - 700}{7e^{13t} + 6} = \frac{700}{7} = 100 \text{ rad/s} \tag{6}$$

d) El tiempo para el cual el equipo alcanza el 95 % de la velocidad permanente se obtiene a partir de (5) de la forma siguiente:

$$\Omega = 95\% \cdot 100 = 95 = \frac{700e^{13t} - 700}{7e^{13t} + 6} \tag{7}$$

que operando da lugar a la siguiente ecuación:

$$665e^{13t} + 570 = 700e^{13t} - 700 \ \Rightarrow \ 35e^{13t} = 1270 \ \Rightarrow \ 13t = \ln\frac{1270}{35} \ \Rightarrow \ t = 0,276 \text{ s} \quad (8)$$

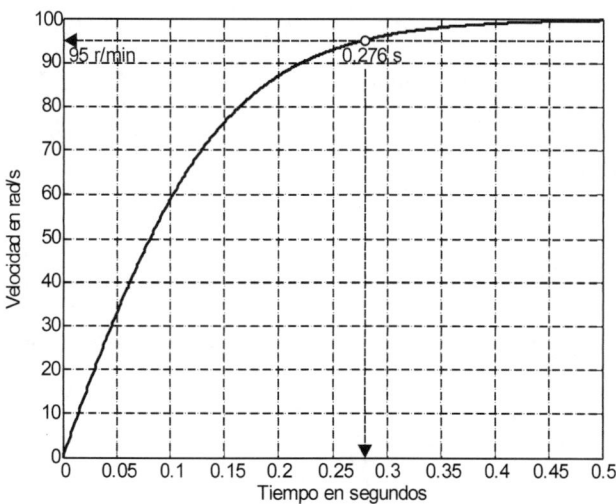

Figura 6.1

Es instructivo dibujar la curva de evolución de la velocidad. Para ello se utiliza el software MATLAB con las siguientes sentencias:

Resolución con MATLAB®

```
>> t = 0:0.001:0.5; % Definición del tiempo de la representación y
que es entre 0 y 0.4 segundos y a intervalos de 1 ms.
>> omega = (700*exp(13*t)-700)./(7*exp(13*t) + 6); % expresión de la
ecuación matemática de la velocidad (5). Es importante poner el punto
al final del numerador.
>> plot(t,omega,'linewidth',2);grid % Así se dibuja la evolución de
la velocidad con el tiempo. Se ha utilizado un espesor de la línea
de tamaño 2 para que se destaque la respuesta temporal de la velo-
cidad. Se ha añadido una rejilla (sentencia grid) para apreciar los
detalles de la onda y su variación con el tiempo.
>> xlabel('Tiempo en segundos'),ylabel('Velocidad en rad/s') % Se
ponen etiquetas en los ejes del gráfico.
```

De acuerdo con estas sentencias en MATLAB se obtiene el gráfico de la Figura 6.1 (debe advertirse que se han añadido datos de tiempos con un programa de dibujo para completar la información). De hecho se puede comprobar en este grafico que la velocidad de régimen permanente es de 100 rad/s y que se alcanza la velocidad del 95 % de la anterior, es decir de 95 r/min en el tiempo de 0,276 segundos y que se había calculado previamente en (8).

6.2. Un motor eléctrico tiene una respuesta par-velocidad definida por la ecuación: $T = 800 - 0,01\,\Omega^2$, donde el par T se expresa en N $\cdot$ m y la velocidad angular Ω en rad/s. Este motor mueve una carga tipo ventilador cuyo par resistente es de la forma $T_r = 0,01\Omega^2$ y que se expresa en las mismas unidades anteriores. La inercia de los elementos de rotación es $J = 2$ kg $\cdot$ m^2. Calcular:

a) La expresión instantánea de la velocidad angular del grupo.

b) La velocidad de régimen permanente del grupo y potencia mecánica desarrollada.

c) El tiempo para el cual el grupo alcanza el 90 % de la velocidad permanente.

Solución

a) La ecuación dinámica del conjunto motor-carga ventilador, es la siguiente:

$$T - T_r = J\frac{d\Omega}{dt} \quad \Rightarrow \quad 800 - 0,01\,\Omega^2 - 0,01\,\Omega^2 = 2 \cdot \frac{d\Omega}{dt} \tag{1}$$

de donde se deduce:

$$\frac{d\Omega}{dt} = 400 - 0,01\,\Omega^2 \tag{2}$$

Esta ecuación diferencial se va a resolver en MATLAB, llamando $y = \Omega$, con la sentencia siguiente:

Resolución con MATLAB®

```
>> y = dsolve('Dy = -0.01*y^2 + 400','y(0) = 0'); % Se escribe la
ecuación diferencial (2)y con el valor inicial 0.
>> simplify(y) % Instrucción para simplificar el resultado.
```

y se obtiene el resultado siguiente:

```
-(200*(exp(-4*t) - 1))/(exp(-4*t) + 1)
```

que expresado en forma más reconocible (sabiendo que $y = \Omega$) es:

$$\Omega(t) = -200\frac{e^{-4t} - 1}{e^{-4t} + 1} \tag{3}$$

b) De acuerdo con el resultado (3), la velocidad de régimen permanente del grupo es el valor que adquiere cuando el tiempo tiende a infinito, lo que da el siguiente resultado:

$$\Omega(\text{permanente}) = \lim_{t \to \infty} -200\frac{e^{-4t} - 1}{e^{-4t} + 1} = -200\frac{-1}{1} = 200 \text{ rad/s} \tag{4}$$

Como el par resistente de la carga a esta velocidad vale:

$$T = 0,01 \cdot \Omega^2 = 0.01 \cdot 200^2 = 400 \text{ N} \cdot \text{m} \tag{5}$$

la potencia mecánica desarrollada es:

$$P = T \cdot \Omega = 400 \cdot 200 = 80 \text{ kW} \tag{6}$$

c) El tiempo para el cual el equipo alcanza el 90 % de la velocidad permanente se obtiene a partir de (3) de la forma siguiente:

$$\Omega = 90\% \cdot 200 = 180 = -200 \frac{e^{-4t} - 1}{e^{-4t} + 1} \tag{7}$$

que operando da lugar a la siguiente ecuación:

$$180e^{-4t} + 180 = -200e^{-4t} + 200 \;\Rightarrow\; 380e^{-4t} = 20 \;\Rightarrow\; -4t = \ln\frac{20}{380} \;\Rightarrow\; t = 0,736 \text{ s} \tag{8}$$

Es instructivo dibujar la curva de evolución de la velocidad. Para ello se utiliza el software MATLAB con las siguientes sentencias:

Resolución con MATLAB®

```
>> t = 0:0.001:2; % Definición del tiempo de la representación y que
es entre 0 y 0.4 segundos y a intervalos de 1 ms.
>> omega = (-200*(exp(-4*t)-1))./(exp(-4*t) + 1); % expresión de la
ecuación matemática de la velocidad (3). Es importante poner el punto
al final del numerador.
>> plot(t,omega,'linewidth',2);grid % Así se dibuja la evolución de
la velocidad con el tiempo. Se ha utilizado un espesor de la línea
de tamaño 2 para que se destaque la respuesta temporal de la velo-
cidad. Se ha añadido una rejilla (sentencia grid) para apreciar los
detalles de la onda y su variación con el tiempo.
>> xlabel('Tiempo en segundos'),ylabel('Velocidad en rad/s') % Se
ponen etiquetas en los ejes del gráfico.
```

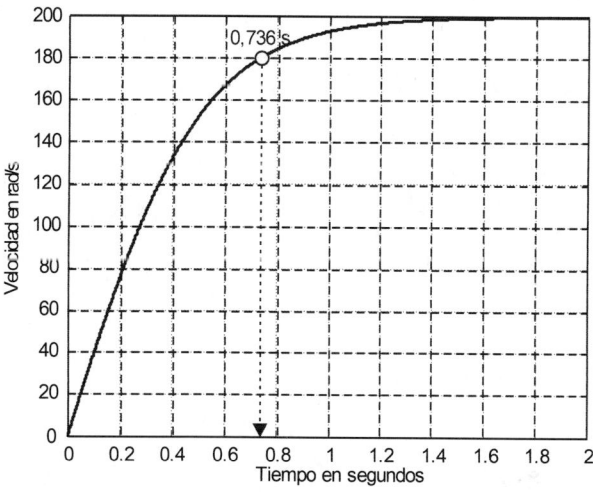

Figura 6.2

De acuerdo con estas sentencias en MATLAB se obtiene el gráfico de la Figura 6.2 (debe advertirse que se han añadido datos de tiempos con un programa de dibujo para completar la información). De hecho se puede comprobar en este grafico que la velocidad de régimen permanente es de 200 rad/s y que se alcanza la velocidad de 180 r/min en el tiempo de 0,736 segundos y que se había calculado previamente en (8).

6.3. Un motor eléctrico tiene una respuesta par-velocidad definida por la ecuación: $T = 350 - 0,1\ \Omega$, donde el par T del motor se mide en N · m y su velocidad angular Ω en rad/s. Este motor acciona una carga cuyo par resistente sigue la ley:

$$T_r = 38 + 0,1\ \Omega + 0,02\ \Omega^2$$

que se expresa en las mismas unidades anteriores. La inercia de los elementos de rotación es $J = 1$ kg · m². Calcular:

a) La expresión instantánea de la velocidad angular del grupo.

b) La velocidad de régimen permanente del grupo y potencia mecánica desarrollada.

c) El tiempo para el cual el grupo alcanza el 90 % de la velocidad permanente.

Solución

a) La ecuación dinámica del conjunto motor-carga ventilador, es la siguiente:

$$T - T_r = J\frac{\mathrm{d}\Omega}{\mathrm{d}t} \quad \Rightarrow \quad 350 - 0,1\ \Omega - 38 - 0,1\Omega - 0,02\ \Omega^2 = 1 \cdot \frac{\mathrm{d}\Omega}{\mathrm{d}t} \qquad (1)$$

de donde se deduce:

$$\frac{\mathrm{d}\Omega}{\mathrm{d}t} = 312 - 0,2\Omega - 0,02\ \Omega^2 \qquad (2)$$

Esta ecuación diferencial se va a resolver en MATLAB llamando $y = \Omega$ y con las sentencias siguientes:

Resolución con MATLAB®

```
>> y = dsolve('Dy = 312-0.2*y-0.02*y^2','y(0) = 0'); % Se escribe la
ecuación diferencial (2)y con el valor inicial 0.
>> simplify(y) % Instrucción para simplificar el resultado.
```

y se obtiene el resultado siguiente:

```
(1560*exp(5*t) - 1560)/(13*exp(5*t) + 12)
```

que expresado en forma más reconocible (sabiendo que $y = \Omega$) es:

$$\Omega(t) = 1560 \frac{e^{5t} - 1}{13e^{5t} + 12} \tag{3}$$

b) De acuerdo con el resultado (3), la velocidad de régimen permanente del grupo es el valor que adquiere cuando el tiempo tiende a infinito, lo que da el siguiente resultado:

$$\Omega(\text{permanente}) = \lim_{t \to \infty} 1560 \frac{e^{5t} - 1}{13e^{5t} + 12} = \frac{1560}{13} = 120 \text{ rad/s} \tag{4}$$

Como el par ejercido por el motor a esta velocidad vale:

$$T = 350 - 0,1 \cdot \Omega = 350 - 0,1 \cdot 120 = 338 \text{ N} \cdot \text{m} \tag{5}$$

La potencia mecánica desarrollada es:

$$P = T \cdot \Omega = 338 \cdot 120 = 40,56 \text{ kW} \tag{6}$$

c) El tiempo para el cual el equipo alcanza el 90 % de la velocidad permanente se obtiene a partir de (3) de la forma siguiente:

$$\Omega = 90\% \cdot 120 = 108 = 1560 \frac{e^{5t} - 1}{13e^{5t} + 12} \tag{7}$$

que operando da lugar a la siguiente ecuación:

$$1404e^{5t} + 1296 = 1560e^{5t} - 1560 \implies 156e^{5t} = 2856 \implies 5t = \ln\frac{2856}{156} \implies t = 0,5815 \text{ s} \tag{8}$$

Es instructivo dibujar la curva de evolución de la velocidad. Para ello se utiliza el software MATLAB con las siguientes sentencias:

Resolución con MATLAB®

```
>> t = 0:0.001:2; % Definición del tiempo de la representación y que
es entre 0 y 0.4 segundos y a intervalos de 1 ms.
>> omega = (1560*(exp(5*t)-1))./(13*exp(5*t) + 12); % expresión de
la ecuación matemática de la velocidad (3). Es importante poner el
punto al final del numerador.
>> plot(t,omega,'linewidth',2);grid % Así se dibuja la evolución de
la velocidad con el tiempo. Se ha utilizado un espesor de la línea
de tamaño 2 para que se destaque la respuesta temporal de la velo-
cidad. Se ha añadido una rejilla (sentencia grid) para apreciar los
detalles de la onda y su variación con el tiempo.
>> xlabel('Tiempo en segundos'),ylabel('Velocidad en rad/s') % Se
ponen etiquetas en los ejes del gráfico.
```

De acuerdo con estas sentencias en MATLAB se obtiene el gráfico de la Figura 6.3 (debe advertirse que se han añadido datos de tiempos con un programa de dibujo para completar la información). De hecho se puede comprobar en este grafico que la velocidad de régimen permanente es de 120 rad/s y que se alcanza la velocidad del 90 % dela velocidad permanente. es decir de 108 r/min en el tiempo de 0,5815 segundos y que se había calculado previamente en (8).

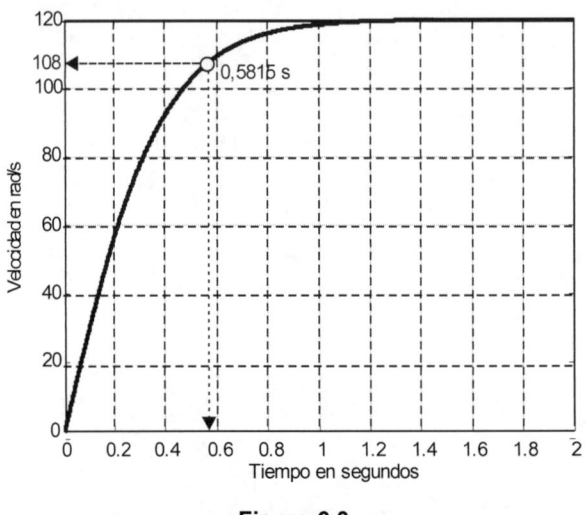

Figura 6.3

6.4. En la Figura 6.4 se muestra un motor eléctrico que produce un par motor constante en su eje de 30 N· m y que por medio de una caja reductora de velocidad de relación $\gamma = 1/20$, mueve un tambor cilíndrico que tiene una masa de 80 kg y un radio de 0,5 m y sobre el que está arrollado un cable del que cuelga una masa de 100 kg que se desea elevar. El momento de inercia del motor eléctrico es $J_m = 0,1$ kg · m^2. Calcular:

a) La aceleración de subida de la carga en el momento del arranque del motor.

b) La tensión F en el cable de izado en ese instante.

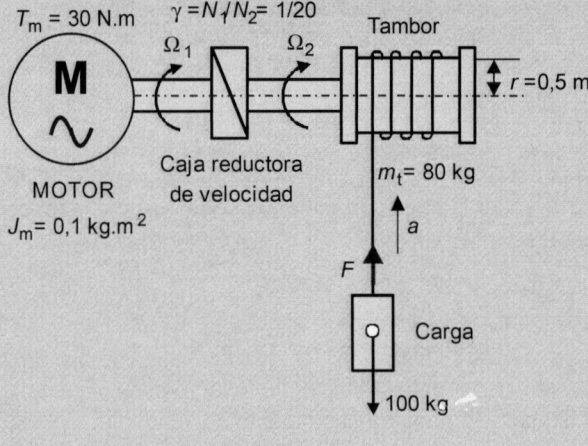

Figura 6.4

> **Sugerencia.** El momento polar de inercia del tambor (cilindro) se expresa por la ecuación: $J_t = m r^2/2$, donde J_t es el m.d.i. del cilindro, m_t la masa del mismo y r su radio.

Solución

a) El par del motor en su eje de 30 N· m se transfiere al eje del tambor mediante la expresión:

$$T'_m = T_m \frac{N_2}{N_1} = 30 \cdot 20 = 600 \text{ N} \cdot \text{m} \tag{1}$$

El momento de inercia del tambor cilíndrico vale:

$$J_L = \frac{mr^2}{2} = \frac{80 \cdot 0,5^2}{2} = 10 \text{ kg-m}^2 \tag{2}$$

El momento de inercia del motor es $J_m = 0,1 \text{ kg} \cdot \text{m}^2$ y su valor en el eje del tambor es:

$$J'_m = J_m \left(\frac{N_2}{N_1} \right)^2 = 0,1 \cdot 20^2 = 40 \text{ kg-m}^2 \tag{3}$$

Por tanto, el m.d.i. del conjunto referido al tambor es $J_{total} = 10 + 40 = 50 \text{ kg} \cdot \text{m}^2$ y en el cable de izado de la carga se cumple la ecuación dinámica siguiente:

$$F - mg = ma \implies F = 100 \cdot 9,81 + 100a = 981 + 100a \tag{4}$$

Denominando α a la aceleración angular del tambor cuando sube la carga, se cumple la ecuación siguiente:

$$T'_m - T_{res} = J_{total} \cdot \alpha = J_{total} \cdot \frac{a}{r} = 50 \cdot \frac{a}{0.5} = 100a \tag{5}$$

En la ecuación anterior, T_{res} representa el par resistente que ofrece la carga que se eleva con el cable (y que es igual al producto Fr) y teniendo en cuenta las Ecuaciones (4) y (5), al sustituir valores en esta última ecuación, se tiene:

$$600 - F \cdot r = 600 - (981 + 100a) \cdot 0,5 = 100a \tag{6}$$

lo que da lugar a la ecuación siguiente:

$$600 - 490,5 = 100a + 50a = 150a \implies a = \frac{109,5}{150} = 0,73 \text{ m/s}^2 \tag{7}$$

El valor anterior es la aceleración lineal de la subida de la carga de izado.

b) Sustituyendo este valor en la Ecuación (4) se obtiene la tensión F en el cable de izado, que vale:

$$F = 981 + 100a = 981 + 100 \cdot 0,73 = 1054 \text{ N} \tag{8}$$

6.5. La Figura 6.5 muestra un mecanismo para elevar cargas. La parte mecánica está formada por un juego de ruedas dentadas de relación $\gamma = 1/15$. La rueda de mayor diámetro mueve un tambor que tiene un radio de 0,5 m y un momento de inercia $J_c = 12$ kg·m². Sobre este tambor está arrollado un cable del que cuelga una carga de masa $m_1 = 900$ kg y que tiene un contrapeso $m_2 = 270$ kg. La rueda dentada de menor diámetro está acoplada al eje de un motor asíncrono trifásico de rotor devanado de 4 polos y conectado en estrella, que se alimenta de una red de 400 V de línea, 50 Hz y que tiene un rotor con un m.d.i.: $J_m = 0,12$ kg·m². Este motor tiene unos parámetros del circuito equivalente que son $R_1 = 0,25$ Ω; $R_2' = 0,35$ Ω; $X_1 = X_2' = 0,60$ Ω y en el que se puede despreciar la rama paralelo del circuito equivalente. Al rotor de este motor se le inserta una resistencia adicional adecuada para obtener el par máximo en el arranque cuando levanta la masa m_1. Calcular:

a) La aceleración de traslación inicial con la que sube la masa m_1.

b) Las tensiones F_1 y F_2 en cada una de las partes del cable de izado en ese instante.

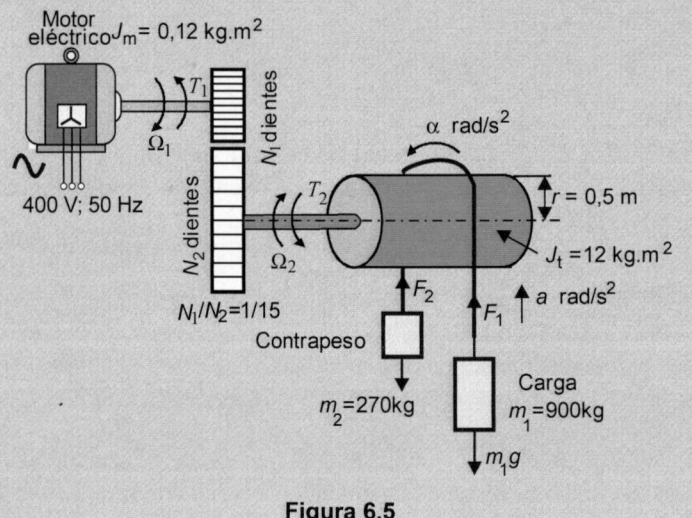

Figura 6.5

a) El par de arranque del motor y que es máximo es:

$$T_a = T_{\text{máx}} = \frac{3U_s^2}{2\pi(n_1/60)\cdot 2\left[R_1 + \sqrt{R_1^2 + X_{cc}^2}\right]} \quad \text{donde se cumple que:}$$

(1)

$$n_1 = \frac{60f_1}{p} = \frac{60\cdot 50}{2} = 1500 \text{ r/min}$$

y al sustituir los parámetros del motor se obtiene un par de arranque:

$$T_a = \frac{3 \cdot \left(400 / \sqrt{3}\right)^2}{2\pi \dfrac{1500}{60} \cdot 2 \left[0,25_1 + \sqrt{0,25^2 + 1,2^2}\right]} = 345,1 \text{ N} \cdot \text{m} \tag{2}$$

En el tambor se tiene la composición de fuerzas mostrada en la Figura 6.5 y en cada masa se cumplen las ecuaciones respectivas siguientes:

$$\text{Masa 1: } F_1 - m_1 g = m_1 a \implies F_1 = 900a + 900g = 900a + 8829 \tag{3a}$$

$$\text{Masa 2: } m_2 g - F_1 = m_2 a \implies F_2 = 270g - 270a = 2648,7 - 270a \tag{3b}$$

Por otro lado, el par del motor en el eje del tambor es igual a:

$$T'_m = T_m \frac{N_2}{N_1} = 345,1 \cdot 15 = 5176,6 \text{ N} \cdot \text{m} \tag{4}$$

El momento de inercia en el eje del tambor vale:

$$J_{\text{total}} = J_L + J_m \left(\frac{N_2}{N_1}\right)^2 = 12 + 0,12 \cdot 15^2 = 39 \text{ kg-m}^2 \tag{5}$$

y en el tambor se cumple la ecuación dinámica siguiente:

$$T'_m - F_1 r + F_2 r = J_{\text{total}} \cdot \alpha = J_{\text{total}} \cdot \frac{a}{r} \tag{6}$$

es decir:

$$5176,6 - F_1 r + F_2 r = 39 \cdot \frac{a}{0,5} = 78a \tag{7}$$

Al sustituir las fuerzas F_1 y F_2 de (3) en la Ecuación (7) resulta:

$$5176,6 - \left(900a + 8829\right) \cdot 0,5 + \left(2648,7 - 270a\right) \cdot 0,5 = 78a \tag{8}$$

de donde se deduce:

$$2086,45 = 663a \implies a = \frac{2086,45}{663} = 3,15 \text{ m/s}^2 \tag{9}$$

que es la aceleración lineal con la que sube la masa m_1.

b) A partir del resultado anterior, las Ecuaciones (3a) y (3b) nos dan los valores de las tensiones F_1 y F_2 en cada una de las partes del cable de izado que son, respectivamente:

$$F_1 = 900a + 8829 = 900 \cdot 3,15 + 8829 = 11664 \text{ N} \tag{10a}$$

$$F_2 = 2648,7 - 270 \cdot 3,15 = 1798,2 \text{ N} \tag{10b}$$

6.6. En la Figura 6.6 se muestra un motor eléctrico que produce un par motor en su eje que sigue la ley: $T_m = 30-0,1\Omega$, con el par en N · m y la velocidad en rad/s y que tiene un momento de inercia: $J_m = 0,1$ kg · m². Este motor lleva una caja reductora de velocidad de relación $\gamma = 1/20$ y mueve un tambor cilíndrico que tiene un radio de 0,5 m y sobre el que está arrollado un cable del que cuelga una masa de 100 kg que se desea elevar. El momento de inercia del tambor es $J_t = 10$ kg · m². Calcular:

a) La velocidad de régimen permanente con la que sube la carga de 100 kg.

b) El tiempo de arranque del motor.

Nota. Se define el tiempo de arranque como el tiempo necesario para que el motor, partiendo del reposo, alcance el 95 % de la velocidad final de régimen permanente.

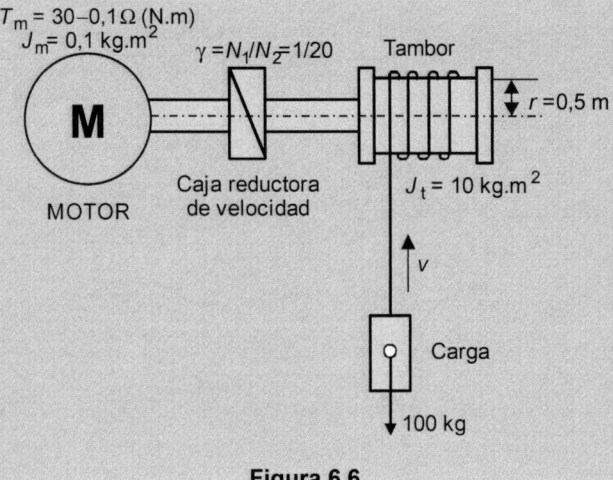

$T_m = 30-0,1\Omega$ (N.m)
$J_m = 0,1$ kg.m²
$\gamma = N_1/N_2 = 1/20$ Tambor
$r = 0,5$ m
M
MOTOR
Caja reductora de velocidad
$J_t = 10$ kg.m²
v
Carga
100 kg

Figura 6.6

Solución

En la Figura 6.6 se muestra un motor eléctrico que produce un par motor en su eje que sigue la ley: $T_m = 30-0,1\Omega$, con el par en N · m y la velocidad en rad/s y que tiene un momento de inercia: $J_m = 0,1$ kg · m². Este motor lleva una caja reductora de velocidad de relación $\gamma = 1/20$ y mueve un tambor cilíndrico que tiene un radio de 0,5 m y sobre el que está arrollado un cable del que cuelga una masa de 100 kg que se desea elevar. El momento de inercia del tambor es $J_t = 10$ kg · m². De acuerdo con estos datos iniciamos la resolución del problema.

a) El momento de inercia en el eje del motor vale:

$$J_{total} = J_m + J_t \left(\frac{N_1}{N_2}\right)^2 = 0,1 + \frac{10}{20^2} = 0,125 \text{ kg-m}^2 \tag{1}$$

El par resistente que ofrece la masa colgada en el eje del tambor vale:

$$T_r = Fr = mgr = 100 \cdot 9{,}81 \cdot 0{,}5 = 490{,}5 \text{ N} \cdot \text{m} \tag{2}$$

Este par resistente se refleja en el eje del motor de acuerdo con la siguiente expresión:

$$T_r' = T_r \left(\frac{N_1}{N_2} \right) = \frac{490{,}5}{20} = 24{,}525 \text{ N} \cdot \text{m} \tag{3}$$

y, de este modo se cumple la siguiente ecuación de régimen permanente en el motor:

$$T_m = T_r' \quad \Rightarrow \quad 30 - 0{,}1\Omega_m = 24{,}525 \text{ N} \cdot \text{m} \quad \Rightarrow \quad \Omega_m = \frac{30 - 24{,}525}{0{,}1} = 54{,}75 \text{ r/min} \tag{4}$$

Por consiguiente la velocidad angular en el eje del tambor es:

$$\Omega_{\text{tambor}} = \frac{30 - 24{,}525}{0{,}1} = 54{,}75 \left(\frac{N_1}{N_2} \right) = \frac{54{,}75}{20} = 2{,}74 \text{ r/min} \tag{5}$$

que corresponde a una velocidad tangencial del tambor:

$$\Omega_{\text{tambor}} = \frac{v}{r} \quad \Rightarrow \quad v = \Omega_{\text{tambor}} \cdot r = 2{,}74 \cdot 0{,}5 = 1{,}37 \text{ m/s} \tag{6}$$

b) Para calcular el tiempo de arranque del motor, planteamos la ecuación dinámica de su movimiento y que es:

$$T_m - T_r' = J_{\text{total}} \frac{\mathrm{d}\Omega}{\mathrm{d}t} \quad \Rightarrow \quad 30 - 0{,}1\Omega - 24{,}525 = 0{,}125 \frac{\mathrm{d}\Omega}{\mathrm{d}t} \quad \Rightarrow \quad \frac{\mathrm{d}\Omega}{\mathrm{d}t} = 43{,}8 - 0{,}8\Omega \tag{7}$$

Esta ecuación diferencial se va a resolver en MATLAB llamando $y = \Omega$ y con la sentencia siguiente:

Resolución con MATLAB®

```
>> y = dsolve('Dy = -0.8*y + 43.8','y(0) = 0'); % Se escribe la
ecuación diferencial (7)y con el valor inicial 0.
>> simplify(y) % Instrucción para simplificar el resultado.
```

y se obtiene el resultado siguiente:

```
y = (219/4 - (219*exp(-4t/5))/4
```

que expresado en forma más adecuada al problema (y sabiendo que $y = \Omega$) es:

$$\Omega(t) = 54{,}75 \left(1 - e^{-0{,}8t} \right) \tag{8}$$

de donde se deduce que la velocidad de régimen permanente es 54,75 r/min y que está de acuerdo con el valor calculado anteriormente. Y como quiera que por definición se denomina *tiempo de arranque* el necesario para que el motor adquiera el 95 % del valor final anterior, es decir, cuando alcanza 52,0125 r/min, de la Ecuación (8) se puede escribir:

$$54,75\left(1-e^{-0,8t_a}\right)=52,0125 \;\Rightarrow\; e^{-0,8t_a}=0,05 \;\Rightarrow\; t_a=3,74 \text{ s} \tag{9}$$

Es instructivo dibujar la curva de evolución de la velocidad y comprobar la veracidad de los resultados anteriores. Para ello se utiliza el software MATLAB con las siguientes sentencias:

Resolución con MATLAB®

```
>> t = 0:0.001:8; % Definición del tiempo de la representación y que
es entre 0 y 8 segundos y a intervalos de 1 ms.
>> omega = 54.75*(1-exp(-0.8*t)); % expresión de la ecuación mate-
mática de la velocidad (8).
>> plot(t,omega,'linewidth',2);grid % Así se dibuja la evolución de
la velocidad con el tiempo. Se ha utilizado un espesor de la línea
de tamaño 2 para que se destaque la respuesta temporal de la velo-
cidad. Se ha añadido una rejilla (sentencia grid) para apreciar los
detalles de la onda y su variación con el tiempo.
>> xlabel('Tiempo en segundos'),ylabel('Velocidad en rad/s') % Se
ponen etiquetas en los ejes del gráfico.
```

De acuerdo con estas sentencias en MATLAB se obtiene el gráfico de la Figura 6.7 (debe advertirse que se han añadido datos de tiempos con un programa de dibujo para completar la información). De hecho se puede comprobar en este grafico que la velocidad de régimen permanente es de 54,75 rad/s y que se alcanza la velocidad del 95 % de la velocidad permanente. es decir de 52,0125 r/min en el tiempo de 3,74 segundos y que se había calculado previamente en (9).

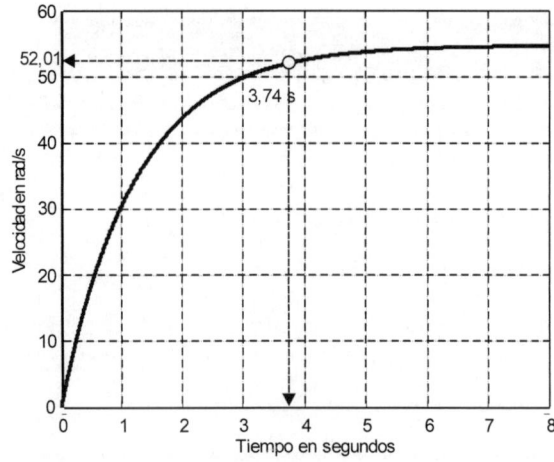

Figura 6.7

6.7. En la Figura 6.8 se muestra el esquema simplificado del accionamiento de un ascensor de un edificio de viviendas. La cabina completa de personas tiene una masa
de 1100 kg y el contrapeso es de 875 kg. La polea principal tiene un radio de 0,2
m. El momento de inercia del conjunto motor-freno-reductor de velocidad vale
$J_m = 0,23$ kg · m^2 y la polea desviadora y los medios de transmisión a la salida del
reductor de velocidad tiene un momento de inercia de $J_L = 63$ kg · m^2. Se sabe
además que la caja reductora de velocidad tiene una relación 1/30. Calcular:

c) La potencia mecánica que debe tener el motor eléctrico si la velocidad media
del ascensor es de 1 m/s y el rendimiento del conjunto es del 75 %.

d) El par resistente que actúa en el eje del motor si el rendimiento de la transmisión es del 70 %.

e) La aceleración angular del motor si el éste tiene una velocidad en régimen permanente de 1450 r/min y alcanza esta velocidad desde el arranque en 0,8 segundos.

f) El momento de inercia total equivalente en el eje del motor y el par del motor
necesario para la aceleración.

g) El par de arranque requiere el motor, es decir, el par resistente más el de aceleración.

h) A partir de los resultados anteriores elegir el motor más adecuado entre los que
se muestran al final de este enunciado.

Nota. Potencia mecánica, par nominal y par de arranque de motores trifásicos de
4 polos, 400 V y 50 Hz.

Potencia mecánica	Par nominal	Par de arranque
3 kW	20,2 N · m	48,5 N · m
4 kW	27 N · m	59,4 N · m
5,5 kW	36 N · m	82,8 N · m

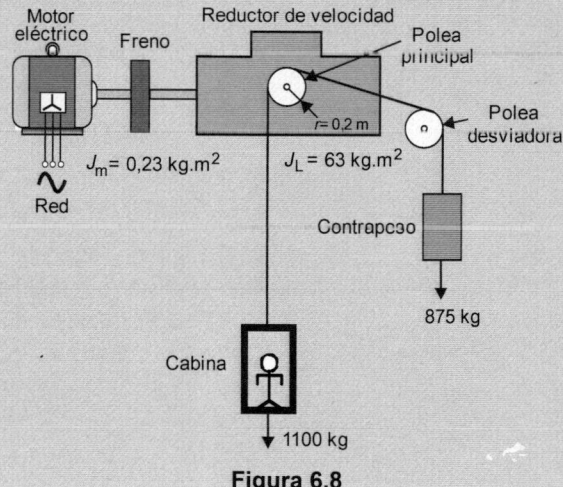

Figura 6.8

> ### Solución

a) Como quiera que la fuerza neta es la diferencia entre el peso de la cabina y el contrapeso y que la velocidad del ascensor es de 1m/s, la potencia mecánica que debe tener el motor eléctrico del ascensor teniendo en cuenta el rendimiento del conjunto (freno + reductor de velocidad) es:

$$P_{mec} = \frac{Fv}{\eta} = \frac{(1100 - 875) \cdot 9,81 \cdot 1}{0,75} = 2,94 \text{ kW} \tag{1}$$

b) Teniendo en cuenta la fuerza neta que actúa a la salida de la caja de velocidad y el radio de la polea principal, el par resistente a la salida de la caja de velocidad tiene el siguiente valor:

$$T_{res} = (1100 - 875) \cdot 9,81 \cdot 0,2 = 441,45 \text{ N} \cdot \text{m} \tag{2}$$

Como quiera que el rendimiento de la transmisión es del 70 %, el par resistente real es:

$$T_{res}(\text{real}) = \frac{441,45}{0,7} = 630,6 \text{ N} \cdot \text{m} \tag{3}$$

y dado que la caja reductora de velocidad tiene una relación 1/30, el par resistente que se transmite al eje del motor vale:

$$T_{res}(\text{eje del motor}) = \frac{630,6}{30} \approx 21 \text{ N} \cdot \text{m} \tag{4}$$

c) Si el motor tiene una velocidad en régimen permanente de 1450 r/min, la velocidad angular en rad/s correspondiente es:

$$\omega_m = 2\pi \frac{n}{60} = 2\pi \frac{1500}{60} = 151,84 \text{ rad/s} \tag{5}$$

Como la velocidad angular anterior se alcanza en 0,8 segundos, la aceleración angular correspondiente del motor es:

$$a_m = \frac{\omega_m}{t} = \frac{151,84}{0,8} = 189,8 \text{ rad/s}^2 \tag{6}$$

d) El momento de inercia total en el eje del motor es el propio del conjunto motor-freno-reductor, cuyo valor es: $J_m = 0,23 \text{ kg} \cdot \text{m}^2$, al que hay que añadir el momento de inercia de la polea desviadora y los medios de transmisión que hay a la salida del reductor de velocidad y que vale $J_L = 63 \text{ kg} \cdot \text{m}^2$, pero este m.d.i. hay que referirlo al eje del motor teniendo en cuenta que la caja reductora de velocidad tiene una relación 1/30 y, de este modo, el momento de inercia total del conjunto en el eje del motor vale:

$$J_m(\text{total}) = J_m + \frac{J_L}{30^2} = 0,23 + \frac{63}{30^2} = 0,3 \text{ kg} \cdot \text{m}^2 \tag{7}$$

y el par del motor necesario para la aceleración, teniendo en cuenta el resultado del apartado c) es:

$$T_{acel} = J_m\left(\text{total}\right)\cdot\alpha_m = 0,3\cdot189,8 \approx 56,9 \text{ N}\cdot\text{m} \tag{8}$$

e) Como consecuencia el par de arranque que requiere el motor y que es la suma de par resistente en su eje más el par de aceleración vale:

$$T_{arr} = T_{res}\left(\text{eje del motor}\right) + T_{acel} = 21 + 56,9 = 77,9 \text{ N}\cdot\text{m} \tag{9}$$

f) De acuerdo con lo calculado hasta ahora, se tienen los siguientes valores del motor:

Potencia mecánica: P_{mec} = 2,94 kW; par resistente en el eje motor: T_{res} = 21 N · m; par de arranque: T_{arr} = 77,94 N · m

Teniendo en cuenta estos resultados, en principio con el motor de 3 kW de la tabla que acompaña a este ejercicio se cumpliría la exigencia de la potencia, pero este motor tiene un par nominal de 20,2 N · m, que es inferior al necesario de 21 N · m (aunque podría valer), pero su insuficiencia está sobre todo en que tiene un par de arranque de 48,5 N · m, que es muy inferior a los 77,94 N · m necesarios. Algo similar ocurre con el motor de 4 kW, que aunque satisface los criterios de potencia y de par nominal, no satisface el requerimiento del par de arranque que ofrece y que vale 59,5 N · m, ya que es inferior al necesario de 77,94 N · m; es por ello que finalmente se debe elegir el motor de 5,5 kW, que satisface los tres requerimientos: potencia mecánica, par nominal y par de arranque, ya que este último tiene un valor de 82,8 N · m, que es superior a los 77,94 N · m necesarios.

6.8. Se tiene una bomba centrífuga que bombea agua desde un depósito inferior hasta otro superior y con una diferencia de cotas entre ellos de 50 m. Si el caudal bombeado es de 6000 litros/minuto y se considera que en la tubería de aspiración las pérdidas de carga suponen una altura de 1 m y en la de impulsión la pérdida de carga es de 2 m. Calcular la potencia mecánica que debe tener el motor eléctrico de la bomba si el rendimiento de la misma es del 80 %.

Solución

El caudal de la bomba es de 6000 litros/minuto, es decir 100 litros/segundo y como el peso específico del agua es de 1000 kg/m³, es decir 1 kg/dm³ y teniendo en cuenta que 1 litro = 1 dm³, se bombean 100 kg/s y como la altura total del bombeo es la geométrica + las pérdidas de carga, se tiene una altura total: H = 50 + 2 + 1 = 53 m, por lo que al multiplicar el caudal de 100 kg/s por la altura de 53 m se tiene una potencia de 5300 kgm/s y como quiera que 1 kgm/s es igual a 9,81 W, se tendría una potencia hidráulica de 5300·9,81 = 51993 W = 51,993 kW. Y teniendo en cuenta que el rendimiento hidráulico de la bomba es del 80 %, la potencia necesaria del motor sería 51,993/0,8≈ 65 kW. Todo este razonamiento se expresa con la fórmula siguiente:

$$P_{mec} = \frac{Q\rho\gamma H}{\eta} = \frac{100\cdot1\cdot9,81\cdot\left(50+2+1\right)}{0,8} = 64991,25 \text{ W} \approx 65 \text{ kW}$$

6.9. Se supone en el problema anterior que la bomba gira a una velocidad de 1450 r/min. Si se incrementa la velocidad hasta las 2000 r/min. Calcular:

    a) El caudal que impulsará la bomba.

    b) La potencia mecánica desarrollada.

Solución

a) La bomba del problema anterior tenía un caudal $Q_1 = 100$ litros/segundo y se indica que gira a una velocidad $n_1 = 1450$ r/min, por lo que si la velocidad aumenta hasta un valor $n_2 = 2000$ r/min, es evidente que aumentará el caudal bombeado, ya que en una bomba hay proporcionalidad entre los caudales y sus velocidades y que se rige por la fórmula de proporcionalidad siguiente:

$$\frac{Q_1}{Q_2} = \frac{n_1}{n_2} \Rightarrow \frac{100}{Q_2} = \frac{1450}{2000} \Rightarrow Q_2 = 100\frac{2000}{1450} = 137,93 \text{ L/s} \approx 8276 \text{ L/min} \qquad (1)$$

b) En cuanto a la potencia mecánica, la relación de potencias es proporcional a la relación de velocidades elevadas al cubo, y teniendo en cuenta que la bomba del problema anterior tenía una potencia de $P_1 = 65$ kW y giraba a $n_1 = 1450$ r/min, la potencia desarrollada por la bomba P_2 cuando gira a una velocidad n_2, se obtiene de la relación siguiente:

$$\frac{P_1}{P_2} = \left(\frac{n_1}{n_2}\right)^3 \Rightarrow \frac{65}{P_2} = \left(\frac{1450}{2000}\right)^3 \Rightarrow P_2 = 65\left(\frac{2000}{1450}\right)^3 = 170,6 \text{ kW} \qquad (2)$$

6.10. En la Figura 6.9 se muestra el gráfico del ciclo de trabajo de un motor asíncrono trifásico que desarrolla durante 1 hora en su ciclo de producción, donde en ordenadas se representa el par en N · m y en el abscisas el tiempo en minutos.

    a) Calcular por el criterio de calentamiento, el par mecánico y la potencia mecánica equivalente que debe tener el motor si la velocidad nominal de éste es de 1500 r/min.

    b) Si se dispone de los motores comerciales cuyas características de potencia mecánica y par nominal se señalan al final del enunciado, ¿cuál es el motor más adecuado para realizar el ciclo de trabajo mostrado en la Figura 6.9?

Potencia mecánica (kW)	18,5	22	30	37	45	55
Par nominal (N · m)	121	143	196	240	291	355

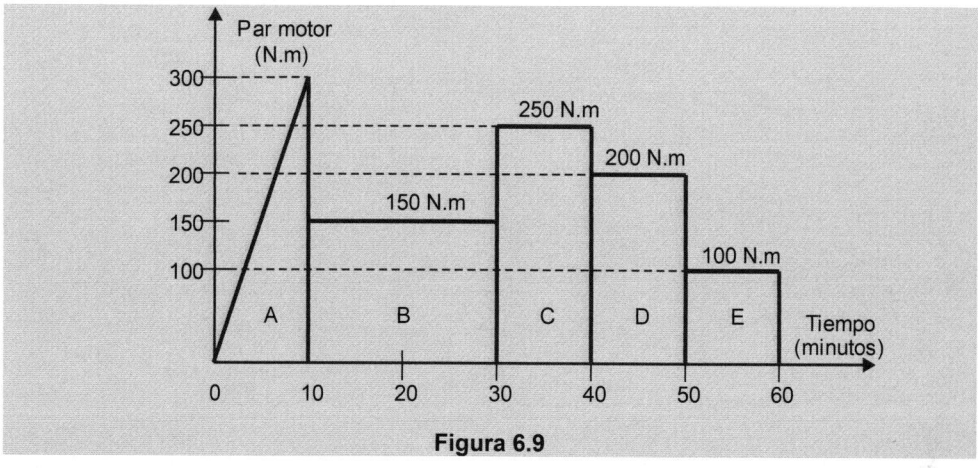

Figura 6.9

a) A partir del gráfico del ciclo de trabajo de una hora mostrado en la Figura 6.9, y expresado como pares desarrollados y sus tiempos correspondientes, se obtiene el par equivalente siguiente:

$$T_{eq} = \sqrt{\dfrac{\displaystyle\int_0^{10} (30t)^2 dt + 150^2 \cdot 20 + 250^2 \cdot 10 + 200^2 \cdot 10 + 100^2 \cdot 10}{60}} = 176,8\ \text{N} \cdot \text{m} \quad (1)$$

Como el motor tiene una velocidad nominal de 1500 r/min, la potencia mecánica equivalente es:

$$P_{eq} = T_{eq}\,\Omega_{mec} = 176,8 \cdot 2\pi\dfrac{1500}{60} = 27,8\ \text{kW} \quad (2)$$

b) De acuerdo con el valor de la potencia de 27,8 kW obtenida en el apartado anterior y vista la tabla de características de potencia y par de motores que se señalan en el enunciado, parece que el motor de 30 kW, que es el que tiene la potencia más cercana por exceso de la potencia equivalente calculada en (2), debería ser el más adecuado, porque además tiene un par nominal de 196 N · m, superior a los 176,8 N · m que se requieren según (1). Pero observando el diagrama del ciclo de trabajo de la Figura 6.9, se observa que este motor no soportaría el par de 250 N · m de la zona C y tampoco el pico de par de 300 N · m de la zona A, es por ello que lo más adecuado sería elegir el motor de 45 kW de potencia mostrado en la tablas, que tiene un par nominal de 291 N · m, que aunque es inferior al pico de par de 300 N · m de la zona A, es suficiente por el corto periodo de tiempo en el que se exige esta sobrecarga de par.

7

Accionamientos eléctricos con motores de corriente continua

7.1. La Figura 7.1 muestra el esquema eléctrico de la instalación de un motor de c.c. serie alimentado por un semiconvertidor monofásico que se conecta a una red de c.a. de 230 V, 50 Hz. La resistencia combinada del devanado inductor e inducido es de 0,2 Ω. El circuito magnético es lineal de modo que la constante producto del motor $k_T k_e$ es igual a 0,05 (en V · s/A · rad o N · m/A²). Se supone que la inductancia del motor es muy elevada para que la corriente no tenga rizado y que la conducción sea continua. Si la velocidad del motor es de 1000 r/min, calcular:

a) La corriente absorbida por el motor si el ángulo de encendido de los tiristores es $\alpha = 30°$.

b) El par desarrollado por el motor en la situación anterior.

c) La potencia mecánica que produce el motor en el caso anterior y el rendimiento del mismo.

Nota. En la Figura 7.1 se indican las fórmulas del par y de la f.c.e.m. de un motor en función de las constantes señaladas y que pueden servir al lector para resolver la mayoría de los problemas de este Capítulo 7.

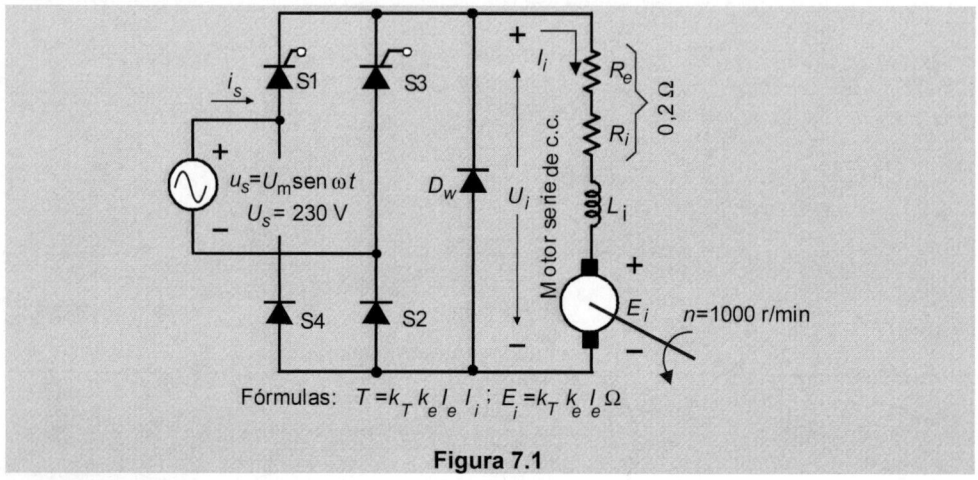

Fórmulas: $T = k_T k_e I_e I_i$; $E_i = k_T k_e I_e \Omega$

Figura 7.1

Solución

a) La tensión máxima de la red es $U_m = \sqrt{2}U = \sqrt{2} \cdot 230 = 325,27$ V , por lo que la tensión media de c.c. que sale del semiconvertidor y alimenta el inducido del motor es:

$$U_i = \frac{U_m}{\pi}(1+\cos\alpha) = \frac{325,27}{\pi}(1+\cos 30°) = 193,2 \text{ V} \tag{1}$$

Como quiera que en el inducido se cumple el segundo lema de Kirchhoff, se tiene:

$$U_i = E_i + (R_e + R_i)I_i = k_T k_e \Omega + (R_e + R_i)I_i = k_T k_e 2\pi\frac{n}{60} + (R_e + R_i)I_i \tag{2}$$

Al sustituir valores en la ecuación anterior, teniendo en cuenta que $k_T k_e = 0,05$ y que $R_e + R_i = 0,2$ Ω, resulta:

$$193,2 = 0,05 \cdot 2\pi\frac{1000}{60} + 0,2I_i \quad \Rightarrow \quad I_i = 35,54 \text{ A} \tag{3}$$

b) El par desarrollado por el motor de c.c. en las condiciones anteriores es:

$$T = k_T k_e I_i^2 = 0,05 \cdot 35,54^2 = 63,15 \text{ N} \cdot \text{m} \tag{4}$$

c) La potencia mecánica desarrollada por el motor vale:

$$P_m = T\Omega = 63,15 \cdot 2\pi\frac{1000}{60} = 6613 \text{ W} \tag{5}$$

Como quiera que la potencia eléctrica que llega al motor es:

$$P_{ele} = U_i \, I_i = 193,2 \cdot 35,54 = 6866,3 \text{ W} \tag{6}$$

el rendimiento del motor es por consiguiente:

$$\eta = \frac{P_m}{P_{ele}} = \frac{6613}{6866,3} = 96,3\% \tag{7}$$

7.2. La Figura 7.2 muestra el esquema eléctrico del montaje de un motor de c.c. con excitación independiente regulado por dos semiconvertidores monofásicos, uno que alimenta el devanado inductor y el otro el del inducido. La red de c.a. es de 230 V, 50 Hz. El circuito magnético es lineal de modo que la constante producto del motor $k_T k_e$ es igual a 0,8 (en V · s/A · rad o N · m/A²). La resistencia del inductor es de 100 Ω y la del inducido, de 0,2 Ω. Se supone que la inductancia de este último devanado es muy elevada para que la corriente no tenga rizado y que la conducción sea continua. Si el par nominal del motor es de 80 N · m a 1000 r/min y el ángulo de encendido de los tiristores del inductor es $\alpha = 0°$. Calcular:

a) La corriente nominal del inducido.

b) El ángulo de encendido α de los tiristores del inducido para los valores nominales.

c) La velocidad que adquirirá el motor en vacío sin cambiar la excitación.

d) El factor de potencia en la red de alimentación a la que se conecta el inducido.

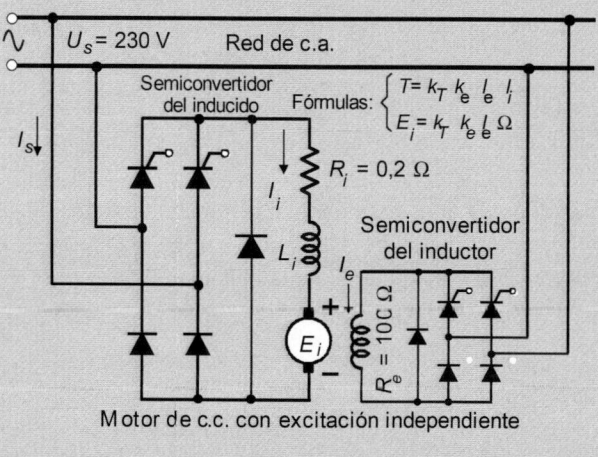

Figura 7.2

Solución

a) La tensión máxima de la red es $U_m = \sqrt{2}U = \sqrt{2} \cdot 230 = 325,27$ V , por lo que la tensión de c.c. que alimenta al inductor del motor es:

$$U_e = \frac{U_m}{\pi}(1 + \cos\alpha) = \frac{325,27}{\pi}(1 + \cos 0°) = 207,1 \text{ V} \tag{1}$$

por lo que la corriente inductora vale:

$$I_e = \frac{U_e}{R} = \frac{207,1}{100} = 2,071 \text{ A} \tag{2}$$

Teniendo en cuenta que $k_T k_e = 0,8$ y que el par nominal es de 80 N · m, resulta el siguiente valor de la corriente del inducido:

$$T = k_T k_e I_e I_i = 0,8 \cdot 2,071 \cdot I_i = 80 \text{ N·m} \implies I_i = 48,3 \text{ A} \tag{3}$$

b) Para calcular el valor del ángulo de encendido del circuito del inducido, sabemos que en este circuito se cumple el segundo lema de Kirchhoff y teniendo en cuenta que la velocidad es de 1000 r/min, se tiene:

$$U_i = E_i + R_i I_i = k_T k_e \Omega + R_i I_i = 0,8 \cdot 2\pi \frac{1000}{60} + 0,2 \cdot 48,3 = 183,16 \text{ V} \tag{4}$$

Como quiera que la tensión anterior está relacionada con la que produce el semi-convertidor, de acuerdo con la ecuación siguiente:

$$U_i = \frac{U_m}{\pi}(1 + \cos\alpha_i) \implies 183,16 = \frac{325,27}{\pi}(1 + \cos\alpha_i) \implies \alpha_i = 39,75° \tag{5}$$

lo que significa que el ángulo de encendido con el que trabaja este circuito es de 39,75°.

c) Sin cambiar la excitación (es decir, con $I_e = 2,071$ A), la velocidad en vacío del motor (con $I_i = 0$) sería:

$$U_i = E_i = k_T k_e \Omega \implies 183,16 = 0,8 \cdot 2\pi \frac{n}{60} \implies n = 1055,68 \text{ r/min} \tag{6}$$

d) El factor de potencia con el que trabaja la instalación vale:

$$\text{f.d.p.} = \lambda = \frac{U_i I_i}{U_s I_s} = \frac{183,16 \cdot 48,3}{230 \cdot 48,3} = 0,796 \tag{7}$$

7.3. Se dispone de un motor de c.c. con excitación independiente cuyos datos nominales son: $U_i = 200$ V, $n = 1000$ r/min, $I_i = 20$ A que trabaja con una corriente de excitación constante, siendo el circuito magnético lineal. Este motor está regulado mediante un convertidor monofásico en puente completo que se conecta una red de c.a. de 230 V, 50 Hz. La resistencia del inducido del motor es de 0,5 Ω. Suponiendo una conducción continua y la corriente libre de rizado, calcular el ángulo de encendido de los tiristores del convertidor del inducido para obtener:

a) El par nominal a 600 r/min.

b) El par nominal a −600 r/min.

Solución

a) Al ser la excitación constante, la f.c.e.m. del motor se puede poner de la forma siguiente:

$$E_i = k_T k_e \Omega = k\Omega \tag{1}$$

Teniendo en cuenta que en el inducido del motor se cumple la relación:

$$U_i = E_i + R_i I_i = k\Omega + R_i I_i = k \cdot 2\pi \frac{n}{60} + R_i I_i \tag{2}$$

al sustituir valores resulta:

$$200 = k \cdot 2\pi \frac{1000}{60} + 0,5 \cdot 20 \implies k = 1,814 \tag{3}$$

que es la constante producto del motor.

Por otro lado se cumple:

$$U_i = \frac{2U_m}{\pi}\cos\alpha = k\Omega + R_i I_i = k \cdot 2\pi \frac{n}{60} + R_i I_i \tag{4}$$

Sabiendo que el par nominal (para una corriente de inducido $I_i = 20A$) se obtiene para una velocidad de 600 r/min, al aplicar (4) se obtiene:

$$\frac{2\sqrt{2} \cdot 230}{\pi}\cos\alpha = 1,814 \cdot 2\pi \frac{600}{60} + 0,5 \cdot 20 \implies \cos\alpha = 0,599 \implies \alpha = 53,2° \tag{5}$$

Este resultado de $\alpha = 53,2°$ es el ángulo de encendido necesario para que se obtenga el par nominal a una velocidad de 600 r/min.

b) Y cuando el motor trabaja con el par mitad del nominal a una velocidad negativa $n = -600$ r/min y al ser entonces la corriente absorbida por el inducido mitad de la nominal, la Ecuación (4) da:

$$\frac{2\sqrt{2} \cdot 230}{\pi}\cos\alpha = 1,814 \cdot 2\pi \frac{(-600)}{60} + 0,5 \cdot 10 \implies \cos\alpha = -0,526 \implies \alpha = 121,8° \tag{6}$$

7.4. En un motor de c.c. con excitación independiente se regula el inducido con un convertidor monofásico de tiristores de puente completo que está conectado a una red de c.a. de 230 V, 50 Hz. El motor tiene una resistencia de inducido de 0,4 Ω, el circuito magnético es lineal y la máquina trabaja con corriente de excitación constante, de modo que el parámetro producto del motor $k_T k_e$ es igual a 1,7 (en $V \cdot s/A \cdot rad$ o $N \cdot m/A^2$). La inductancia del inducido del motor es muy elevada para que la corriente de inducido no tenga rizado y que la conducción sea continua.

Cuando el motor gira a 1000 r/min se observa que el motor absorbe una corriente igual a 50 A.:

a) Calcular el ángulo de encendido α de los tiristores del inducido en las condiciones anteriores.

b) Si se invierte la corriente en el inductor sin cambiar su magnitud, determinar el ángulo de encendido α de los tiristores necesario para mantener la corriente del inducido en 50 A y a la misma velocidad de 1000 r/min.

c) En las condiciones del apartado anterior, ¿cuál será la potencia que el motor devolverá a la red de c.a.?

Solución

a) La f.c.e.m. del motor cuando gira a 1000 r/min vale:

$$E_i = k_T k_e \Omega = k_T k_e 2\pi \frac{n}{60} = 1,7 \cdot 2\pi \frac{1000}{60} = 178 \text{ V} \tag{1}$$

Teniendo en cuenta que la corriente del inducido es $I_i = 50$ A, en este devanado del motor se cumple la relación:

$$U_i = E_i + R_i I_i = 178 + 0,4 \cdot 50 = 198 \text{ V} \tag{2}$$

Al llevar el resultado anterior a la expresión de la tensión de salida del convertidor monofásico se tiene:

$$U_i = \frac{2U_m}{\pi} \cos\alpha = \frac{2\sqrt{2} \cdot 230}{\pi} \cos\alpha = 198 \text{ V} \Rightarrow \cos\alpha = 0,956 \Rightarrow \alpha = 17° \tag{3}$$

que será el ángulo necesario de encendido de los tiristores del convertidor.

Si se invierte la corriente en el inductor sin cambiar su valor y se conserva la velocidad de 1000 r/min y además se mantiene el valor de la corriente del inducido (es decir, $I_i = -50$ A), se cumplirá:

$$E_i = -178 \text{ V} \Rightarrow U_i = E_i + R_i I_i = -178 + 0,4 \cdot 50 = -158 \text{ V} \tag{4}$$

Teniendo en cuenta la expresión de la tensión a la salida del convertidor se puede escribir:

$$U_i = -158 = \frac{2U_m}{\pi} \cos\alpha = \frac{2\sqrt{2} \cdot 230}{\pi} \cos\alpha \Rightarrow \cos\alpha = -0,763 \Rightarrow \alpha = 139,7° \tag{5}$$

b) Para calcular el valor del ángulo de encendido del circuito del inducido, sabemos que en este circuito se cumple el segundo lema de Kirchhoff y teniendo en cuenta que la velocidad es de 1000 r/min, resulta:

$$U_i = E_i + R_i I_i = k_T k_e \Omega + R_i I_i = 0,8 \cdot 2\pi \frac{1000}{60} + 0,2 \cdot 48,3 = 183,16 \text{ V} \qquad (6)$$

c) En el caso anterior en que el motor trabaja como freno, se devuelve energía eléctrica a la red y la potencia correspondiente es:

$$P_{\text{red}} = U_i I_i = 183,16 \cdot 50 = 7900 \text{ W} \qquad (7)$$

7.5. Un motor de c.c. con excitación independiente está controlado por dos convertidores de tiristores trifásicos en puente completo que se aplican uno al inductor y el otro al inducido del motor y ambos se alimentan de una red de c.a. trifásica de 400 V de línea y 50 Hz. El motor tiene una resistencia de inducido de 0,5 Ω y la del inductor es de 400 Ω. El circuito magnético es lineal y el parámetro producto del motor $k_T k_e$ es igual a 1,5 (en V · s/A · rad o N · m/A^2). La inductancia del inducido del motor es muy elevada para que la corriente de inducido no tenga rizado y que la conducción sea continua. Si el motor mueve un par resistente de 100 N · m a la velocidad de 1000 r/min y el inductor trabaja con la máxima corriente (es decir con un ángulo de encendido $\alpha = 0°$).

a) Calcular el ángulo de encendido α de los tiristores del inducido.

b) Hallar la velocidad del motor cuando desarrolla el mismo par mecánico, pero con un ángulo de encendido del convertidor del inducido $\alpha = 0°$.

c) Se quiere elevar la velocidad del motor a 3000 r/min aplicando la máxima tensión al inducido (es decir con $\alpha = 0°$). Eligiendo un ángulo de encendido del convertidor del inductor $\alpha = 36°$, ¿cuál será la corriente absorbida por el inducido y el par que produce el motor en estas condiciones?

Solución

a) La tensión que se aplica al inductor del motor por su convertidor trifásico y con un ángulo de encendido de los tiristores de 0° es:

$$U_e = \frac{3\sqrt{3} U_{\text{m}}}{\pi} \cos\alpha = \frac{3\sqrt{3} \cdot \left(\sqrt{2} \dfrac{400}{\sqrt{3}} \right)}{\pi} \cos 0° = \frac{3\left(\sqrt{2} \cdot 400\right)}{\pi} \cos 0° = 540,2 \text{ V} \quad (1)$$

En la expresión anterior se ha tenido en cuenta que U_{m} es la tensión máxima simple o de fase. Y a partir del resultado anterior (1) se deduce que la corriente que circula por el inductor es:

$$I_e = \frac{U_e}{R_e} = \frac{540,2}{400} = 1,35 \text{ A} \qquad (2)$$

Si el par resistente que mueve el motor es de 100 N · m y la velocidad es de 1000 r/min, se tiene:

$$T = 100 \text{ N} \cdot \text{m} = k_T k_e I_e I_i = 1,5 \cdot 1,35 \cdot I_i = 80 \implies I_i \approx 49,4 \text{ A} \qquad (3)$$

Por otra parte, la f.c.e.m. del motor es:

$$E_i = k_T k_e I_e \Omega = 1,5 \cdot 1,35 \cdot 2\pi \frac{1000}{60} = 212,06 \text{ V} \tag{4}$$

por lo que la tensión que llega al inducido vale:

$$U_i = E_i + R_i I_i = 212,06 + 0,5 \cdot 49,4 = 236,8 \text{ V} \tag{5}$$

Esta tensión es la que debe producir la salida del convertidor trifásico que alimenta al inducido del motor, por lo que se cumple, teniendo en cuenta (1):

$$U_i = 236,8 = \frac{3 \cdot \left(\sqrt{2} \cdot 400\right)}{\pi} \cos\alpha \implies \cos\alpha = 0,438 \implies \alpha = 64° \tag{6}$$

Este valor será el ángulo de encendido del puente de tiristores para que se cumplan las condiciones mencionadas.

b) Si el motor desarrolla el mismo par mecánico de 100 N · m, la corriente del inducido no cambiará y será la misma que en el caso anterior de 49,4 A, pero con un ángulo de encendido de los tiristores de 0° es evidente que aumentará la tensión aplicada al motor y su valor es ahora:

$$U_i = \frac{3\sqrt{2} \cdot 400}{\pi} \cos 0° = 540,2 \text{ V} \tag{7}$$

y en el inducido se cumple:

$$U_i = 540,2 = E_i + R_i I_i = E_i + 0,5 \cdot 49,4 \implies E_i = 515,5 \text{ V} \tag{8}$$

Teniendo en cuenta la expresión de la f.c.e.m. del motor en función de la velocidad, resulta:

$$E_i = k_T k_e I_e \Omega \implies 515,5 = 1,5 \cdot 1,35 \cdot 2\pi \frac{n}{60} \implies n = 2431 \text{ r/min} \tag{9}$$

c) Si se quiere elevar la velocidad del motor a 3000 r/min, aplicando la máxima tensión al inducido, es decir para un ángulo de encendido de los tiristores de 0°, se tendrá una tensión aplicada (7) de 540,2 V. Ahora bien si además se elige un ángulo de encendido del convertidor del inductor de 36°, la tensión y la corriente inductora tendrán en este caso los valores siguientes:

$$U_e = \frac{3\sqrt{2} \cdot 400}{\pi} \cos\alpha = \frac{3\sqrt{2} \cdot 400}{\pi} \cos 36° = 437 \text{ V} \implies I_e = \frac{U_e}{R_e} = \frac{437}{400} = 1,09 \text{ A} \tag{10}$$

Al escribir la relación de tensiones en el inducido, es decir, al aplicar el segundo lema de Kirchhoff al mismo, se tiene

$$U_i = 540,2 = E_i + R_i I_i = k_T k_e I_e \Omega + 0,5 I_i = 1,5 \cdot 1,09 \cdot 2\pi \frac{100}{60} + 0,5 I_i \implies I_i = 53,1 \text{ A} \tag{11}$$

y el par correspondiente será:

$$T = k_T k_e I_i = 1,5 \cdot 1,09 \cdot 53,1 = 86,8 \text{ N} \cdot \text{m} \tag{12}$$

7.6. velocidad de un motor de c.c. con excitación independiente está controlada por dos convertidores de tiristores trifásicos en puente completo que se aplican uno al inductor y el otro al inducido del motor y ambos se alimentan de una red de c.a. trifásica de 400 V de línea y 50 Hz. El motor tiene una resistencia de inducido de 1 Ω y la del inductor es de 200 Ω. El circuito magnético es lineal y el parámetro producto del motor $k_T k_e$ es igual a 1,2 (en V · s/A · rad o N · m/A^2). La inductancia del inducido del motor es muy elevada para que la corriente de inducido no tenga rizado y que la conducción sea continua. Si el motor gira a 900 r/min, moviendo un par resistente de 75 N · m y el convertidor del inductor trabaja con un ángulo de encendido $\alpha = 30°$, calcular:

a) La corriente absorbida por el inducido.

b) El ángulo de encendido α de los tiristores del inducido.

c) La regulación de velocidad del motor, es decir, el cambio en tanto por ciento de la velocidad entre el vacío y la plena carga.

d) El factor de potencia en la red de c.a. que alimenta el convertidor del inducido.

Solución

a) La tensión de alimentación al inductor del motor debida al convertidor trifásico teniendo en cuenta que el ángulo de encendido de los tiristores de 30° es:

$$U_e = \frac{3\sqrt{3}U_m}{\pi}\cos\alpha = \frac{3\sqrt{3}\cdot\left(\sqrt{2}\dfrac{400}{\sqrt{3}}\right)}{\pi}\cos 30° = \frac{3\left(\sqrt{2}\cdot 400\right)}{\pi}\cos 30° = 467,8 \text{ V} \tag{1}$$

donde se ha tenido en cuenta en la expresión anterior que U_m es la tensión máxima de fase. A partir del resultado anterior, se deduce que la corriente que circula por el inductor vale:

$$I_e = \frac{U_e}{R_e} = \frac{467,8}{200} = 2,34 \text{ A} \tag{2}$$

Las expresiones correspondientes del par y de la f.c.e.m. del inducido son, respectivamente:

$$T = k_T k_e I_e I_i \ ; \ E_i = k_T k_e I_e \Omega \ ; \text{ donde se cumple que } k_T k_e I_e = 1,2 \cdot 2,34 = 2,81 \ . \tag{3}$$

Como el par es de 75 N · m, se requiere por ello una corriente de inducido que se obtiene de la expresión:

$$T = k_T k_e I_e I_i = 2,81 \cdot I_i = 75 \ \Rightarrow \ I_i = 26,7 \text{ A} \tag{4}$$

y al girar el motor a una velocidad de 900 r/min, la f.c.e.m. del motor es:

$$E_i = k_T k_e I_e \Omega = 2,81 \cdot 2\pi \frac{900}{60} = 264,6 \text{ V} \tag{5}$$

b) Para calcular el ángulo de encendido del convertidor del inducido, calculamos en primer lugar la tensión que debe producir el convertidor y que alimenta al inducido aplicando del segundo lema de Kirchhoff a este circuito inducido y que teniendo en cuenta los valores del apartado anterior da lugar a:

$$U_i = E_i + R_i I_i = 264,6 + 1 \cdot 26,7 = 291,3 \text{ V} \tag{6}$$

Esta tensión es la que debe producir la salida del convertidor trifásico que alimenta al inducido del motor, por lo que se cumple:

$$U_i = 291,3 = \frac{3\sqrt{2} \cdot 400}{\pi} \cos\alpha \implies \cos\alpha = 0,539 \implies \alpha = 57,4° \tag{7}$$

Este valor será el ángulo de encendido del puente de tiristores para que se cumplan las condiciones mencionadas.

c) Para calcular la regulación de velocidad del motor, hay que tener en cuenta que la velocidad del motor en carga es $n = 900$ r/min y para calcular la velocidad en vacío n_0 (es decir cuando la corriente absorbida por el inducido es nula) se debe tener en cuenta que se cumple:

$$E_i = U_i = 291,3 = k_T k_e I_e \Omega = 2,81 \cdot 2\pi \frac{n_0}{60} \implies n_0 \approx 990 \text{ r/min} \tag{8}$$

Es por ello que la regulación de velocidad en tanto por ciento es:

$$\varepsilon = \frac{n_0 - n}{n} = \frac{990 - 900}{900} = 10\% \tag{9}$$

d) Para calcular el factor de potencia con el que trabaja el equipo, hay que tener en cuenta que la potencia eléctrica que absorbe el motor es:

$$P_i = U_i I_i = 291,3 \cdot 26,7 = 7777,7 \text{ W} \tag{10}$$

La potencia aparente que entrega la red es:

$$S = \sqrt{3} U_s I_s = \sqrt{3} \cdot 400 \cdot 26,7 = 18498,3 \text{ VA} \tag{11}$$

por lo que el factor de potencia es:

$$\text{f.d.p.} = \lambda = \frac{P_i}{S} = \frac{7777,7}{18498,3} = 0,42 \tag{12}$$

7.7. Un motor serie de c.c. se alimenta de un fuente de c.c. de 400 V a través de un *chopper* directo o reductor de tensión (cuadrante I). La resistencia combinada del inducido más la del inductor es de 0,2 Ω. La corriente media absorbida por el motor es de 150 A y está libre de rizado. El circuito magnético es lineal y el parámetro producto del motor $k_T k_e$ es igual a 0,01 (en V · s/A · rad o N · m/A^2). Si el ciclo de trabajo del *chopper* es del 50 %. Calcular:

a) La potencia eléctrica absorbida por el motor.

b) La velocidad del motor.

c) El par mecánico desarrollado.

Solución

a) a) La tensión media que produce el *chopper* y que alimenta el inducido del motor, teniendo en cuenta que el ciclo de trabajo es del 50 %, vale:

$$U_i = kU_s = 0,5 \cdot 400 = 200 \text{ V} \tag{1}$$

como la corriente del inducido es $I_i = 150$ A, la potencia eléctrica que absorbe el motor es:

$$P_{\text{motor}} = U_i I_i = 200 \cdot 150 = 30 \text{ kW} \tag{2}$$

b) Como quiera que en el inducido se cumple:

$$U_i = E_i + (R_e + R_i) I_i \implies 200 = E_i + 0,2 \cdot 150 \implies E_i = 170 \text{ V} \tag{3}$$

Teniendo en cuenta la relación que tiene la f.c.e.m. del motor con la velocidad, resulta:

$$E_i = k_T k_e I_e \Omega = 0,01 \cdot 2\pi \frac{n}{60} = 179 \text{ V} \implies n = 1082,3 \text{ r/min} \tag{4}$$

c) El par electromagnético desarrollado por el motor, teniendo en cuenta que el circuito magnético es lineal y que al ser un motor serie, la corriente del inducido es la misma que la del inductor, es:

$$T = k_T k_e I_e I_i = 0,01 \cdot 150 \cdot 150 = 225 \text{ N} \cdot \text{m} \tag{5}$$

7.8. La velocidad de un motor de c.c. con excitación independiente o separada se regula con un chopper directo o reductor de tensión (cuadrante I) que se alimenta con una fuente de c.c. de 230 V. La resistencia del inducido es de 0,5 Ω, el circuito magnético es lineal y el flujo magnético es constante, de modo que se conoce el valor del producto $k_T \Phi$ del motor que es igual a 1 V · s/rad. El par de carga es constante y requiere una corriente media del inducido de 25 A. Si se quiere regular la velocidad del motor en el rango 0 a 2000 r/min,:

a) Calcular los ciclos de trabajo que requiere el chopper para estos valores extremos.

b) ¿Cuál será la máxima velocidad que puede alcanzar el motor si el ciclo de trabajo es del 100 %?

c) ¿Qué par desarrolla el motor?

Nota. Recuérdese que las fórmulas del par y de la f.c.e.m. de un motor en función del flujo magnético inductor Φ son respectivamente: $E_i = k_T \Phi \Omega$ y $T = k_T \Phi I_i$.

Solución

a) Cuando la velocidad del motor es $n = 0$ r/min, la f.c.e.m., que es proporcional a la velocidad es cero y teniendo en cuenta que el par de carga es constante y que la corriente media es de 25 A, entonces la tensión media del inducido sería:

$$U_i = E_i + (R_e + R_i)I_i \implies U_i = 0 + 0.5 \cdot 25 \implies U_i = 12.5 \text{ V} \tag{1}$$

De acuerdo con este resultado, el ciclo de trabajo del *chopper* para $n = 0$ r/min debe ser:

$$U_i = kU_s \implies 12.5 = k \cdot 230 \implies k = 0.0543 \tag{2}$$

Cuando la velocidad es $n = 2000$ r/min se tiene una f.c.e.m. del motor que vale:

$$E_i = k_T \Phi \Omega = 1 \cdot 2\pi \frac{2000}{60} = 209.44 \text{ V} \tag{3}$$

y la tensión aplicada al inducido debe ser:

$$U_i = E_i + (R_e + R_i)I_i \implies U_i = 209.44 + 0.5 \cdot 25 \implies U_i = 221.94 \text{ V} \tag{4}$$

por lo que el ciclo de trabajo del *chopper* para $n = 2000$ r/min debe ser:

$$U_i = kU_s \implies 221.94 = k \cdot 230 \implies k = 0.965 \tag{5}$$

es decir en el rango de velocidades desde 0 a 2000 r/min, el ciclo de trabajo del *chopper* debe variar entre 0,0543 y 0,965.

b) Si el ciclo de trabajo del chopper es $k = 1$, entonces la tensión que llega al inducido del motor vale:

$$U_i = kU_s = 1 \cdot 230 = 230 \text{ V}$$

y, por consiguiente, la f.c.e.m. del motor es:

$$E_i = U_i - (R_e + R_i)I_i \implies E_i = 230 - 0.5 \cdot 25 \implies E_i = 217.5 \text{ V} \tag{6}$$

de donde se deduce:

$$E_i = 217.50 = k_T \Phi \Omega = 1 \cdot 2\pi \frac{n}{60} \implies n = 2077 \text{ r/min} \tag{7}$$

c) El par electromagnético desarrollado por el motor que es constante tiene un valor:

$$T = k_T \Phi I_i = 1 \cdot 25 = 25 \text{ N} \cdot \text{m} \qquad (8)$$

7.9. Se dispone de un *chopper* directo o reductor de tensión (cuadrante I) que trabaja a una frecuencia de 500 Hz y que se alimenta con una fuente de c.c. de 230 V. El *chopper* se emplea para regular la velocidad de un motor de c.c. con excitación independiente cuyo inducido tiene una resistencia de 0,2 Ω, y una inductancia de 3 mH. El circuito magnético del motor es lineal y la constante del motor $k = k_T k_e I_e$ es igual a 1,4 V · s/rad. El motor trabaja con corriente de excitación constante y gira a 1200 r/min cuando mueve un par resistente de 42 N · m. Calcular:

a) El ciclo de trabajo que requiere el *chopper*.

b) Las corrientes máxima y mínima en el inducido del motor.

c) Las expresiones instantáneas de la corriente del inducido durante los periodos de encendido/apagado (*ON/OFF*)) del *chopper*.

Nota. Recuérdese que las fórmulas del par y de la f.c.e.m. de un motor son las siguientes: $E_i = (k_T k_e I_e)\Omega = k\Omega$; $T = (k_T k_e I_e)I_i = k\, I_i.$

Solución

Teoría previa

Antes de resolver este problema vamos a repasar el funcionamiento de un *chopper* que trabaja en el cuadrante 1 y que alimenta un motor de c.c. que tiene una f.c.e.m. del inducido E_i y que está en serie con la resistencia del inducido R y con la inductancia L del mismo, tal como se muestra en la Figura 7.3a. El *chopper* suministra al motor una tensión variable de c.c. de valor medio U_i y una corriente media de c.c. I_i también variable, teniendo ambas magnitudes siempre signos positivos y que son los que se indican en la Figura 7.3a. Vamos a recodar las ecuaciones de comportamiento de este tipo de *chopper*, suponiendo que trabaja con conducción continua, es decir que la corriente del motor nunca llega a anularse.

Si se supone una condición inicial para la cual la corriente del inducido es $I_{mín}$ y que el interruptor estático $S1$ está apagado, cuando en $t = 0$ se enciende el IGBT señalado por $S1$ en la Figura 7.3a, la tensión de alimentación U_s llega al inducido del motor y por ello, su tensión u_i es igual a U_s. El diodo $D1$ queda sometido a tensión inversa, no conduce y toda la intensidad circula por el inducido del motor; el recorrido de la corriente se señala en trazo discontinuo en la Figura 7.3a con la etiqueta *ON*, que indica que es el sentido de la corriente cuando conduce $S1$ al aplicar un impulso de disparo a su terminal de puerta G. El tiempo durante el cual está cerrado $S1$ se denomina t_{ON}. Durante este tiempo $0 \le t < t_{ON}$ y siempre que se cumpla que $U_s > E_i$, se produce un aumento exponencial de la corriente de carga de acuerdo con la ecuación diferencial:

$$U_s = R\, i_i + L\frac{di_i}{dt} + E_i \qquad (1)$$

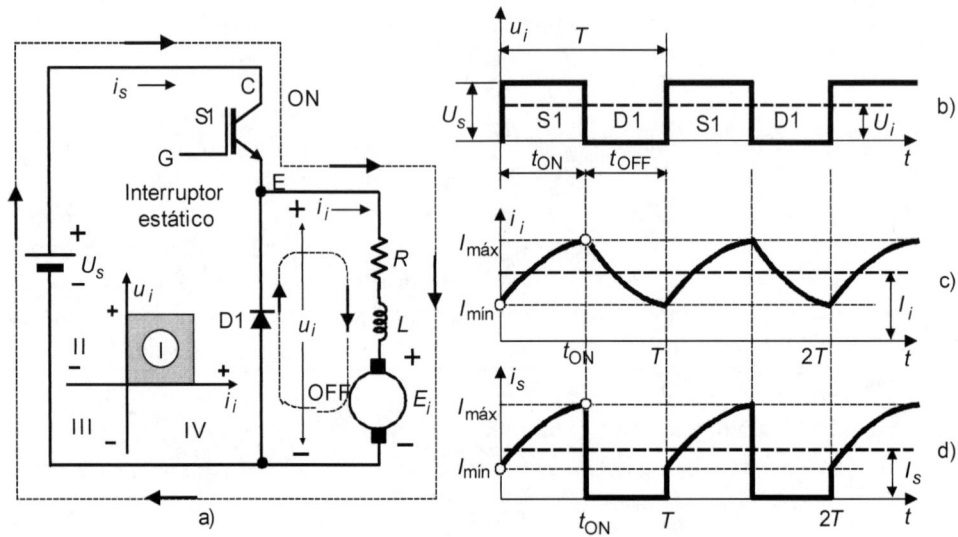

Figura 7.3

cuya solución, teniendo en cuenta que $i_i(t = 0) = I_{mín}$ (ver Figura 7.3c) es de la forma:

$$i_i(t) = I_{mín}e^{-t/\tau} + \frac{U_s - E_i}{R}\left(1 - e^{-t/\tau}\right) \tag{2}$$

En la Ecuación (2) se ha denominado $\tau = L/R$ a la constante de tiempo del inducido del motor. En la Figura 7.3c se ha representado el modo en que evoluciona la corriente i_i (t) con el tiempo y la Ecuación (2) corresponde a la forma de la onda comprendida entre 0 y t_{ON} segundos. En este periodo de tiempo, la corriente anterior es la misma que pasa por el interruptor estático $S1$ y por la fuente de alimentación U_s y que es $i_s(t)$, lo cual se puede apreciar en la Figura 7.3d. La corriente del inducido señalada en (2) para $t = t_{ON}$ da lugar al valor máximo de la corriente $I_{máx}$:

$$I_{máx} = I_{mín}e^{-t_{ON}/\tau} + \frac{U_s - E_i}{R}\left(1 - e^{-t_{ON}/\tau}\right) \tag{3}$$

En el instante $t = t_{ON}$ se bloquea el interruptor estático $S1$ aplicando una señal al electrodo de control G del IGBT. La corriente habrá alcanzado un valor máximo i_i $(t = t_{ON}) = I_{máx}$. En ese momento debido al apagado de $S1$, la corriente en el inducido del motor se cierra por el diodo volante $D1$ (ver recorrido de la corriente en el lazo de trazo discontinuo señalado en la Figura 7.3a con la etiqueta OFF). Es por ello que se cortocircuita la tensión de la carga, por lo que la tensión que llega al inducido es $u_i = 0$ y esta situación continúa hasta $t = T$. La corriente del inducido en este periodo de tiempo responde a la solución de la ecuación diferencial:

$$0 = R\,i_i + L\frac{di_i}{dt} + E_i \tag{4}$$

Si se toma ahora la condición inicial $i_i(t = 0) = I_{máx}$ y redefiniendo el origen de tiempos a partir de $t = t_{ON}$, la expresión anterior da lugar a la siguiente solución:

$$i_i(t) = I_{máx} e^{-t/\tau} - \frac{E_i}{R}\left(1 - e^{-t/\tau}\right) \tag{5}$$

La Ecuación (5) es válida para el periodo de tiempo $t_{ON} \leq t < T$ y la forma correspondiente se muestra en la Figura 7.3c. Esta corriente $i_i(t)$ se cierra por el diodo $D1$ y la corriente de alimentación i_s es nula, al estar $S1$ abierto (es decir apagado). Esta corriente va disminuyendo con el tiempo y al final de este periodo alcanza un valor mínimo $i_i(t = t_{OFF} = T - t_{ON}) = I_{mín}$. En $t = T$, el interruptor $S1$ se vuelve a cerrar nuevamente y el ciclo se repite indefinidamente. La Ecuación (5) para $t = T - t_{ON}$ nos da un valor $I_{mín}$:

$$I_{mín} = I_{máx} e^{-(T-t_{ON})/\tau} - \frac{E_i}{R}\left[1 - e^{-(T-t_{ON})/\tau}\right] \tag{6}$$

De las Ecuaciones (3) y (6) se obtienen las corrientes máxima y mínima que atraviesan el inducido siguientes:

$$I_{máx} = \frac{U_s}{R}\left(\frac{1 - e^{-t_{ON}/\tau}}{1 - e^{-T/\tau}} - \frac{E_i}{U_s}\right) \quad ; \quad I_{mín} = \frac{U_s}{R}\left(\frac{e^{t_{ON}/\tau} - 1}{e^{-T/\tau} - 1} - \frac{E_i}{U_s}\right) \tag{7}$$

El valor medio de la tensión en el inducido se obtiene fácilmente de la Figura 7.3b, lo que da lugar a:

$$U_i = \frac{1}{T}t_{ON}U_s = kU_s \quad ; \quad \text{donde } k = \frac{t_{ON}}{T} \tag{8}$$

El parámetro k define, como ya sabemos, la duración del ciclo de trabajo (*duty cycle*) del *chopper*. La corriente media en el inducido del motor I_i en régimen permanente es igual a:

$$I_i = \frac{U_i - E_i}{R} \tag{9}$$

donde U_i es el valor medio de la tensión en el inducido calculada en (8). Se puede deducir la relación entre la corriente media de alimentación I_s y la corriente media del inducido I_i considerando que al no existir pérdidas en el *chopper*, la potencia entregada por la fuente, es la misma que la potencia suministrada al motor de c.c, lo que da lugar a:

$$U_s I_s = U_i I_i = kU_s I_i \implies I_s = \frac{I_i}{k} \tag{10}$$

En este tipo de *chopper* que solamente trabaja en el cuadrante I, al no cambiar los signos de la tensión del inducido U_i y de la corriente I_i en el mismo deben ser siempre positivos, hace que la transferencia de energía solamente pueda ir desde la fuente U_s hasta el motor de c.c. Teniendo en cuenta que la velocidad de rotación n de un motor de c.c. es proporcional a la tensión aplicada a su inducido (tensión U_i) y como quiera que el par electromagnético T producido por el motor es proporcional a la corriente del inducido (se supone la excitación constante, es decir el flujo inductor constante), se pueden relacionar las variables eléctricas U_i e I_i con las variables mecánicas n y T, por lo que existe una correspondencia entre el cuadrante del plano eléctrico $u_i - i_i$ con el cuadrante mecánico $n - T$.

Hecho este pequeño repaso, vamos a resolver este problema. Recordemos que en este ejercicio se utiliza un *chopper* directo o reductor de tensión (cuadrante 1) que funciona a una frecuencia de 500 Hz y que la fuente de c.c. de alimentación es de 230 V y este *chopper* va a regular la velocidad de un motor de c.c. con excitación independiente cuyo inducido tiene una resistencia de 0,2 Ω, y una inductancia de 3 mH; además, el circuito magnético del motor es lineal y el valor de la constante del motor es $k = 1,4$ V · s/rad. Asimismo se indica que el motor trabaja con corriente de excitación constante y gira a 1200 r/min cuando mueve un par resistente de 42 N · m.

a) Como quiera que el par del motor es de 42 N · m y la constante del motor $k = k_T k_e I_e$ es igual a 1,4, se puede obtener la corriente que atraviesa el inducido de una forma directa:

$$T = kI_i = 1,4 \cdot I_i = 42 \text{ N·m} \Rightarrow I_i = 30 \text{ A} \tag{11}$$

Como quiera que con el par anterior la velocidad del motor es de 1200 r/min, el valor de la f.c.e.m. del motor en estas condiciones es:

$$E_i = k\Omega = 1,4 \cdot 2\pi \frac{1200}{60} = 175,93 \text{ V} \tag{12}$$

Por consiguiente, la tensión que llega al inducido del motor se obtiene de la ecuación siguiente:

$$U_i = E_i + R_i I_i = 175,93 + 0,2 \cdot 30 = 181,93 \text{ V} \tag{13}$$

por lo que el ciclo de trabajo del *chopper* es:

$$k = \frac{U_i}{U_s} = \frac{181,93}{230} = 0,791 \tag{14}$$

b) Antes de calcular las corrientes máxima y mínima del inducido, vamos a determinar a partir de los datos del enunciado los valores del periodo con el que trabaja el *chopper*, los tiempos t_{ON} y t_{OFF} y la constante de tiempo del inducido del motor y así se tiene:

$$f = 500 \text{ Hz} \Rightarrow T = \frac{1}{f} = \frac{1}{500} = 2 \text{ ms} \Rightarrow$$

$$\Rightarrow \begin{cases} t_{ON} = kT = 0,791 \cdot 2 = 1,582 \text{ ms} \\ t_{OFF} = (1-k)T = 0,209 \cdot 2 = 0,418 \text{ ms} \end{cases} \tag{15}$$

$$R = 0,2 \text{ Ω} \; ; \; L = 3 \text{ mHz} \Rightarrow \tau = \frac{L}{R} = \frac{3 \cdot 10^{-3}}{0,2} = 15 \text{ ms} \tag{16}$$

Por otro lado, en las Ecuaciones (7) se indicaban las expresiones de las corrientes máxima y mínima del inducido y al sustituir los valores anteriores se obtiene para la corriente máxima:

$$I_{\text{máx}} = \frac{U_s}{R}\left(\frac{1-e^{-t_{\text{ON}}/\tau}}{1-e^{-T/\tau}} - \frac{E_i}{U_s}\right) = \frac{230}{0,2}\left(\frac{1-e^{-1,582/15}}{1-e^{-2/15}} - \frac{175,93}{230}\right) \approx 42,52 \text{ A} \quad (17)$$

y para la corriente mínima resulta:

$$I_{\text{mín}} = \frac{U_s}{R}\left(\frac{e^{t_{\text{ON}}/\tau}-1}{e^{T/\tau}-1} - \frac{E_i}{U_s}\right) = \frac{230}{0,2}\left(\frac{e^{1,582/15}-1}{e^{2/415}-1} - \frac{205,21}{600}\right) \approx 17,18 \text{ A} \quad (18)$$

Por consiguiente, el valor de la corriente media que circula por el inducido del motor es aproximadamente igual a:

$$I_{\text{med}} = \frac{I_{\text{máx}}+I_{\text{mín}}}{2} = \frac{42,52+17,18}{2} = 29,85 \text{ A} \quad (19)$$

que prácticamente coincide con el valor real de 30 A calculado en el apartado a).

c) En este apartado se pide calcular las expresiones instantáneas de la corriente del inducido del motor de c.c. Para ello debemos utilizar por una parte la Ecuación (2) que nos daba la expresión instantánea de la corriente del inducido en el rango de tiempos $0 \leq t \leq t_{ON}$ y que se repite a continuación:

$$i_i(t) = I_{\text{mín}}e^{-t/\tau} + \frac{U_s-E_i}{R}\left(1-e^{-t/\tau}\right) \quad (20)$$

que al sustituir valores nos da:

$$i_i(t) = 17,18e^{-1000t/15} + \frac{230-175,93}{0,2}\left(1-e^{-1000t/15}\right) =$$
$$= 17,18e^{-66,67t} + 270,35\left(1-e^{-66,67t}\right) \quad (21)$$

es decir:

$$i_i(t) = 270,35 \quad 253,17e^{-66,67t} \quad (22)$$

En el periodo de tiempo $t_{ON} \leq t \leq T$, la corriente del inducido se expresaba en la Ecuación (5) y que se repite a continuación:

$$i_i(t) = I_{\text{máx}}e^{-t/\tau} - \frac{E_i}{R}\left(1-e^{-t/\tau}\right) \quad (23)$$

que al sustituir valores nos da:

$$i_i(t) = 42,52e^{-1000t/15} - \frac{175,93}{0,2}\left(1-e^{-1000t/15}\right) = 42,52e^{-66,67t} - 875,65\left(1-e^{-66,67t}\right) \quad (24)$$

es decir:

$$i_i(t) = -875,65 + 922,17 \ e^{-66,67t} \tag{25}$$

De este modo, las corrientes señaladas en (22) y (25), son las corrientes instantáneas que lleva el inducido en los periodos respectivos de $0 \le t \le t_{ON}$ y $t_{ON} \le t \le T$ y que se solicitaban en este último apartado del problema.

7.10. 7 El motor del problema anterior se regula con un *chopper* de dos cuadrantes (1 y 2), trabajando a 500 Hz y alimentado con la misma fuente de c.c. de 230 V. El motor va a trabajar en régimen de frenado regenerativo, con ciclo de trabajo del 40 % y llevando el inducido una corriente media de de 20 A (lógicamente de sentido contrario al problema anterior). Calcular:

a) La potencia que el motor devuelve a la red en esta situación.

b) La velocidad a la que se produce el frenado regenerativo.

c) Las corrientes máxima y mínima en el inducido del motor.

Nota. Recuérdese que las fórmulas del par y de la f.c.e.m. de un motor son las siguientes: $E_i = (k_T k_e I_e)\Omega = k\Omega$; $T = (k_T k_e I_e)I_i = k \ I_i$.

Solución

Teoría previa

Antes de resolver este problema vamos a repasar el funcionamiento de un *chopper* que trabaja en el cuadrante 2 y que alimenta un motor de c.c. que tiene una f.c.e.m. del inducido E_i y que está en serie con la resistencia del inducido R y con la inductancia L del mismo, la tal como se muestra en la Figura 7.4a. Téngase en cuenta que el *chopper* del problema anterior solamente funcionaba en el cuadrante I, transfiriendo energía desde la fuente U_s hasta el inducido del motor de c.c., pero ahora al funcionar en el cuadrante 2, se puede realizar el proceso inverso, es decir transferir energía desde el motor de c.c. a la fuente de alimentación. En esta situación se produce una inversión en el sentido de la corriente del inducido de la máquina, lo que se traduce en un frenado de motor de c.c. por el denominado método de recuperación de energía o regenerativo, debido a que en esta situación el motor trabaja en régimen generador.

En este tipo de funcionamiento no se modifica el signo de la tensión U_i que llega al motor de c.c, pero sin embargo se produce un cambio en el sentido de la corriente que atraviesa el mismo, entonces de acuerdo con el gráfico de la Figura 7.4, el convertidor trabajará en el cuadrante 3. Vamos a repasar a continuación las ecuaciones de comportamiento de este tipo de *chopper* de la Figura 7.4a, suponiendo que funciona siempre con conducción continua, es decir que se supone que la corriente del motor de c.c. nunca se anula. Debe destacarse que en esta figura se han señalado los *sentidos reales de circulación de la corriente* y que tienen signos contrarios al caso del *chopper* resuelto en el problema anterior (cuadrante 1), es decir la corriente se dirige ahora del motor de c.c. a la fuente.

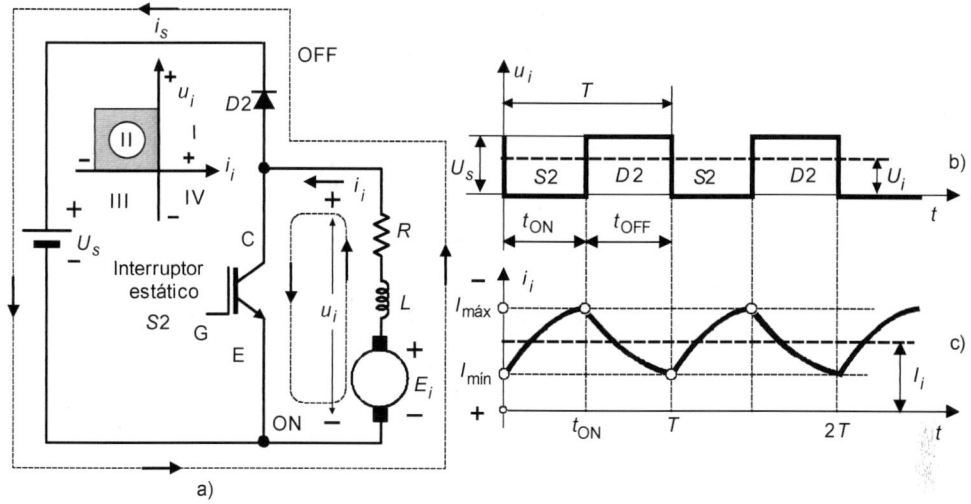

Figura 7.4

Si se supone una condición inicial para la cual la corriente del inducido del motor de c.c. es $I_{mín}$ y que el interruptor estático $S2$ está abierto (no conduce). Cuando en $t = 0$ se enciende el IGBT señalado por $S2$ en la Figura 7.4a, la tensión en el motor de c,c., está cortocircuitada por el IGBT y por tanto $u_i = 0$ y la corriente se cierra por $S2$ y la intensidad circula en sentido inverso por el inducido del motor; el recorrido de la corriente se señala en trazo discontinuo en la Figura 7.4a y con la etiqueta ON, indicando que es el sentido de la corriente cuando conduce $S2$. El tiempo durante el cual está cerrado $S2$ se denomina t_{ON}. Durante este tiempo $0 \leq t < t_{ON}$ y siempre que se cumpla que $E_i > U_s$, se produce un aumento exponencial de la corriente de carga en sentido negativo. La ecuación diferencial que rige este periodo de tiempo de encendido de $S2$ es:

$$R\, i_i + L \frac{di_i}{dt} = E_i \tag{1}$$

cuya solución, teniendo en cuenta que $i_i(t = 0) = I_{mín}$, es de la forma:

$$i_i(t) = \frac{E_i}{R}\left(1 - e^{-t/\tau}\right) + I_{mín}\, e^{-t/\tau} \tag{2}$$

En la ecuación anterior se ha denominado $\tau = L/R$ a la constante de tiempo del circuito igual que el problema anterior. En la Figura 7.4c se ha representado la forma de la corriente que recorre el inducido del motor de c.c. $i_i(t)$ y la corriente señalada en la Ecuación (2) corresponde a la forma de la onda comprendida entre 0 y t_{ON} segundos. Para $t = t_{ON}$ esta intensidad da lugar al valor máximo de la corriente $I_{máx}$ y se tiene:

$$I_{máx} = \frac{E_i}{R}\left(1 - e^{-t_{ON}/\tau}\right) + I_{mín}\, e^{-t_{ON}/\tau} \tag{3}$$

En el instante $t = t_{ON}$ se apaga al interruptor estático $S2$. La corriente en el inducido habrá alcanzado un valor máximo i_i $(t = t_{ON}) = I_{máx}$. En ese momento debido al apagado de $S2$, la corriente en el inducido del motor se cierra por el diodo $D2$ (ver recorrido de la corriente en el lazo de trazo discontinuo señalado en la Figura 7.4a con la etiqueta OFF). Es por ello que la f.c.e.m. del motor se descarga sobre la tensión de alimentación U_s, por lo que la tensión en el motor coincide con la de la red de alimentación, es decir, $u_i = U_s$, como se aprecia en la Figura 7.4b. Y esta situación continúa hasta $t = T$. La corriente en este periodo de tiempo responde a la solución de la ecuación diferencial siguiente:

$$Ri_i + L\frac{di_i}{dt} + U_s = E_i \tag{4}$$

Si se toma ahora la condición inicial i_i $(t = 0) = I_{máx}$ y redefiniendo el origen de tiempos a partir de $t = t_{ON}$, la expresión anterior da lugar a la siguiente solución:

$$i_i(t) = \frac{E_i - U_s}{R}\left(1 - e^{-t/\tau}\right) + I_{máx}e^{-t/\tau} \tag{5}$$

La Ecuación (5) es válida para el periodo de tiempo $t_{ON} \le t < T$ y la forma correspondiente se muestra en la Figura 7.4c. Esta corriente $i_i(t)$ se cierra por $D2$ y se va reduciendo con el tiempo y al final de este periodo alcanza un valor mínimo i_i $(t = t_{OFF} = T - t_{ON}) = I_{mín}$. En $t = T$, el interruptor $S2$ se vuelve a cerrar nuevamente y el ciclo se repite indefinidamente. La Ecuación (5) para $t = T - t_{ON}$ conduce a un valor $I_{mín}$:

$$I_{mín} = \frac{E_i - U_s}{R}\left(1 - e^{-(T-t_{ON})/\tau}\right) + I_{máx}e^{-(T-t_{ON})/\tau} \tag{6}$$

De las Ecuaciones (3) y (6) se obtienen las corrientes máxima y mínima que circulan por el inducido del motor de c.c. siguientes:

$$I_{máx} = \frac{U_s}{R}\left(\frac{E_i}{U_s} - \frac{e^{-t_{ON}/\tau} - e^{-T/\tau}}{1 - e^{-T/\tau}}\right) \ ; \ I_{mín} = \frac{U_s}{R}\left(\frac{E_i}{U_s} - \frac{1 - e^{-(T-t_{ON})/\tau}}{1 - e^{-T/\tau}}\right) \tag{7}$$

El valor medio de la tensión en la carga se obtiene fácilmente de la Figura 7.4b. Téngase en cuenta que la tensión instantánea en bornes del inducido del motor cumple las siguientes relaciones:

$$u_i(t) = 0 \text{ para } t \le t \le t_{ON} \ ; \ u_i(t) = U_S \text{ para } t_{ON} \le t \le T \tag{8}$$

Por lo que se tiene un valor medio de la tensión que llega al inducido del motor de c.c. que vale:

$$U_i = \frac{t_{OFF}}{T}U_s = \frac{T - t_{ON}}{T}U_s = (1 - k)U_s \ ; \ \text{donde } k = \frac{t_{ON}}{T} \tag{9}$$

El parámetro k define, como ya sabemos, la duración del ciclo de trabajo (*duty cycle*) del *chopper*. La corriente media en el inducido del motor de c.c. I_i en régimen permanente es:

$$I_i = \frac{E_i - U_i}{R} = \frac{E_i - (1-k)U_s}{R} \tag{10}$$

La relación entre la corriente media de alimentación I_s y la corriente media del inducido del motor de c.c. I_i se puede deducir, considerando que al no existir pérdidas en el *chopper*, la potencia que recibe la fuente de alimentación, es la misma que la potencia suministrada por el motor de c.c., lo que da lugar a:

$$U_s I_s = U_i I_i = (1-k)U_s I_i \;\Rightarrow\; I_s = \frac{I_i}{1-k} \tag{11}$$

En este tipo de *chopper* que solamente trabaja en el cuadrante II, el signo de U_i es positivo, pero el signo de I_i es negativo porque se dirige del motor a la fuente de alimentación, lo que provocará un frenado del motor de c.c. Y hecho este pequeño repaso, vamos a resolver este problema. Recordemos que este ejercicio tiene los mismos parámetros del problema anterior y que funcionaba a una frecuencia de 500 Hz y con la fuente de c.c. de alimentación de 230 V y el motor de c.c. era de excitación independiente con un inducido que tiene una resistencia de 0,2 Ω, y una inductancia de 3 mH; además el circuito magnético del motor es lineal y el valor de la constante del motor es $k = 1,4$ V · s/rad. Pero en este nuevo problema se modifica el ciclo de trabajo para que el motor funcione en el cuadrante 2 de modo regenerativo. Así que a continuación empezamos la resolución de este problema.

a) Ahora el ciclo de trabajo del *chopper* es $k = 0,4$, por lo que la tensión que llega al inducido es:

$$U_i = (1-k)\,U_s = (1-0,4)\cdot 230 = 138 \text{ V} \tag{12}$$

y la potencia que el motor devuelve a la red teniendo en cuenta que la corriente I_i tiene signo contrario al de régimen motor del problema anterior es:

$$P = U_i I_i = 138\cdot 20 = 2760 \text{ W} \tag{13}$$

b) En este régimen de trabajo, la f.c.e.m. del motor viene expresada por:

$$E_i = k\Omega = 1,4\cdot 2\pi\frac{n}{60} = U_i + RI_i = 138 + 0,2\cdot 20 = 142 \text{ V} \;\Rightarrow\; n = 968,6 \text{ r/min} \tag{14}$$

por lo que la velocidad a la que se produce el frenado regenerativo del motor es de 968,6 r/min.

c) Antes de calcular las corrientes máxima y mínima del inducido, vamos a recordar los valores del periodo con el que trabajaba el *chopper,* los tiempos t_{ON} y t_{OFF} y la constante de tiempo del inducido del motor y así, se tiene:

$$f = 500 \text{ Hz} \;\Rightarrow\; T = \frac{1}{f} = \frac{1}{500} = 2 \text{ ms} \;\Rightarrow$$

$$\Rightarrow\; \begin{cases} t_{ON} = kT = 0,4\cdot 2 = 0,8 \text{ ms} \\ t_{OFF} = (1-k)T = 0,6\cdot 2 = 1,2 \text{ ms} \end{cases} \tag{15}$$

$$R = 0,2 \text{ }\Omega; L = 3 \text{ mH} \;\Rightarrow\; \tau = \frac{L}{R} = \frac{3\cdot 10^{-3}}{0,2} = 15 \text{ ms} \tag{16}$$

Sustituyendo los parámetros del motor anteriores en las expresiones de las corrientes máxima y mínima (7) se obtiene:

$$I_{máx} = \frac{U_s}{R}\left(\frac{E_i}{U_s} - \frac{e^{-t_{ON}/\tau} - e^{-T/\tau}}{1 - e^{-T/\tau}} - \right) = \frac{230}{0,2}\left(\frac{142}{230} - \frac{e^{-0,8/15} - e^{-2/15}}{1 - e^{-2/15}}\right) \approx 38,50 \text{ A} \qquad (17)$$

y la corriente mínima vale:

$$I_{mín} = \frac{U_s}{R}\left(\frac{E_i}{U_s} - \frac{1 - e^{-t_{OFF}/\tau}}{1 - e^{-T/\tau}} - \right) = \frac{230}{0,2}\left(\frac{142}{230} - \frac{1 - e^{-1,2/15}}{1 - e^{-2/15}}\right) \approx 1,72 \text{ A} \qquad (18)$$

Por consiguiente, el valor de la corriente media que circula por el inducido del motor es aproximadamente igual a:

$$I_{med} = \frac{I_{máx} + I_{mín}}{2} = \frac{38,50 + 1,72}{2} = 20,1 \text{ A} \qquad (19)$$

que prácticamente coincide con el valor real de 20 A calculado en el apartado a).

De una forma similar a la que se ha seguido en el problema anterior, el lector puede comprobar que las corrientes instantáneas que atraviesan el inducido son:

En el periodo entre $0 \le t \le t_{ON}$ y de acuerdo con (2) se tiene:

$$i_i(t) = \frac{E_i}{R}\left(1 - e^{-t/\tau}\right) + I_{mín} e^{-t/\tau} \qquad (20)$$

que al sustituir valores nos da:

$$i_i(t) = \frac{142}{0,2}(1 - e^{-1000t/15}) + 1,72 e^{-1000t/15} = 710\left(1 - e^{-66,67t}\right) + 1,72 \; e^{-66,67t} \qquad (21)$$

es decir:

$$i_i(t) = 710 - 708,28 e^{-66,67t} \qquad (22)$$

La expresión instantánea de la corriente del inducido entre $t_{ON} \le t \le T$ obedece a la Expresión (5), que se repite a continuación:

$$i_i(t) = \frac{E_i - U_s}{R}\left(1 - e^{-t/\tau}\right) + I_{máx} e^{-t/\tau} \qquad (23)$$

que al sustituir valores da:

$$i_i(t) = \frac{142 - 230}{0,2}\left(1 - e^{-1000t/15}\right) + 38,50 e^{-1000t/15} = -440\left(1 - e^{-66,67t}\right) + 38,50 e^{-66,67t} \qquad (24)$$

es decir:

$$i_i(t) = -440 + 478,5 \; e^{-66,67t} \qquad (25)$$

8

Accionamientos eléctricos con motores de corriente alterna asíncronos

8.1. Se dispone de un motor asíncrono trifásico conectado en estrella de 6 polos que se alimenta con una red de 400 V de línea, 50 Hz. Los parámetros por fase del circuito equivalente del motor son: $R_s = 1,5\ \Omega$; $R'_r = 2\ \Omega$; $X_s = X'_r = 1,5\ \Omega$. Se desprecian las pérdidas mecánicas y la rama paralelo del circuito equivalente.

   a) Calcular el par máximo y velocidad correspondiente para una frecuencia de alimentación $f_s = 50$ Hz, permaneciendo constante la tensión de alimentación en su valor nominal.

   b) Si se mantiene constante el cociente U_s/f_s con un inversor, siendo la frecuencia aplicada de 30 Hz, ¿cuáles serán los valores del par máximo y la velocidad a la que se produce?

   c) Si el motor mueve una carga cuyo par resistente es proporcional a la velocidad y de la forma $T_r = 20 + 0,06n$ (con T_r en N · m y n en r/min), calcular en cada uno de los casos anteriores, la velocidad a la que girará el motor.

Solución

Los parámetros nominales del motor son:

$m_1 = 3$ (número de fases del motor); U_s(línea) = 400 V; $2p = 6$ polos; $f_s = 50$ Hz; $R_s = 1,5\ \Omega$; $R'_r = 2\ \Omega$; $X_s = X'_r = 1,5\ \Omega$.

Recordemos además que las expresiones del par máximo del motor y el deslizamiento para el que se cumple el par máximo vienen definidas por las respectivas ecuaciones siguientes:

$$T_{máx} = \frac{m_1 U_s^2}{2\pi \dfrac{n_s}{60} \cdot 2\left[R_s + \sqrt{R_s^2 + \left(X_s + X_r'\right)^2}\right]} \quad ; \quad s_{máx} = \frac{R_r'}{\sqrt{R_s^2 + (X_s + X_r')^2}} \tag{1}$$

Con esta breve introducción comenzamos la resolución del problema.

a) Cuando se tienen los parámetros U_s(línea) $= 400$ V; $2p = 6$ polos; $f_s = 50$ Hz, se tiene una velocidad de sincronismo cuyo valor es:

$$n_s = \frac{60 f_s}{p} = \frac{60 \cdot 50}{3} = 1000 \text{ r/min} \tag{2}$$

El par máximo en esta situación, aplicando la primera Ecuación (1) nos da:

$$T_{máx} = \frac{3 \cdot \left(U_s / \sqrt{3}\right)^2}{2\pi \dfrac{n_s}{60} \cdot 2\left[R_s + \sqrt{R_s^2 + \left(X_s + X_r'\right)^2}\right]} = $$

$$= \frac{400^2}{2\pi \dfrac{1000}{60} \cdot 2\left[1{,}5 + \sqrt{1{,}5^2 + (1{,}5 + 1{,}5)^2}\right]} \approx 157{,}4 \text{ N} \cdot \text{m} \tag{3}$$

y el deslizamiento para par máximo, de acuerdo con la segunda Fórmula (1) es:

$$s_{máx} = \frac{R_r'}{\sqrt{R_s^2 + (X_s + X_r')^2}} \frac{2}{\sqrt{1{,}5^2 + (1{,}5 + 1{,}5)^2}} = 0{,}596 \tag{4}$$

lo que significa que la velocidad del motor para par máximo es:

$$n = n_s \left(1 - s_{máx}\right) = 1000 \cdot (1 - 0{,}596) \approx 403{,}7 \text{ r/min} \tag{5}$$

b) Si la frecuencia aplicada al motor es de 30 Hz y se mantiene constante el cociente tensión/frecuencia (U_s/f_s), que significa que se utiliza un *control escalar* de velocidad. Al ser esta frecuencia el 60 % de la nominal de 50 Hz, la tensión aplicada debe ser el 60 % de la nominal, es decir, $0{,}6 \cdot 400 = 240$ V. Como el motor tiene 6 polos, la velocidad de sincronismo correspondiente sería:

$$n_s = \frac{60 f_s}{p} = \frac{60 \cdot 30}{3} = 600 \text{ r/min} \tag{6}$$

Pero ahora hay que tener en cuenta que al cambiar la frecuencia, varían las reactancias del motor de forma directamente proporcional a la frecuencia y las nuevas reactancias serán, por tanto:

$$X_s = X'_r = 60\% \cdot 1,5 = 0,9 \ \Omega \tag{7}$$

El par máximo en esta situación, aplicando la primera Ecuación (1) es:

$$T_{\text{máx}} = \cfrac{3 \cdot (U_s / \sqrt{3})^2}{2\pi \cfrac{n_s}{60} \cdot 2 \left[R_s + \sqrt{R_s^2 + \left(X_s + X'_r \right)^2} \right]} =$$

$$= \cfrac{240^2}{2\pi \cfrac{600}{60} \cdot 2 \left[1,5 + \sqrt{1,5^2 + \left(0,9 + 0,9 \right)^2} \right]} \approx 119.3 \ \text{N} \cdot \text{m} \tag{8}$$

y el deslizamiento para par máximo, de acuerdo con la segunda Fórmula (1) es:

$$s_{\text{máx}} = \cfrac{R'_r}{\sqrt{R_s^2 + \left(X_s + X'_r \right)^2}} = \cfrac{2}{\sqrt{1,5^2 + \left(0,9 + 0,9 \right)^2}} = 0,8535 \tag{9}$$

lo que significa que la velocidad del motor para par máximo es:

$$n = n_s \left(1 - s_{\text{máx}} \right) = 600 \cdot \left(1 - 0,8535 \right) \approx 87,9 \ \text{r/min} \tag{10}$$

Es instructivo dibujar con MATLAB las curvas par-velocidad del motor para los dos casos estudiados y comprobar los puntos en los que se produce el par máximo y la velocidad a las que se obtienen. Para ello se han preparado las siguientes instrucciones para el apartado a), cuando se tiene que: U_s(línea) = 400 V y f_s = 50 Hz.

Resolución con MATLAB®

```
>> m1 = 3;Us = 400/sqrt(3); Rs = 1.5; Rr = 2;Xs = 1.5; Xr = 1.5;p =
3; fs = 50; % Parámetros del motor: número de fases, Tensión simple
estátor, resistencias del estátor y del rotor; reactancias del es-
tátor y del rotor a la frecuencia fs(realmente los parámetros del
rotor son reducidos al estátor); pares de polos del motor y frecuen-
cia del estátor.
>> ns = 60*fs/p; Velocidad de sincronismo del motor.
>> n = 0:.01:ns; % Rango de variación de velocidades del rotor que
se quiere estudiar(zona motor).
>> s = (ns-n)/ns; % Deslizamiento del motor.
>> num = (m1*(Rr./s)*Us^2); % Numerador de la expresión del par.
>> den = ((2*pi*ns/60)*((Rs+Rr./s).^2+(Xs+Xr)^2)); % Denominador de
la expresión del par.
>> T = num./den; % Par electromagnético del motor.
>> plot(n,T,'linewidth',2) % Así se dibuja la curva del par en fun-
ción de la velocidad mecánica del motor.
>> grid; % Colocación de una rejilla en la curva anterior.
```

```
>> xlabel('Velocidad n en r/min');ylabel('Par T en N · m') % % Para
poner etiquetas al gráfico.
```

Con el programa anterior se obtiene la primera respuesta par-velocidad que se muestra en la Figura 8.1 y que es la superior. Se observa que el par máximo en este caso es de 157,4 N · m y se produce a una velocidad de 403,7 r/min y que se ha calculado en el apartado a) de este problema. Debe advertirse que se han añadido datos en el gráfico con un programa de dibujo especial para señalar estos puntos. Para representar las curvas par-velocidad en el segundo caso, se debe mantener el gráfico anterior añadiendo la siguiente sentencia:

```
>> hold on; % Esta sentencia sirve para mantener dibujada la curva
de par-velocidad anterior.
```

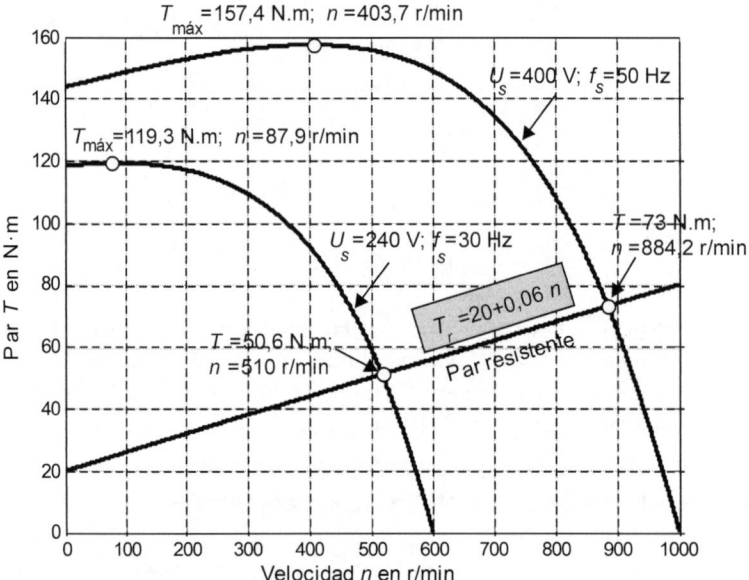

Figura 8.1

Se debe repetir el programa para el caso b) con los datos: U_s(línea) = 240 V, f_s = 30 Hz, y teniendo en cuenta que al cambiar la frecuencia se deben cambiar los valores de las reactancias para adaptarlas a la nueva frecuencias. El lector puede comprobar los valores del par máximo y la velocidad correspondientes a este segundo caso y que se han señalado en la Figura 8.1, que según los resultados (8) y (9) son, respectivamente, $T_{máx}$ = 119,3 N · m y n = 87,9 r/min.

c) Si el par resistente del motor sigue la ley: $T_r = 20 + 0,06\ n$ y se desean calcular las velocidades del motor con este tipo de par y en los dos casos anteriores, hay que tener en cuenta que el par motor (igualado al par resistente) viene expresado por la ecuación:

$$T = T_r = 20 + 0,06n = 20 + 0,06 \cdot n_s \left(1-s\right) = \frac{3 \cdot \left(U_s/\sqrt{3}\right)^2 R_r'}{2\pi \dfrac{n_s}{60} s \left[\left(R_s + \dfrac{R_r'}{s}\right)^2 + \left(X_s + X_r'\right)^2\right]} \tag{11}$$

Así en el caso a) en que se tiene: U_s(línea) = 400 V; f_s = 50 Hz; R_s = 1,5 Ω; $R_r' = 2\ \Omega$; $X_s = X_r' = 1,5\ \Omega$ y n_s = 1000 r/min, al sustituir estos valores en (11) se obtiene:

$$T = 20 + 60 \cdot \left(1-s\right) = \frac{400^2 \cdot 2}{2\pi \dfrac{1000}{60} s \left[\left(1,5 + \dfrac{2}{s}\right)^2 + \left(1,5+1,5\right)^2\right]} \tag{12}$$

que al operar da lugar a la ecuación cúbica siguiente:

$$70686s^3 - 56548,8s^2 + 294867,2s - 33510,4 = 0 \ \Rightarrow \ s^3 - 0,8s^2 + 4,172s - 0,474 = 0 \quad (13)$$

Se resuelve esta ecuación utilizando MATLAB de acuerdo con las instrucciones siguientes:

Resolución con MATLAB®

```
>> ecuacion = @(s) [s^3-0.8*s^2+4.172*s -0.474]; % Se escribe la Ecua-
ción (13).
>> s0 = [0.15]; % Se fija un valor de inicio para el cálculo del
deslizamiento.
>> s = fsolve (ecuacion,s0) % Se resuelve la ecuación y se calcula
el deslizamiento.
>> T = 20+60*(1-s) % Se calcula el par correspondiente con el des-
lizamiento anterior, teniendo en cuenta la expresión del par resis-
tente indicado en el primer miembro de la ecuación(12).
```

El resultado que se obtiene es un deslizamiento s = 0,1158, que corresponde a una velocidad $n = n_s(1-s)$ = 1000(1−0,1158) = 884,2 r/min y a un par T = 73 N · m y este punto de trabajo se ha representado en la Figura 8.1. De un modo análogo para el caso b) se tiene: U_s(línea) = 240 V; f_s = 30 Hz; R_s = 1,5 Ω ; $R_r' = 2\ \Omega$; $X_s = X_r' = 0,9\ \Omega$ y n_s = 600 r/min. Al sustituir estos valores en (11) se obtiene:

$$T = 20 + 36 \cdot \left(1-s\right) = \frac{240^2 \cdot 2}{2\pi \dfrac{600}{60} s \left[\left(1,5 + \dfrac{2}{s}\right)^2 + \left(0,9+0,9\right)^2\right]} \tag{14}$$

que al operar da lugar a la ecuación cúbica siguiente:

$$12418,1s^3 - 5745,36s^2 + 94088,46s - 14074,364 = 0 \quad \Rightarrow$$

$$\Rightarrow s^3 - 0,463s^2 + 7,58s - 1,133 = 0 \qquad (15)$$

Resolviendo la ecuación anterior de un modo análogo al caso anterior se obtiene un deslizamiento $s \approx 0,150$, que corresponde a una velocidad $n = n_s(1-s) = 600(1-0,150) = 510$ r/min y a un par $T \approx 50,6$ N · m y este punto de trabajo se ha representado en la Figura 8.1.

8.2. Se dispone de un motor asíncrono trifásico conectado en estrella de 4 polos que se alimenta con una red de 400 V de línea, 50 Hz. Los parámetros por fase del circuito equivalente del motor son: $R_s = R_r' = 0,2\ \Omega$; $X_s = X_r' = 0,5\ \Omega$. Se desprecian las pérdidas mecánicas y la rama paralelo del circuito equivalente del motor. Se desea regular la velocidad del motor manteniendo el cociente U_s/f_s constante.

a) Determinar la velocidad para el par máximo y el valor de este par en las condiciones nominales de $U_s = 400$ V y $f_s = 50$ Hz.

b) Contestar a la pregunta anterior si $U_s = 100$ V y $f_s = 12,5$ Hz, es decir, se reducen tanto la tensión y la frecuencia a 1/4 de sus valores nominales.

c) Si la frecuencia aplicada al motor es $f_s = 12,5$ Hz como en el caso anterior, ¿cuál debe ser la tensión compuesta de alimentación para que el par máximo producido sea el mismo que se tenía para $f_s = 50$ Hz?

d) Si el par de carga es constante y vale 200 N · m, ¿cuál será la velocidad que adquiere el motor en los tres casos anteriores?

Solución

Los parámetros nominales del motor son:

$m_1 = 3$ (número de fases del motor); U_s(línea) = 400 V; $2p = 4$ polos; $f_s = 50$ Hz; $R_s = R_r' = 0,2\ \Omega$; $X_s = X_r' = 0,5\ \Omega$.

a) Recordemos además que las expresiones del deslizamiento para el que se cumple el par máximo y el par máximo correspondiente vienen definidas por las ecuaciones siguientes:

$$s_{\text{máx}} = \frac{R_r'}{\sqrt{R_s^2 + \left(X_s + X_r'\right)^2}} \ ; \ T_{\text{máx}} = \frac{m_1 U_s^2}{2\pi \dfrac{n_s}{60} \cdot 2\left[R_s + \sqrt{R_s^2 + \left(X_s + X_r'\right)^2}\right]} \qquad (1)$$

y de este modo se obtiene:

$$s_{\text{máx}} = \frac{0,2}{\sqrt{0,2^2 + \left(0,5+0,5\right)^2}} = 0,196 \qquad (2)$$

Como la velocidad de sincronismo es:

$$n_s = \frac{60 f_s}{p} = \frac{60 \cdot 50}{2} = 1500 \text{ r/min} \tag{3}$$

la velocidad del motor para par máximo es:

$$n = n_s \left(1 - s_{\text{máx}}\right) = 1500 \cdot \left(1 - 0,196\right) \approx 1205,8 \text{ r/min} \tag{4}$$

y el valor del par máximo de acuerdo con la segunda Ecuación (1) nos da:

$$T_{\text{máx}} = \frac{3 \cdot \left(400/\sqrt{3}\right)^2}{2\pi \dfrac{1500}{60} \cdot 2 \left[0,2 + \sqrt{0,2^2 + \left(0,5 + 0,5\right)^2}\right]} \approx 417,45 \text{ N} \cdot \text{m} \tag{5}$$

b) Cuando se tienen los parámetros U_s(línea) = 100 V; $2p$ = 4 polos; f_s = 50/4 = 12,5 Hz. Y ahora hay que tener en cuenta que al cambiar la frecuencia, varían las reactancias del motor de forma directamente proporcional a la frecuencia y como la reactancias a 50 Hz eran de 0,5 Ω, las nuevas reactancias a 12,5 Hz serán por ello las siguientes:

$$X_s = X_r' = 0,5 \cdot \left(\frac{12,5}{50}\right) = 0,125 \; \Omega \tag{6}$$

por lo que el deslizamiento para par máximo, según la primera Ecuación (1) vale:

$$s_{\text{máx}} = \frac{R_r'}{\sqrt{R_s^2 + \left(X_s + X_r'\right)^2}} = \frac{0,2}{\sqrt{0,2^2 + \left(0,125 + 0,125\right)^2}} = 0,6247 \tag{7}$$

Teniendo en cuenta ahora que la velocidad de sincronismo del motor es:

$$n_s = \frac{60 f_s}{p} = \frac{60 \cdot 12,5}{2} = 375 \text{ r/min} \tag{8}$$

La nueva velocidad del motor para par máximo será:

$$n = n_s \left(1 - s_{\text{máx}}\right) = 375 \cdot \left(1 - 0,6247\right) \approx 140,7 \text{ r/min} \tag{9}$$

y el par máximo de acuerdo con la segunda Ecuación (1) es:

$$T_{\text{máx}} = \frac{3 \cdot \left(U_s/\sqrt{3}\right)^2}{2\pi \dfrac{n_s}{60} \cdot 2 \left[R_s + \sqrt{R_s^2 + \left(X_s + X_r'\right)^2}\right]} = \tag{10}$$

$$= \frac{400^2}{2\pi \dfrac{1200}{60} \cdot 2 \left[0,2 + \sqrt{0,2^2 + \left(0,125 + 0,125\right)^2}\right]} \approx 244,8 \text{ N} \cdot \text{m}$$

Es interesante analizar los resultados de este apartado b) y compararlos con los obtenidos en el apartado a). Debe recordarse que cuando se realiza un *control escalar* de la velocidad de un motor asíncrono, se debe mantener el cociente tensión/frecuencia (U_s/f_s) constante. En el apartado a) este cociente era $400/50 = 8$ y en este apartado b) el cociente ha sido de $100/12,5 = 8$, que también es el mismo, lo que indica un funcionamiento con control escalar de la velocidad. Sin embargo en el caso anterior, el par máximo era de 417,5 N · m y sin embargo ahora ha sido de 244,8 N · m, es decir no se mantiene el valor del par máximo en el rango de frecuencias analizado (50 Hz, en el primer caso hasta 12,5 Hz en el segundo). Para mantener el par máximo a bajas velocidades es preciso que la tensión aplicada al estátor sea superior a la que le correspondería de acuerdo con el criterio de que la relación U_s/f_s sea constante y esta situación es la que se plantea en el apartado c) de este problema y que resolvemos a continuación.

c) En este caso, la frecuencia aplicada al motor es $f_s = 12,5$ Hz y como se desea obtener el mismo par máximo que cuando funcionaba a 50 Hz (que según el resultado del apartado a) era de 417,45 N · m), se deberá aplicar una tensión compuesta al motor U_s que cumpla la ecuación del par máximo siguiente:

$$T_{\text{máx}} = 417,45 = \frac{3 \cdot \left(U_s / \sqrt{3}\right)^2}{2\pi \dfrac{375}{60} \cdot 2\left[0,2 + \sqrt{0,2^2 + (0,125 + 0,125)^2}\right]} \Rightarrow U_s = 130,6 \text{ V} \quad (11)$$

De acuerdo con esta respuesta —y que lógicamente se produce a la velocidad de 140,7 r/min, señalada en (9)—, el cociente tensión/frecuencia (U_s/f_s) en este caso es igual a $130,6/12,5 \approx 10,45$, que es superior al valor 8 que se tenía en los dos casos anteriores. Este resultado se debe a que a bajas frecuencias, es decir, para bajas velocidades del motor, tiene una gran influencia la caída de tensión en las resistencias del motor (respecto a las caídas de tensión en las reactancias que se han reducido) y de ahí que cuando se realiza un control escalar se debe aumentar la tensión aplicada en el rango inferior de velocidades para intentar mantener el par máximo del motor.

Consideramos que es muy pedagógico comprobar estos resultados de un modo gráfico, dibujando las curvas par-velocidad del motor con el software MATLAB, para diversas combinaciones de tensiones y frecuencias aplicadas a la máquina, en los que primeramente se mantienen constantes los cocientes U_s/f_s. En el programa que se muestra a continuación se han dibujado estas curvas con los parámetros siguientes:

$$1. \; U_s = 400 \text{ V} ; \; 50 \text{ Hz} ; \; R_s = R_r^{'} = 0,2\ \Omega ; \; X_s = X_r^{'} = 0,5\ \Omega$$

$$2. \; U_s = 320 \text{ V} ; \; 40 \text{ Hz} ; \; R_s = R_r^{'} = 0,2\ \Omega ; \; X_s = X_r^{'} = 0,4\ \Omega$$

$$3. \; U_s = 240 \text{ V} ; \; 30 \text{ Hz} ; \; R_s = R_r^{'} = 0,2\ \Omega ; \; X_s = X_r^{'} = 0,3\ \Omega \quad (12)$$

$$4. \; U_s = 160 \text{ V} ; \; 20 \text{ Hz} ; \; R_s = R_r^{'} = 0,2\ \Omega ; \; X_s = X_r^{'} = 0,2\ \Omega$$

$$5. \; U_s = 100 \text{ V} ; \; 2,5 \text{ Hz} ; \; R_s = R_r^{'} = 0,2\ \Omega ; \; X_s = X_r^{'} = 0,125\ \Omega$$

También se ha aprovechado en dibujar un caso 6) y que corresponde a los siguientes parámetros:

$$6.\ U_S = 130,6 \text{ V} ; 12,5 \text{ Hz} ; R_S = R_r^{'} = 0,2\ \Omega ; X_S = X_r^{'} = 0,125\ \Omega$$

Este último dibujo se va a representar en trazo discontinuo y es la curva correspondiente al apartado c) de este problema en el que se ha aumentado la tensión aplicada al motor para que tenga un par máximo de 417,45 N · m igual que el correspondiente al caso 1).

Nota. Lógicamente se observa que se han cambiado las reactancias para adaptarlas a las frecuencias de cada caso.

Las instrucciones simplificadas son las siguientes:

Resolución con MATLAB®

```
>> m1 = 3;Us = 400/sqrt(3); Rs = 0.2; Rr = 0.2; Xs = 0.5; Xr = 0.5;p
= 2; fs = 50; ns = 60*fs/p; n = 0:.01:ns;s = (ns-n)/ns; % Parámetros
del motor en el caso 1) y expresiones de la velocidad de sincronismo;
rango de variación de la velocidad y deslizamiento.
>>num = (m1*(Rr./s)*Us^2);den = ((2*pi*ns/60)* ((Rs+Rr./s). ^2 +
(Xs+Xr)^2)); T = num./den; plot(n,T,'linewidth',2) % Cálculo del par
y dibujo correspondiente.
>> hold on; % se mantiene el gráfico anterior.
>> m1 = 3;Us = 320/sqrt(3); Rs = 0.2; Rr = 0.2; Xs = 0.4; Xr = 0.4;p
= 2; fs = 40; ns = 60*fs/p; n = 0:.01:ns;s = (ns-n)/ns; % Parámetros
del motor en el caso 2) y expresiones de la velocidad de sincronismo;
rango de variación de la velocidad y deslizamiento.
>>num = (m1*(Rr./s)*Us^2); den = ((2*pi*ns/60) * ((Rs+Rr./s).^2 +
(Xs+Xr)^2)); T = num./den; plot(n,T,'linewidth',2) % Cálculo del par
y dibujo correspondiente.
>> hold on; % se mantiene el gráfico anterior.
>> m1 = 3;Us = 240/sqrt(3); Rs = 0.2; Rr = 0.2; Xs = 0.3; Xr = 0.3;p
= 2; fs = 30; ns = 60*fs/p; n = 0:.01:ns;s = (ns-n)/ns; % Parámetros
del motor en el caso 3) y expresiones de la velocidad de sincronismo;
rango de variación de la velocidad y deslizamiento.
>>num = (m1*(Rr./s)*Us^2); den = ((2*pi*ns/60) * ((Rs+Rr./s).^2 +
(Xs+Xr)^2)); T = num./den; plot(n,T,'linewidth',2) % Cálculo del par
y dibujo correspondiente.
>> hold on; % se mantiene el gráfico anterior.
>> m1 = 3;Us = 160/sqrt(3); Rs = 0.2; Rr = 0.2; Xs = 0.2; Xr = 0.2;p
= 2; fs = 20; ns = 60*fs/p; n = 0:.01:ns;s = (ns-n)/ns; % Parámetros
del motor en el caso 4) y expresiones de la velocidad de sincronismo;
rango de variación de la velocidad y deslizamiento.
>>num  =  (m1*(Rr./s)*Us^2);den  =  ((2*pi*ns/60)  *  ((Rs+Rr./s).
^2+(Xs+Xr)^2)); T = num./den; plot(n,T,'linewidth',2) % Cálculo del
par y dibujo correspondiente.
>> hold on; % se mantiene el gráfico anterior.
```

```
>> m1 = 3;Us = 100/sqrt(3); Rs = 0.2; Rr = 0.2; Xs = 0.125; Xr =
0.125;p = 2; fs = 12.5; ns = 60*fs/p; n = 0:.01:ns;s = (ns-n)/ns; %
```
Parámetros del motor en el caso e5) y expresiones de la velocidad de sincronismo; rango de variación de la velocidad y deslizamiento.

```
>>num = (m1*(Rr./s)*Us^2);den = ((2*pi*ns/60) * ((Rs+Rr./s).
^2+(Xs+Xr)^2)); T = num./den; plot(n,T,'linewidth',2) % Cálculo del
```
par y dibujo correspondiente.

`>> hold on; % se mantiene el gráfico anterior.`

```
>> m1 = 3;Us = 130.6/sqrt(3); Rs = 0.2; Rr = 0.2; Xs = 0.125; Xr =
0.125;p = 2; fs = 12.5; ns = 60*fs/p; n = 0:.01:ns;s = (ns-n)/ns; %
```
Parámetros del motor en el caso 6), pero modificando la tensión aplicada para que el par máximo coincida con el que tenía el motor con 400 V y 50Hz. Expresiones de la velocidad de sincronismo; rango de variación de la velocidad y deslizamiento.

```
>>num = (m1*(Rr./s) *Us^2); den = ((2*pi*ns/60) *((Rs+Rr./s).
^2+(Xs+Xr)^2)); T = num./den; plot(n,T,'linewidth',2) % Cálculo del
```
par.

`>> hold on; % se mantiene el gráfico anterior.`

`>> grid; % Colocación de una rejilla en todo el gráfico de las curvas.`

```
>> xlabel('Velocidad n en r/min');ylabel('Par T en N · m') % Para
```
poner etiquetas al gráfico completo.

Con el programa anterior se obtienen las curvas par-velocidad correspondientes que se muestran en la Figura 8.2. Debe advertirse que se han añadido datos y retoques en el gráfico con un programa de dibujo especial para destacar aspectos específicos.

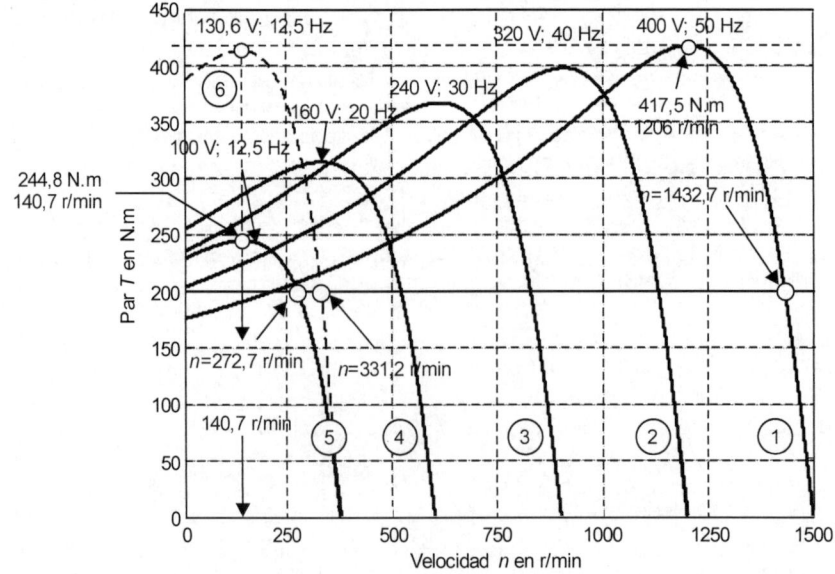

Figura 8.2

Las curvas de trazo continuo que se muestran en la Figura 8.2 corresponden a los valores de los parámetros del motor señalados en los casos 1 a 5 de las Expresiones (16), en los que se aplican tensiones y frecuencias que tienen un cociente U_s/f_s constante. Se observa en estas respuestas par/velocidad, que conforme se reduce la frecuencia (y por tanto la tensión aplicada), el par máximo de las curvas se va reduciendo, debido a la influencia de la caída de tensión en las resistencias del motor respecto a las caídas de tensión en las reactancias correspondientes a cada situación. Esto significa que el *control escalar de velocidad* de un motor manteniendo constante el cociente U_s/f_s no es un método idóneo y que conforme se reduce la frecuencia debe elevarse la tensión para mantener el par máximo y mejorar la respuesta del motor. Esto se puede comprobar en la Figura 8.2 donde la curva de trazo discontinuo corresponde a una frecuencia de 12,5 Hz, pero habiéndose aplicado una tensión de 130,6 V en vez de los 100 V que le correspondería para mantener el cociente U_s/f_s constante; esta tensión es en definitiva la que se había calculado en el apartado c) de este problema. El lector puede comprobar que esta curva de trazo discontinuo tiene el mismo par máximo que la primera de ellas cuyos valores son $U_s = 400$ V, $f_s = 50$ Hz. Es interesante además comparar las respuestas de los casos 5 y 6; ambas curvas corresponden a la misma frecuencia aplicada de 12,5 Hz, pero en el caso 5 la tensión aplicada es de 100 V (para mantener el cociente U_s/f_s constante) y es la curva de trazo continuo de la Figura 8.2, mientras que la de trazo discontinuo, la tensión aplicada ha sido de 130,6 V.

d) Si el par resistente del motor es constante y vale 200 N · m y se desean calcular las velocidades del motor en los tres casos anteriores, hay que tener en cuenta que el par motor viene expresado por la ecuación:

$$T = \frac{3 \cdot \left(U_S/\sqrt{3}\right)^2 R'_r}{2\pi \dfrac{n_S}{60} s \left[\left(R_S + \dfrac{R'_r}{s}\right)^2 + \left(X_S + X'_r\right)^2\right]} \qquad (13)$$

que se puede escribir de la forma siguiente:

$$T = \frac{R'_r U_S^2}{2\pi \dfrac{n_S}{60} s \left[\left(R_S + \dfrac{R'_r}{s}\right)^2 + \left(X_S + X'_r\right)^2\right]} \Rightarrow$$

(14)

$$\Rightarrow \left[\frac{R'_r \cdot 60 \cdot U_S^2}{T \cdot 2\pi \cdot n_S}\right]\frac{1}{s} - \left(R_S + \frac{R'_r}{s}\right)^2 - \left(X_S + X'_r\right)^2 = 0$$

De acuerdo con el enunciado del problema, se han de calcular las velocidades del motor para los casos siguientes:

1. $U_s = 400$ V ; 50 Hz ; $R_s = R_r' = 0,2\ \Omega$; $X_s = X_r' = 0,5\ \Omega$

2. $U_s = 100$ V ; 12,5 Hz ; $R_s = R_r' = 0,2\ \Omega$; $X_s = X_r' = 0,125\ \Omega$ (15)

3. $U_s = 240$ V ; 130,6 Hz ; $R_s = R_r' = 0,2\ \Omega$; $X_s = X_r' = 0,125\ \Omega$

Para facilitar este cálculo se va a utiliza el programa MATLAB de acuerdo con las instrucciones que se escriben a continuación:

Resolución con MATLAB®

```
>> Us = 400; Rs = 0.2; Rr = 0.2;Xs = 0.5; Xr = 0.5;p = 2; fs = 50;
T = 200; ns = 60*fs/p; % Parámetros del motor, par y velocidad de
sincronismo, para el caso 1) señalado en (15).
>> a = (Rr*60*(Us^2))/(T*2*pi*ns); % Este parámetro es el valor del
factor entre corchetes del primer miembro de la segunda Ecuación
(14).
>> ecuacion = @(s)[a/s-(Rs+Rr/s)^2-(Xs+Xr)^2 0]; % Se escribe la
Ecuación (14).
>> s0 = [0.05]; % Se fija un valor de inicio para el cálculo del
deslizamiento.
>> s = fsolve (ecuacion,s0) % Se resuelve la ecuación(18) y se calcula
el deslizamiento para el cual se anula la función.
```

y se obtiene el resultado siguiente:

```
s = 0.0448
>> n = ns*(1-s) % Se calcula la velocidad del motor.
```

y se obtiene el resultado siguiente:

```
n = 1.4327e+03.
```

Se repite el programa anterior para el caso 2) señalado en (15):

```
>> Us = 100; Rs = 0.2; Rr = 0.2;Xs = 0.125; Xr = 0.125;p = 2; fs =
12.5; T = 200; ns = 60*fs/p; % Parámetros del motor, par y velocidad
de sincronismo para el caso 2) señalado en (15).

>> a = (Rr*60*(Us^2))/(T*2*pi*ns); % Este parámetro es el valor del
factor entre corchetes del primer miembro de la segunda Ecuación
(14).
>> ecuacion = @(s)[a/s-(Rs+Rr/s)^2-(Xs+Xr)^2 0]; % Se escribe la
Ecuación (14).
>> s0 = [0.3]; % Se fija un valor de inicio para el cálculo del
deslizamiento.
>> s = fsolve (ecuacion,s0) % Se resuelve la ecuación y se calcula
el deslizamiento para el cual se anula la función.
```

y se obtiene el resultado siguiente:
```
n = 272.7503.
```

Se repite el programa anterior para el caso 3) señalado en (15):

```
>> Us = 130.6; Rs = 0.2; Rr = 0.2;Xs = 0.125; Xr = 0.125;p = 2; fs
= 12.5; T = 200; ns = 60*fs/p; % Parámetros del motor, par y velocidad
de sincronismo para el caso 3) señalado en (15).
>> a = (Rr*60*(Us^2))/(T*2*pi*ns); % Este parámetro es el valor del
factor entre corchetes del primer miembro de la segunda Ecuación
(14).
>> ecuacion = @(s)[a/s-(Rs+Rr/s)^2-(Xs+Xr)^2 0]; % Se escribe la
Ecuación (14).
>> s0 = [0.15]; % Se fija un valor de inicio para el cálculo del
deslizamiento.
>> s = fsolve (ecuacion,s0) % Se resuelve la ecuación y se calcula
el deslizamiento para el cual se anula la función.
```

y se obtiene el resultado siguiente:

```
s = 0.1168.
>> n = ns*(1-s) % Se calcula la velocidad del motor.
```

y se obtiene el resultado siguiente:

```
n = 331.1866
```

En definitiva, de acuerdo con lo anterior, los resultados de deslizamiento y velocidad que se obtienen para los tres casos señalados en (15) son los siguientes:

$$
\begin{aligned}
&1.\ U_s = 400\ \text{V}\ ;\ 50\ \text{Hz}\quad\ ;\ s \approx 0{,}045\ ;\ n = 1432{,}7\ \ \text{r/min}\\
&2.\ U_s = 100\ \text{V}\ ;\ 12{,}5\ \text{Hz}\quad ;\ s \approx 0{,}273\ ;\ n = 272{,}7\ \ \text{r/min}\\
&3.\ U_s = 130{,}6\ \text{V}\ ;\ 12{,}5\ \text{Hz}\ ;\ s \approx 0{,}117\ ;\ n = 331{,}2\ \ \text{r/min}
\end{aligned}
\tag{16}
$$

En la Figura 8.2 se mostraba la recta horizontal correspondiente al par resistente constante de 200 N · m y sus intersecciones con las curvas par/velocidad correspondientes a los tres casos cuyos datos y soluciones son los señalados en (16).

8.3. Un motor asíncrono trifásico conectado en estrella tiene los siguientes datos nominales: 30 kW; 1465 r/min; 400 V; 50 Hz. Los parámetros por fase del circuito equivalente del motor son: $R_s = 0{,}05\ \Omega$; $R_r' = 0{,}01\ \Omega$; $X_s = 0{,}20\ \Omega$; $X_r' = 0{,}40\ \Omega$; $X_m - 30\ \Omega$. Se desprecian las pérdidas mecánicas y las pérdidas en el hierro del motor. Se desea regular la velocidad del motor manteniendo el flujo magnético del entrehierro constante (es decir se debe mantener constante el cociente E_s/f_s). Si la frecuencia aplicada con el inversor trifásico de alimentación al motor es de 10 Hz y el par resistente de carga es constante, calcular en esta situación:

a) La f.e.m. del estátor E_s por fase.

b) La corriente absorbida de la red.

c) La tensión aplicada al motor U_s por fase.

d) El factor de potencia y rendimiento del motor.

Sugerencia. Cuando se mantiene constante el cociente E_s/f_s en el motor, la velocidad de deslizamiento $n_r = n_s - n$ se mantiene constante a todas las frecuencias.

Solución

Los parámetros nominales del motor son:

$m_1 = 3$ (trifásico); $P_m = 30$ kW; $n = 1465$ r/min ($2p = 4$ polos); U_s(línea) $= 400$ V; $f_s = 50$ Hz

$$R_s = 0,05 \ \Omega; \ R_r' = 0,01 \ \Omega \ ; \ X_s = 0,20 \ \Omega; \ X_r' = 0,40 \ \Omega \ ; \ X_m = 30 \ \Omega$$

a) A partir de los parámetros anteriores se obtienen los siguientes resultados:

Velocidad de sincronismo a 50 Hz:

$$n_s = \frac{60 f_s}{p} = \frac{60 \cdot 50}{2} = 1500 \text{ r/min} \tag{1}$$

por lo que el deslizamiento cuando el motor gira a la velocidad de 1465 r/min es:

$$s = \frac{n_s - n}{n_s} = \frac{1500 - 1465}{1500} = 0,0233 \tag{2}$$

y la velocidad de deslizamiento a 50 Hz vale:

$$n_r = n_s - n = 1500 - 1465 = 35 \text{ r/min} \tag{3}$$

Hay que recordar que cuando un motor asíncrono trabaja con el cociente E_s/f_s constante, la velocidad de deslizamiento es la misma para todas las frecuencias de trabajo del motor. Esta propiedad se señala en la Figura 8.3 y de acuerdo con ello, si la frecuencia de la red se reduce hasta 10 Hz, la velocidad de deslizamiento a esta frecuencia es la señalada en la Expresión (3), lo que indica como se muestra en la Figura 8.3 que con el par nominal constante, la velocidad de giro a 10 Hz será de 265 r/min, teniendo en cuenta que la velocidad de sincronismo a 10 Hz es:

$$n_s = \frac{60 f_s}{p} = \frac{60 \cdot 10}{2} = 300 \text{ r/min} \tag{4}$$

por lo que el deslizamiento del motor a la frecuencia de 10 Hz es:

$$s = \frac{n_s - n}{n_s} = \frac{300 - 265}{300} = 0,1167 \tag{5}$$

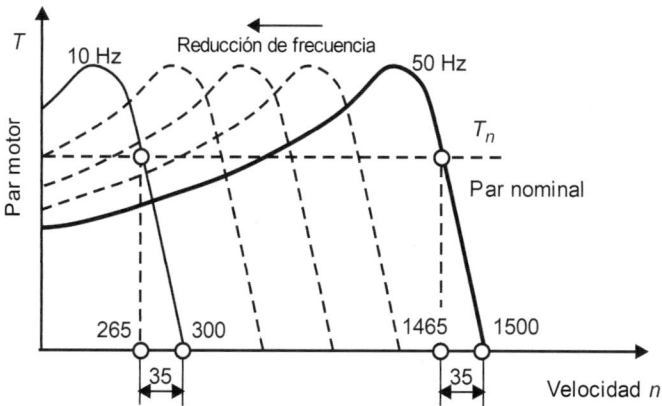

Figura 8.3

En la Figura 8.4 se muestra el circuito equivalente por fase del motor a la frecuencia de 10 Hz, donde todas las reactancias se han adaptado y cambiado a esta frecuencia y que al ser 1/5 de la nominal de 50 Hz, las nuevas reactancias serán 1/5 de las nominales que se señalaban en el enunciado y que afecta tanto a las reactancias de los devanados del estátor y del rotor, como a la reactancia magnetizante de la rama paralelo del circuito equivalente. Y teniendo en cuenta el deslizamiento (5) a la frecuencia de 10 Hz, la resistencia de carga del motor es ahora:

$$R_c' = R_r'\left(\frac{1}{s}-1\right) = 0,1 \cdot \left(\frac{1}{0,1167}-1\right) = 0,757\ \Omega \tag{6}$$

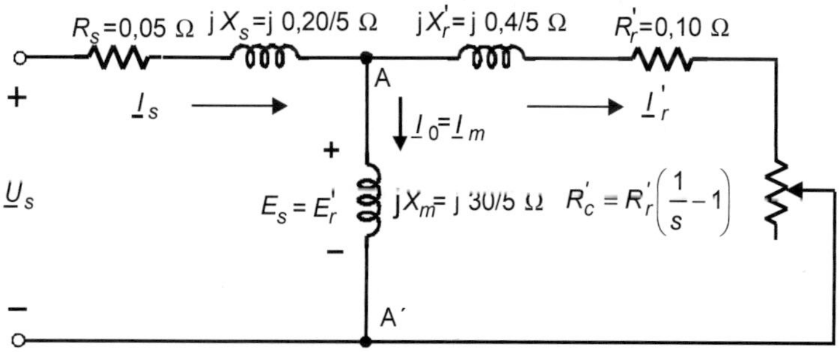

Figura 8.4

Por otro lado, de las características nominales del motor a 50 Hz señaladas en el enunciado, se puede calcular el valor del par electromagnético nominal, teniendo en cuenta que el par mecánico es igual a la potencia mecánica dividido por la velocidad de giro a esa frecuencia y que es de 1465 r/min, por lo que se cumple:

$$T = \frac{P_{\text{mec}}}{n} = \frac{30000}{2\pi(1465/60)} = 195,55\ \text{N}\cdot\text{m} \tag{7}$$

Como se considera que el par anterior es constante a todas las frecuencias, a partir del resultado anterior se puede calcular la corriente reducida del rotor a 10 Hz en el circuito equivalente de la Figura 8.4, teniendo en cuenta la relación del par con esta corriente que está expresada por la ecuación:

$$T = \frac{3\left(R_r'/s\right)I_r'^2}{2\pi\left(n_s/60\right)} \;\Rightarrow\; 195{,}55 = \frac{\left(3\cdot0{,}1/0{,}1167\right)I_r'^2}{2\pi\left(300/60\right)} \;\Rightarrow\; I_r' = 48{,}88 \text{ A} \tag{8}$$

Teniendo en cuenta este resultado, en la rama secundaria del circuito equivalente de la Figura 8.4 se tiene:

$$\underline{Z}_r' = \frac{R_r'}{s} + jX_r' = \frac{0{,}1}{0{,}1167} + j\frac{0{,}4}{5} = 0{,}8606\angle5{,}33° \;\Omega \tag{9}$$

por lo que la f.e.m. E_s en la rama paralelo del circuito de la Figura 8.4, tomando por comodidad esta f.e.m. como referencia de fases vale:

$$\underline{E}_s = \underline{Z}_r'\underline{I}_r' = 0{,}8606\angle5{,}33°\cdot48{,}88\angle-5{,}33° = 42{,}07\angle0° \text{ V} \tag{10}$$

que corresponde a una tensión de línea $E_s = 42{,}07\sqrt{3} = 72{,}9$ V .

b) De este modo, la corriente en la reactancia magnetizante j $30/5$ = j6 Ω, que circula por la rama central del circuito equivalente a 10 Hz de la Figura 8.4 es:

$$\underline{I}_m = \frac{\underline{E}_s}{jX_m} = \frac{42{,}07\angle0°}{j6} = 7{,}01\angle-90° \text{ A} \tag{11}$$

Aplicando el primer lema de Kirchhoff en el nudo A, la corriente primaria, que es la corriente absorbida de la red vale:

$$\underline{I}_s = \underline{I}_r' + \underline{I}_m = 48{,}88\angle-5{,}33° - j7{,}01 \approx 50\angle-13{,}4° \text{ A} \tag{12}$$

c) Para calcular la tensión aplicada al motor (tensión de red), hay que sumar a la f.e.m. E_s la caída de tensión en el circuito del estátor y se tiene:

$$\underline{U}_s = \underline{E}_s + \underline{Z}_s\underline{I}_s = 42{,}07\angle0° + \left(0{,}05 + j\frac{0{,}20}{5}\right)\cdot50\angle-13{,}4° = 45\angle1{,}74° \text{ V} \tag{13}$$

y que corresponde a una tensión de línea $U_s = 45\sqrt{3} = 77{,}94$ V .

d) El ángulo que forman U_s con I_s es 1,74°–(–13,4°) = 15,1°, por lo que el factor de potencia con el que trabaja el motor vale:

$$\cos\varphi_s = \cos15{,}1° = 0{,}965 \tag{14}$$

La potencia mecánica que desarrolla el motor a 10 Hz, es la potencia disipada en la resistencia de carga del circuito equivalente de la Figura 8.4, que es:

$$P_{\text{mec}} = 3R_r'\left(\frac{1}{s}-1\right)I_r'^2 = 3\cdot 0,1\cdot\left(\frac{1}{0,1167}-1\right)\cdot 48,88^2 \approx 5426 \text{ W} \tag{15}$$

Se puede comprobar este resultado, teniendo en cuenta que el motor trabaja con el par constante de 195,55 N · m calculado en (7) y que gira a 265 r/min, lo que da un valor:

$$P_{\text{mec}} = T 2\pi\frac{n}{60} = 195,55\cdot 2\pi\frac{265}{60} \approx 5426 \text{ W} \tag{16}$$

Como la potencia eléctrica que el motor absorbe de la red es:

$$P_s = 3U_s I_s \cos\varphi_s = 3\cdot 45\cdot 50\cdot\cos 15,1^\circ \approx 6517 \text{ W} \tag{17}$$

por lo que el rendimiento del motor es:

$$\eta = \frac{P_{\text{mec}}}{P_s} = \frac{5426}{6517} = 83,26\% \tag{18}$$

8.4. Un motor asíncrono trifásico conectado en estrella de 4 polos se alimenta con una red de 400 V de línea, 50 Hz. Los parámetros por fase del circuito equivalente del motor son: $R_s = 1,1\ \Omega$; $R_r' = 1,8\ \Omega$; $X_s = X_r' = 1,3\ \Omega$. Se desprecian las pérdidas mecánicas y la rama paralelo del circuito equivalente del motor. Se sabe que el deslizamiento a plena carga del motor es del 4 %.

a) Calcular el par nominal y el par máximo con la tensión y la frecuencia nominales aplicadas al motor.

b) Se desea regular la velocidad del motor manteniendo el cociente U_s/f_s constante y se ajusta la frecuencia a 10 Hz ¿cuál es el par máximo del motor en estas condiciones?

c) Determinar la tensión compuesta que debe aplicarse al motor a través del inversor si la frecuencia generada es de 10 Hz y se desea que el par máximo sea el mismo que se conseguía en condiciones nominales de $U_s = 400$ V y $f_s = 50$ Hz..

d) Determinar en el caso anterior la velocidad a la que girará el motor cuando mueve el par de plena carga o nominal.

Solución

Los parámetros nominales del motor son:

$m_1 = 3$ (trifásico); 4 polos; U_s(línea) = 400 V; f_s = 50 Hz; $R_r' = 1,8\ \Omega$; $X_s = X_r' = 1,3\ \Omega$

a) Como el deslizamiento del motor a plena carga y en condiciones nominales de tensión y frecuencia es del 4 % y al despreciar la rama paralelo del circuito equivalente, se tiene una impedancia del motor por fase:

$$\underline{Z}_{\text{motor}} = \left(R_s + jX_s\right) + \left(\frac{R_r'}{s} + jX_r'\right) = \left(1,1 + j1,3\right) + \left(\frac{1,8}{0,04} + j1,3\right) = \tag{1}$$

$$= 46,1 + j2,6 = 46,17\angle 3,23^\circ\ \Omega$$

Tomando la tensión de fase aplicada al motor como referencia, la corriente absorbida por el estátor del motor vale:

$$\underline{I}_s = \underline{I}_r' = \frac{\underline{U}_s}{\underline{Z}_{\text{motor}}} = \frac{\left(\left(400/\sqrt{3}\right)\right)\angle 0^\circ}{46,17\angle 3,23^\circ} = 5\angle -3,23^\circ\ \text{A} \tag{2}$$

y, por consiguiente, la potencia mecánica desarrollada por el motor es:

$$P_{\text{mec}} = 3R_r'\left(\frac{1}{s}-1\right)I_r'^2 = 3\cdot 1,8\cdot\left(\frac{1}{0,04}-1\right)\cdot 5^2 = 3240\ \text{W} \tag{3}$$

Como la velocidad n a la que gira el motor es:

$$n = n_s\left(1-s\right) = \frac{60\cdot 50}{2}\left(1-0,04\right) = 1440\ \text{r/min} \tag{4}$$

el par de plena carga será:

$$T = \frac{P_{\text{mec}}}{\Omega} = \frac{P_{\text{mec}}}{2\pi\cdot n/60} = \frac{3240}{2\pi\cdot 1440/60} \approx 21,5\ \text{N}\cdot\text{m} \tag{5}$$

que se podría haber obtenido directamente de la expresión genérica siguiente:

$$T = \frac{3\cdot\left(U_s/\sqrt{3}\right)^2 R_r'}{2\pi\dfrac{n_s}{60}s\left[\left(R_s+\dfrac{R_r'}{s}\right)^2 + \left(X_s+X_r'\right)^2\right]} = \tag{6}$$

$$\frac{400^2\cdot 1,8}{2\pi\dfrac{1500}{60}0,04\left[\left(1,1+\dfrac{1,8}{0,04}\right)^2 + \left(1,3+1,3\right)^2\right]} = 21,5\ \text{N}\cdot\text{m}$$

Por otro lado, la expresión del par máximo de un motor es:

$$T_{\text{máx}} = \frac{3\cdot\left(U_s/\sqrt{3}\right)^2}{2\pi\dfrac{n_s}{60}\cdot 2\left[R_s + \sqrt{R_s^2 + \left(X_s+X_r'\right)^2}\right]} = \tag{7}$$

$$= \frac{400^2}{2\pi\dfrac{1500}{60}\cdot 2\left[1,1 + \sqrt{1,1^2 + \left(1,3+1,3\right)^2}\right]} \approx 130\ \text{N}\cdot\text{m}$$

b) Si se desea regular la velocidad del motor manteniendo el cociente U_s/f_s constante y se ajusta la frecuencia del inversor a 10 Hz que es 1/5 de la frecuencia nominal, entonces la tensión que debe aplicarse al estátor debe ser también 1/5 de la nominal es decir $400/5 = 80$ V. Por otro lado la velocidad de sincronismo en estas condiciones vale:

$$n_s = \frac{60 f_s}{p} = \frac{60 \cdot 10}{2} = 300 \text{ r/min} \tag{8}$$

y las reactancias del estátor y del rotor que eran iguales a 1,3 Ω a 50 Hz, su valor a 10 Hz, serían una quinta parte de aquellas, es decir $1,3/5 = 0,26$ Ω y con estos datos, aplicando la expresión matemática del par máximo (7) resulta:

$$T_{máx} = \frac{3 \cdot \left(U_s/\sqrt{3}\right)^2}{2\pi \dfrac{n_s}{60} \cdot 2\left[R_s + \sqrt{R_s^2 + \left(X_s + X_r'\right)^2}\right]} =$$

$$= \frac{80^2}{2\pi \dfrac{300}{60} \cdot 2 \cdot \left[1,1 + \sqrt{1,1^2 + \left(0,26 + 0,26\right)^2}\right]} \approx 44 \text{ N·m} \tag{9}$$

c) Para que el par máximo a 10 Hz sea el mismo que a 50 Hz (y que era de 130 Nm) será necesario aumentar la tensión utilizada en el apartado anterior, de modo que teniendo en cuenta (9) se debe cumplir:

$$T_{máx} = 130 = \frac{U_s^2}{2\pi \dfrac{n_s}{60} \cdot 2\left[R_s + \sqrt{R_s^2 + \left(X_s + X_r'\right)^2}\right]} =$$

$$= \frac{U_s^2}{2\pi \dfrac{300}{60} \cdot 2 \cdot \left[1,1 + \sqrt{1,1^2 + \left(0,26 + 0,26\right)^2}\right]} \tag{10}$$

de donde se deduce una tensión compuesta $U_s = 137,5$ V o una tensión simple de 79,4 V.

d) En el caso anterior, si el motor mueve el par nominal o de plena carga calculado en (5) y (6) y que era de 21,5 N·m, la velocidad a la que girará el motor, adaptando la formulación (6) a esta situación, da lugar a la siguiente ecuación:

$$T = \frac{U_s^2 R_r'}{2\pi \dfrac{n_s}{60} s \left[\left(R_s + \dfrac{R_r'}{s}\right)^2 + \left(X_s + X_r'\right)^2\right]} =$$

$$= \frac{137,5^2 \cdot 1,8}{2\pi \dfrac{300}{60} s \left[\left(1,1 + \dfrac{1,8}{s}\right)^2 + \left(0,26 + 0,26\right)^2\right]} = 21,5 \text{ N·m} \tag{11}$$

de donde se deduce la ecuación siguiente:

$$1{,}48s^2 - 46{,}42s + 3{,}24 = 0 \implies s = 31{,}3 \ (\text{freno}) \ ; s = 0{,}07 \ (\text{motor}) \quad (12)$$

y, por consiguiente, el motor girará a la velocidad:

$$n = n_s(1-s) = \frac{60 \cdot 10}{2}(1 - 0{,}07) = 279 \ \text{r/min} \quad (13)$$

8.5. Un motor asíncrono trifásico de rotor devanado de 4 polos tiene ambos bobinados conectados en estrella. El motor se conecta a una red de 400 V de línea, 50 Hz. Los parámetros por fase del circuito equivalente del motor son: $R_s = R_r' = 0{,}5 \ \Omega$; $X_s = X_r' = 1{,}5 \ \Omega$. Se desprecian las pérdidas mecánicas y la rama paralelo del circuito equivalente del motor. La relación de transformación de estátor a rotor es $r_t = 2$. El motor gira a plena carga con los anillos cortocircuitados a 1440 r/min y mueve un par resistente tipo ventilador de acuerdo con la ley: $T_r = an^2$ (T_r en N · m, n en r/min y a es una constante). Se desea regular la velocidad de este motor mediante un control estático de la resistencia del rotor, es decir, a través de una combinación rectificador trifásico en puente-*chopper*-resistencia externa R_{ex}. Calcular:

a) El par nominal o de plena carga del motor, es decir cuando gira a la velocidad señalada de 1440 r/min y con los anillos cortocircuitados moviendo el par resistente cuadrático $T_r = an^2$.

b) El valor de la resistencia externa necesaria para que el motor gire a 1200 r/min moviendo el par resistente tipo ventilador mencionado y suponiendo un ciclo de trabajo del *chopper* del 50 %.

Solución

Teoría previa

En la Figura 8.5 se muestra el esquema de este tipo de regulación de velocidad del motor que incorpora un *chopper* en el rotor. Recordemos que en este montaje, la potencia eléctrica que llega al rotor se rectifica por medio de un puente trifásico de diodos y la inductancia en serie L se utiliza como elemento de filtro para alisar la corriente continua que sale del rectificador. La resistencia externa R_{ex} está en paralelo con un *chopper*, de modo que el valor de su resistencia efectiva depende del parámetro k o *ciclo de conducción* del *chopper*. Recuérdese que el ciclo de conducción de un *chopper* o troceador, está definido por:

$$k = \frac{t_{ON}}{T} \quad (1)$$

En la ecuación anterior t_{ON} es el tiempo de cierre del interruptor estático S y T el periodo del mismo. Si en este circuito se desprecia el rizado de la corriente I_{cc}, debido a la gran inductancia de filtrado L, la energía absorbida por la R_{ex} durante un ciclo de funcionamiento del *chopper*, viene definida por la expresión:

$$W_R = R_{\text{ex}} I_{\text{cc}}^2 \left(T - t_{\text{ON}}\right) \tag{2}$$

Lo que significa que la potencia absorbida por la resistencia externa durante el periodo T vale:

$$P_R = \frac{1}{T} R_{\text{ex}} I_{\text{cc}}^2 \left(T - t_{\text{ON}}\right) = R_{\text{ex}} I_{\text{cc}}^2 \left(1 - \frac{t_{\text{ON}}}{T}\right) \tag{3}$$

y teniendo en cuenta la definición (1) se puede escribir:

$$P_R = R_{\text{ex}} I_{\text{cc}}^2 \left(1 - k\right) = R_{\text{ex}}^* I_{\text{cc}}^2 \tag{4}$$

En la expresión anterior, el parámetro R_{ex}^* se denomina *resistencia efectiva externa* y es igual a:

$$R_{\text{ex}}^* = R_{\text{ex}} \left(1 - k\right) \tag{5}$$

Esta resistencia efectiva externa constituye la carga del rectificador en puente completo que tiene el rotor. Para ver cómo se refleja esta resistencia en el circuito equivalente del motor, hay que tener en cuenta que la corriente de línea I_r del rectificador en doble puente de la Figura 8.5 es la corriente que circula por el devanado del rotor del motor. Sabemos que esta corriente está relacionada con la corriente rectificada I_{cc} que llega al *chopper*, por la ecuación:

$$I_L = I_r = \sqrt{\frac{2}{3}} I_{\text{cc}} \tag{6}$$

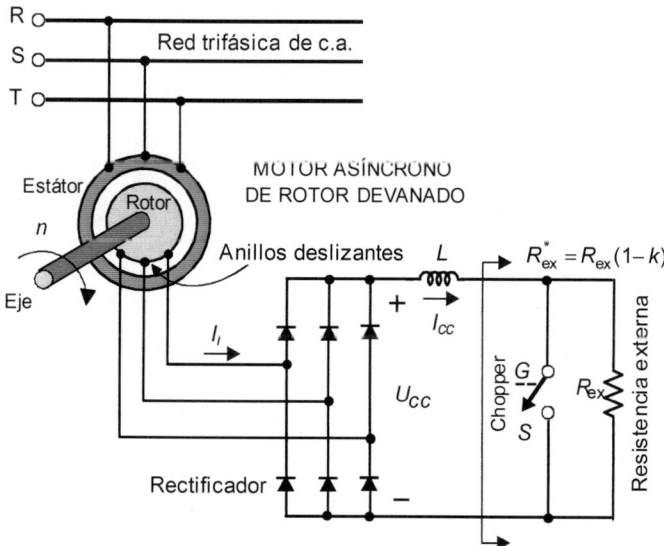

Figura 8.5

Es por ello que la resistencia efectiva externa R_{ex}^* con la que se carga el rectificador es equivalente a una resistencia adicional por fase en el rotor del motor, que vamos a llamar R_{ra} y que se puede determinar al igualar la potencia disipada en la resistencia efectiva del lado de corriente continua, con la potencia disipada en la resistencia adicional que debe incluirse en el circuito del rotor (tres fases), es decir se cumple:

$$3R_{ra}I_r^2 = R_{ex}^* I_{cc}^2 \tag{7}$$

Sustituyendo en la ecuación anterior, la corriente del rotor (6) resulta:

$$3R_{ra}\left(\frac{2}{3}I_{cc}^2\right) = R_{ex}^* I_{cc}^2 \tag{8}$$

de donde se deduce, teniendo en cuenta (5), que el valor de la resistencia que debe añadirse al rotor por fase es la siguiente:

$$R_{ra} = \frac{R_{ex}^*}{2} = \frac{R_{ex}}{2}(1-k) \tag{9}$$

Al utilizar el circuito equivalente del motor, la resistencia anterior reducida al estátor vale:

$$R_{ra}' = r_t^2 R_{ra} = r_t^2 \frac{R_{ex}}{2}(1-k) \tag{10}$$

Con este breve repaso que explica el funcionamiento de este sistema de regulación de velocidad, vamos a resolver el problema propuesto. En nuestro caso se tienen los siguientes parámetros del motor:

$m_1 = 3$ (trifásico); 4 polos; U_s(línea) $= 400$ V; $f_s = 50$ Hz; velocidad de sincronismo:

$n_s = 60f/p = 1500$ r/min; $R_s = R_r' = 0,5\,\Omega$; $X_s = X_r' = 1,5\,\Omega$;

$X_{cc} = X_s X_r' = 1,5+1,5 = 3\,\Omega$; relación de transformación estátor/rotor: $r_t = 2$.

a) En las condiciones nominales cuando el motor gira a la velocidad señalada de 1440 r/min y con los anillos cortocircuitados moviendo el par resistente cuadrático $T_r = an^2$, se tiene un deslizamiento del motor que vale:

$$s = \frac{1500-1440}{1500} = 0,04\,(4\%) \tag{11}$$

El par de carga ejercido por el motor sin resistencia externa y sólo con la propia del rotor viene expresado por la ecuación:

$$T = \frac{3R_r' U_s^2}{2\pi\dfrac{n_s}{60}s\left[\left(R_s + \dfrac{R_r'}{s}\right)^2 + X_{cc}^2\right]} \tag{12}$$

que al sustituir los valores de los parámetros del motor nos da un par nominal:

$$T = \frac{3 \cdot 0,5 \cdot \left(\dfrac{400}{\sqrt{3}}\right)^2}{2\pi \dfrac{1500}{60} \cdot 0,04 \left[\left(0,5 + \dfrac{0,5}{0,04}\right)^2 + 3^2\right]} = 71,53 \text{ N} \cdot \text{m} \tag{13}$$

b) De acuerdo con el resultado anterior y teniendo en cuenta que el par resistente es de la forma $T_r = an^2$, se puede calcular el valor del parámetro a de proporcionalidad del par y que se obtiene de la relación:

$$T = 71,53 \text{ N} \cdot \text{m} = an^2 = a \cdot 1440^2 \;\Rightarrow\; a = \frac{71,53}{1440^2} = 3,45 \cdot 10^{-5} \tag{14}$$

De acuerdo con este resultado, el valor del par resistente de la carga cuando el motor gira a 1200 r/min es:

$$T_2 = an^2 = 3,45 \cdot 10^{-5} \cdot 1200^2 = 49,68 \text{ N} \cdot \text{m} \tag{15}$$

y para la velocidad anterior, el deslizamiento es:

$$s = \frac{1500 - 1200}{1500} = 0,2 \, (20\%) \tag{16}$$

Denominando R'_{rt} la nueva resistencia total reducida del rotor, la ecuación del par (12) aplicado a esta situación nos da:

$$T = 49,68 = \frac{3R'_{rt}U_s^2}{2\pi \dfrac{n_s}{60} s \left[\left(R_s + \dfrac{R'_{rt}}{s}\right)^2 + X_{cc}^2\right]} = \frac{R'_{rt} \cdot 400^2}{2\pi \dfrac{1500}{60} 0,2 \left[\left(0,5 + \dfrac{R'_{rt}}{0,2}\right)^2 + 3^2\right]} \tag{17}$$

que da lugar a la siguiente ecuación de segundo grado de la resistencia R'_{rt}:

$$25 \, R_{rt}'^2 - 97,54 \, R'_{rt} + 9,25 = 0 \tag{18}$$

de donde se deduce $R'_{rt} = 3,803 \ \Omega$ y teniendo en cuenta que esta resistencia total reducida del rotor es la suma de la propia reducida del devanado del rotor más la adicional que se incluye en los anillos mediante el *chopper* se tiene:

$$R'_{rt} = R'_r + R'_{ra} \;\Rightarrow\; 3,803 = 0,5 + r_t^2 R_{ra} \;\Rightarrow\; R_{ra} = \frac{3,803 - 0,5}{2^2} = 0,826 \ \Omega \tag{19}$$

Teniendo en cuenta la Expresión (9) y que el ciclo de trabajo del *chopper* es $k = 0,5$, se obtiene una resistencia externa:

$$R_{ra} = 0,826 = \frac{R_{ex}}{2}(1-k) = \frac{R_{ex}}{2}(1-0,5) \;\Rightarrow\; R_{ex} \approx 3,30 \ \Omega \tag{20}$$

Este resultado es la resistencia externa que actúa como carga del *chopper*. Es interesante dibujar las curva par-velocidad de los dos casos estudiados, representando también la forma cuadrática del par resistente para verificar los puntos de trabajo del motor que se han calculado del problema, para ello se ha preparado el siguiente programa en MATLAB:

Resolución con MATLAB®

```
>> m1 = 3;Us = 400/sqrt(3); Rs = 0.5; Rr = 0.5; Rrt = 3.803; Xs =
1.5; Xr = 1.5;p = 2; fs = 50; rt = 2; a = 3.35e-05; % Parámetros del
motor. Nota. Las impedancias del rotor están reducidas al estátor.
>> ns = 60*fs/p; n = 0:.01:ns;s = (ns-n)/ns; % Velocidad de sincro-
nismo; rango de variación de la velocidad y deslizamiento.
>>num1                    =              (m1*(Rr./s)*Us^2);den1         =
((2*pi*ns/60)*((Rs+Rr./s).^2+(Xs+Xr)^2));      T1    =    num1./den1;
plot(n,T1,'linewidth',2) % Curva par/velocidad con el rotor en cor-
tocircuito (sin resistencia adicional).
>> hold on; % se mantiene el gráfico anterior.
>>num2                    =              (m1*(Rrt./s)*Us^2);den2         =
((2*pi*ns/60)*((Rs+Rrt./s).^2+(Xs+Xr)^2));      T2    =    num2./den2;
plot(n,T1,'linewidth',2)  % Curva par/velocidad con la resistencia
adicional del rotor.
>> hold on; % se mantiene el gráfico anterior.
>>Tr = a*(n.^2);plot(n,Tr,'linewidth',2) % curva del par resistente.
>> hold on; % se mantiene el gráfico anterior.
>> grid; % Colocación de una rejilla en todo el gráfico de las curvas.
>> xlabel('Velocidad n en r/min');ylabel('Par T en N · m') % Para
poner etiquetas al gráfico completo.
```

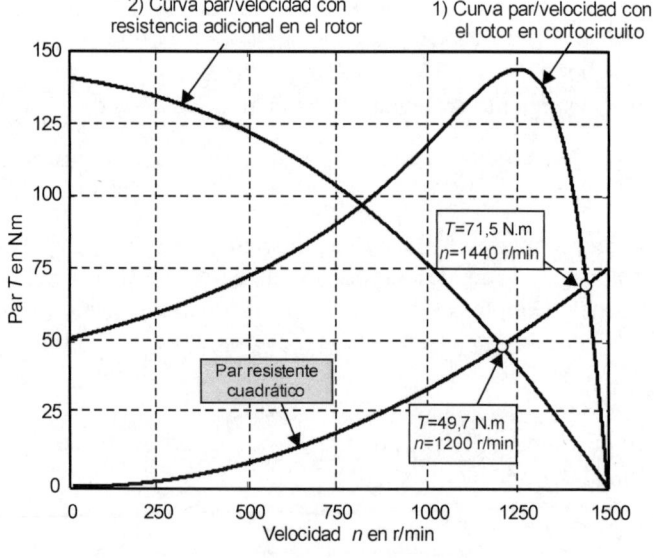

Figura 8.6

Con el programa anterior se obtienen los gráficos de la Figura 8.6, en donde se han incluido divisiones adicionales y etiquetas (realizadas con un programa complementario de dibujo) para apreciar mejor los puntos de trabajo del motor. Así, se observa que en la curva 1), que es la representación de la curva par/velocidad con el rotor en, cortocircuito se puede apreciar claramente el punto de trabajo a la velocidad de 1440 r/min y con un par de 71,5 N · m, que se calculó en el apartado a) del problema. La curva 2) es la característica par/velocidad del motor cuando se ha añadida una resistencia en el rotor a través del *chopper* y que tiene el punto de funcionamiento para una velocidad de 1200 r/min, desarrollando un par de 49,7 N · m y que se calculó en el apartado b).

8.6. Un motor asíncrono trifásico de rotor devanado de 6 polos tiene ambos bobinados conectados en estrella. El motor se conecta a una red de 400 V de línea, 50 Hz y una relación de transformación de estátor a rotor igual a 1,5. Los parámetros por fase del circuito equivalente del motor son: $R_s = 1\ \Omega$; $R'_r = 0,8\ \Omega$; $X_s = 1,6\ \Omega$; $X'_r = 2\ \Omega$. Se desprecian las pérdidas mecánicas y la rama paralelo del circuito equivalente del motor. El motor gira a plena carga con los anillos cortocircuitados a 960 r/min. Calcular en estas condiciones:

a) La potencia mecánica interna desarrollada por el motor, el par de plena carga correspondiente, la velocidad para par máximo y el valor del mismo.

b) Se desea regular la velocidad de este motor mediante un control estático de la resistencia del rotor, es decir a través de una combinación rectificador trifásico en puente-*chopper*-resistencia externa R_{ex}; calcular el valor de esta resistencia externa si el motor se quiere mover a la velocidad de 800 r/min, moviendo el par de plena carga calculado en el apartado anterior, si el ciclo de conducción del *chopper* es $k = 0,6$.

c) Si el motor mueve el par de plena carga a una velocidad de 600 r/min con la resistencia externa calculada en el apartado anterior ¿cuál debe ser el ciclo de conducción que requiere el *chopper*?

Solución

Los parámetros del motor son:

$m_1 = 3$; 6 polos; U_s(línea) = 400 V; $f_s = 50$ Hz; velocidad de sincronismo: $n_s = 60f/p = 1000$ r/min; $n = 960$ r/min; $R_s = 1\ \Omega$; $R'_r = 0,8\ \Omega$; $X_s = 1,6\ \Omega$; $X'_r = 2\ \Omega$; relación de transformación estátor/rotor: $r_t = 1,5$.

a) En la Figura 8.7 se muestra el circuito equivalente del motor y que tiene un deslizamiento a plena carga con los anillos de deslizamiento cortocircuitados de valor:

$$s = \frac{n_s - n}{n_s} = \frac{1000 - 960}{1000} = 0,04\ (4\%) \tag{1}$$

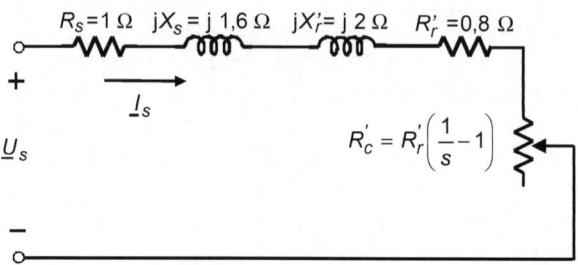

Figura 8.7

Del circuito equivalente de la Figura 8.7 y teniendo en cuenta los parámetros del motor y que está conectado en estrella, la corriente que absorbe la máquina eléctrica de la red es:

$$\underline{I}_s = \frac{400/\sqrt{3} \angle 0°}{\left(1+j\dfrac{0,8}{0,04}\right)+j(1,6+2)} = 10,84\angle{-9,75°} \text{ A} \tag{2}$$

Por consiguiente, la potencia mecánica que desarrolla el motor es:

$$P_{\text{mec}} = 3\cdot R_r' \left(\frac{1}{s}-1\right)\cdot I_s^2 = 3\cdot 0,8\cdot\left(\frac{1}{0,04}-1\right)\cdot 10,84^2 \approx 6894 \text{ W} \tag{3}$$

y el par desarrollado por el motor vale:

$$T = \frac{P_{\text{mec}}}{2\pi(n/60)} = \frac{3894}{2\pi(960/60)} \approx 68,6 \text{ N}\cdot\text{m} \tag{4}$$

Por otro lado, el par máximo se produce para un deslizamiento que viene expresado por:

$$s_m = \frac{R_r'}{\sqrt{R_s^2 + X_{\text{cc}}^2}} = \frac{0,8}{\sqrt{1^2 + 3,6^2}} = 0,214 \tag{5}$$

que corresponde a una velocidad:

$$n = n_s\left(1-s_m\right) = 1000\cdot\left(1-0,214\right) = 786 \text{ r/min} \tag{6}$$

El par máximo se obtiene de la expresión siguiente:

$$T_{\text{máx}} = \frac{m_1 U_s^2}{2\pi\dfrac{n_s}{60}\cdot 2\left[R_s + \sqrt{R_s^2 + \left(X_s + X_r'\right)^2}\right]} = \frac{400^2}{2\pi\dfrac{1000}{60}\cdot 2\left[1 + \sqrt{1^2 + 3,6^2}\right]} = 161,3 \text{ N}\cdot\text{m} \tag{7}$$

b) Si el motor funciona con un *chopper* con un ciclo de trabajo $k = 0,6$, trabajando con el par de plena carga y girando a una velocidad de 800 r/min, se tiene un deslizamiento:

$$s = \frac{n_s - n}{n_s} = \frac{1000 - 800}{1000} = 0,2 \ (20\%) \tag{8}$$

Si se denomina R'_{rt} a la resistencia total necesaria del rotor en estas condiciones, se debe cumplir la ecuación del par motor siguiente:

$$T = 68,6 = \frac{m_1 R'_{rt} U_s^2}{2\pi \dfrac{n_s}{60} \cdot s \left[\left(R_s + \dfrac{R'_{rt}}{s} \right)^2 + \left(X_s + X'_r \right)^2 \right]} = \frac{R'_{rt} \cdot 400^2}{2\pi \dfrac{1000}{60} \cdot 0,2 \left[\left(1 + \dfrac{0,8}{0,2} \right)^2 + 3,6^2 \right]} \tag{9}$$

que da lugar a la siguiente ecuación de segundo grado de la resistencia R'_{rt}:

$$25 \, R'^2_{rt} - 101,36 \, R'_{rt} + 13,96 = 0 \tag{10}$$

de donde se deduce $R'_{rt} = 3,91 \, \Omega$. Teniendo en cuenta que esta resistencia total reducida del rotor es la suma de la propia reducida del devanado del rotor más la adicional que se incluye en los anillos mediante el *chopper*, se tiene:

$$R'_{rt} = R'_r + R'_{ra} \ \Rightarrow \ 3,91 = 0,8 + r_t^2 R_{ra} \ \Rightarrow \ R_{ra} = \frac{3,91 - 0,8}{1,5^2} = 1,38 \, \Omega \tag{11}$$

Teniendo en cuenta que el ciclo de trabajo del *chopper* es $k = 0,6$, se obtiene la siguiente resistencia externa:

$$R_{ra} = 1,38 = \frac{R_{ex}}{2}(1 - k) = \frac{R_{ex}}{2}(1 - 0,6) \ \Rightarrow \ R_{ex} \approx 6,9 \, \Omega \tag{12}$$

c) Si el motor sigue funcionando con el par de plena carga a una velocidad de 600 r/min y con la resistencia externa calculada en el apartado anterior se tendrá un deslizamiento:

$$s = \frac{n_s - n}{n_s} = \frac{1000 - 600}{1000} = 0,4 \ (40\%) \tag{13}$$

y ahora se cumplirá la siguiente ecuación del par:

$$T = 68,6 = \frac{m_1 R'_{rt} U_s^2}{2\pi \dfrac{n_s}{60} \cdot s \left[\left(R_s + \dfrac{R'_{rt}}{s} \right)^2 + \left(X_s + X'_r \right)^2 \right]} = \frac{R'_{rt} \cdot 400^2}{2\pi \dfrac{1000}{60} \cdot 0,4 \left[\left(1 + \dfrac{0,8}{0,4} \right)^2 + 3,6^2 \right]} \tag{14}$$

que da lugar a la siguiente ecuación de segundo grado de la resistencia R'_{rt} :

$$6,25\, R'^{2}_{rt} - 50,68\, R'_{rt} + 13,96 = 0 \qquad (15)$$

de donde se deduce que $R'_{rt} = 7,82\ \Omega$ y, por consiguiente, se tiene:

$$R'_{rt} = R'_{r} + R'_{ra} \;\Rightarrow\; 7,82 = 0,8 + r_{t}^{2} R_{ra} \;\Rightarrow\; R_{ra} = \frac{7,82 - 0,8}{1,5^{2}} = 3,12\ \Omega \qquad (16)$$

Teniendo en cuenta que la resistencia externa no ha variado, denominando k al nuevo ciclo de trabajo del *chopper* se tiene:

$$R_{ra} = 3,12 = \frac{R_{ex}}{2}(1-k) = \frac{6,9}{2}(1-k) \;\Rightarrow\; k = 0,096 \approx 0,1 \qquad (17)$$

que será el nuevo valor del ciclo del *chopper*. En la Figura 8.8 se ha preparado un gráfico con MATLAB, cuyas instrucciones son similares a las del problema anterior (y por ello no se repite aquí) y en el que se muestran tres curvas par/velocidad, la más situada a la derecha es la que corresponde a la respuesta del motor cuando tiene los anillos cortocircuitados según al apartado a) del problema) y gira a una velocidad de 960 r/min con el par de plena carga que se demuestra que vale 68,6 N · m; se observa que el par máximo se obtiene a una velocidad de 786 r/min y su valor es de 161,3 N · m.

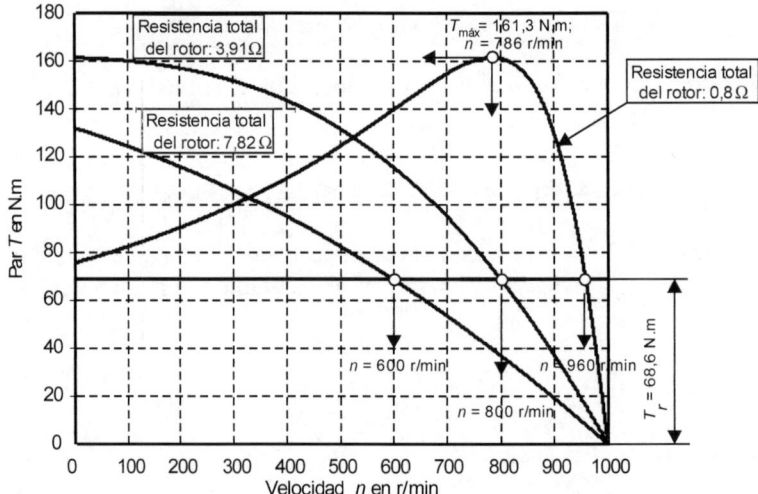

Figura 8.8

La siguiente curva a la izquierda de la anterior corresponde a las soluciones del apartado b) del problema, en este caso el motor mueve el par de plena carga de 68,6 N · m a una velocidad de 800 r/min, la resistencia total reducida del rotor es de

3,91 Ω y el ciclo del trabajo es $k = 0,6$ por lo que se requiere una resistencia externa del *chopper* de 6,91 Ω. La curva par/velocidad más situada a la izquierda corresponde a la respuesta del motor con una resistencia total reducida del rotor de 7,82 Ω y que con la resistencia externa del *chopper* de 6,91 Ω, se requiere según se ha demostrado en el apartado c) del problema que el ciclo de trabajo del *chopper* sea prácticamente igual a 0,1 y el motor desarrolla su par nominal a una velocidad de 600 r/min.

8.7. Se utiliza un accionamiento Scherbius estático para regular la velocidad de un motor asíncrono trifásico de rotor devanado de 4 polos y que tiene ambos bobinados conectados en estrella. El motor se conecta a una red de 400 V de línea, 50 Hz. Cuando se alimenta el estátor a la tensión nominal de 400 V, la tensión entre dos anillos del rotor ha sido de 500 V. El inversor del equipo electrónico del rotor se conecta a la red por medio de un transformador Yy de relación de espiras unidad. Si el motor desarrolla una potencia mecánica interna de 200 kW a la velocidad de 1200 r/min, calcular:

a)   La potencia eléctrica que el motor devuelve a la red a través del inversor.

b)   La tensión y la corriente continua a la salida del rectificador en doble puente existente en el rotor y que se aplica al inversor.

c)   El ángulo de encendido de los IGBT del inversor del rotor.

d)   La corriente eficaz a la salida del transformador y que se devuelve a la red.

Nota. Se desprecian las impedancias de los devanados del estátor y del rotor del motor.

Solución

Teoría previa

En la Figura 8.9 se muestra el accionamiento Scherbius estático que tiene un rectificador trifásico en puente que transforma la corriente alterna del rotor a la frecuencia de deslizamiento $f_r = sf_s$ en corriente continua. El circuito dispone además de una inductancia de filtrado y un inversor conmutado por línea con tiristores que devuelve la potencia de deslizamiento del rotor a la red a través de un transformador trifásico. Si se supone que en el motor asíncrono los *factores de devanado de estátor y rotor son iguales* entre sí, entonces la relación de transformación entre estátor y rotor es la relación de espiras, es decir:

$$\frac{E_s}{E_r} = \frac{N_s}{N_r} = r_{tm} \tag{1}$$

Por otro lado, la f.e.m. por fase en el rotor móvil E_{rs} es igual al producto del deslizamiento s por la f.e.m. a rotor parado E_r y teniendo en cuenta (1) se puede escribir la relación siguiente:

$$E_{rs} = sE_r = s\frac{E_s}{r_{tm}} \tag{2}$$

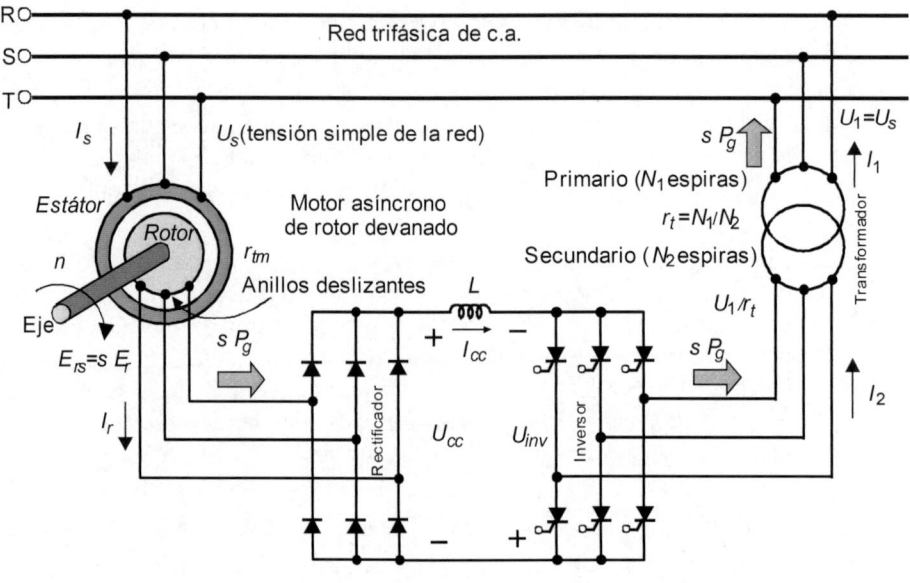

Figura 8.9

Si se denomina U_s a la tensión eficaz por fase aplicada al estátor del motor y se desprecian las caídas de tensión de los devanados del estátor y del rotor (impedancias de los arrollamientos despreciables), entonces la f.e.m. del estátor es igual a la tensión de alimentación (es decir, se cumple $E_s = U_s$), por lo que la tensión U_{cc} que se obtiene a la salida del puente rectificador de la Figura 8.9 y teniendo en cuenta el valor de la tensión a la salida de un rectificador trifásico en puente completo, es:

$$U_{cc} = \frac{3\sqrt{6}}{\pi} \frac{sU_s}{r_{tm}} \tag{3}$$

Si se considera que el inversor del accionamiento Scherbius estático de la Figura 8.9 está conectado a la red a través de un transformador de relación r_t, la tensión U_{inv} del inversor está relacionada con la tensión simple de la red U_s y con el ángulo α de encendido de los tiristores por la expresión:

$$U_{inv} = \frac{3(\sqrt{3}\,U_m)}{\pi}\cos\alpha = \frac{3\left[\sqrt{3}\,\sqrt{2}\,(U_s/r_t)\right]}{\pi}\cos\alpha \;\Rightarrow\; U_{inv} = \frac{3\sqrt{6}}{\pi}\frac{U_s}{r_t}\cos\alpha \tag{4}$$

Si se desprecia la resistencia de la inductancia de filtrado, entonces en la malla eléctrica intermedia de corriente continua se cumple:

$$U_{cc} + U_{inv} = 0 \tag{5}$$

y sustituyendo (3) y (4) en (5) resulta:

$$\frac{3\sqrt{6}}{\pi}\frac{sU_s}{r_{tm}}+\frac{3\sqrt{6}}{\pi}\frac{U_s}{r_t}\cos\alpha=0 \quad\Rightarrow\quad s=-\frac{r_{tm}}{r_t}\cos\alpha=-m\cos\alpha \tag{6}$$

donde $m = r_{tm}/r_t$. Hay que tener en cuenta que el ángulo α de encendido debe ser superior a 90° como así le corresponde a un rectificador controlado trabajando en el modo inversor. De este modo según (6) al variar α entre 90° y 180°, el deslizamiento s cambiará entre 0 y m, lo que significa que la velocidad del motor se puede regular en la *zona subsíncrona* simplemente ajustando el ángulo de encendido de los tiristores del inversor. Si se siguen despreciando las pérdidas de potencia del motor y se supone que el puente rectificador de la Figura 8.9 es ideal, la potencia de deslizamiento sP_g que es la potencia que sale del rotor para alimentar al puente rectificador y tal como se muestra en la Figura 8.9, será igual a la potencia eléctrica que sale de este puente, es decir se cumple:

$$sP_g = U_{cc}I_{cc} \quad\Rightarrow\quad P_g = \frac{U_{cc}I_{cc}}{s} \tag{7}$$

Por consiguiente el valor del par electromagnético producido por el motor, teniendo en cuenta (7) será igual a:

$$T = \frac{P_g}{\Omega_s} = \frac{U_{cc}I_{cc}}{s\Omega_s} \tag{8}$$

Una vez realizado este repaso teórico, vamos a resolver este ejercicio teniendo en cuenta que los parámetros del circuito son:

Motor: $m_1 = 3$; 4 polos; U_s(línea) = 400 V; f_s = 50 Hz; impedancias del motor despreciables; relación de transformación del motor teniendo en cuenta que se miden 500 V en los anillos: $r_{tm} = U_s/U_r = 400/500 = 0{,}8$; relación de transformación del transformador estrella-estrella: $r_t = 1$.

a) El enunciado nos indica que el motor desarrolla una potencia mecánica interna de 200 kW a 1200 r/min. Como quiera que la frecuencia de la red es de 50 Hz y el motor tiene cuatro polos, la velocidad de sincronismo es:

$$n_s = \frac{60 f_s}{p} = \frac{60 \cdot 50}{2} = 1500 \text{ r/min} \tag{9}$$

y, por consiguiente, en las condiciones especificadas el motor trabaja con un deslizamiento:

$$s = \frac{n_s - n}{n_s} = \frac{1500-1200}{1500} = 0{,}2 \ (20\%) \tag{10}$$

Por otro lado, sabemos que la potencia mecánica interna del motor P_{mi} está relacionada con la potencia del entrehierro P_g y con el deslizamiento por la ecuación:

$$P_{mi} = P_g (1-s) \tag{11}$$

y al aplicar esta ecuación a los datos del problema se obtiene la potencia P_g y siguiente:

$$P_g = \frac{P_{mi}}{1-s} = \frac{200}{1-0,2} = 250 \text{ kW} \tag{12}$$

Por consiguiente, la potencia de deslizamiento del motor (sP_g), que es la potencia eléctrica que se devuelve a la red a través del inversor vale:

$$sP_g = 0,2 \cdot 250 = 50 \text{ kW} \tag{13}$$

b) Teniendo en cuenta que la relación de transformación del motor es el cociente entre la tensión simple aplicada al estátor y la tensión simple que se obtiene en los anillos y como quiera que ambos devanados están conectados en estrella, este cociente es también la relación entre ambas tensiones compuestas y que vale:

$$r_{tm} = \frac{U_s}{U_r} = \frac{400}{500} = 0,8 \tag{14}$$

De acuerdo con la Expresión (3), la tensión de c.c. a la salida del rectificador conectado al rotor del motor vale:

$$U_{cc} = \frac{3\sqrt{6}}{\pi} \frac{sU_s(\text{fase})}{r_{tm}} = \frac{3\sqrt{6}}{\pi} \frac{0,2 \cdot \left(400/\sqrt{3}\right)}{0,8} \approx 135 \text{ V} \tag{15}$$

La Ecuación (7) permite calcular la corriente de salida del rectificador y que se aplica al inversor:

$$sP_g = U_{cc}I_{cc} \implies I_{cc} = \frac{sP_g}{U_{cc}} = \frac{0,2 \cdot 250000}{135} = 370,4 \text{ A} \tag{16}$$

c) Teniendo en cuenta que la relación de transformación del transformador de salida del circuito de la Figura 8.9 es igual a la unidad, de la Ecuación (6) se obtiene el ángulo de encendido de los IGBT del inversor del rotor y que es:

$$s = -\frac{r_{tm}}{r_t}\cos\alpha \implies 0,2 = -\frac{0,8}{1}\cos\alpha \implies \cos\alpha = -0,4 \implies \alpha \approx 104,5° \tag{17}$$

d) La *corriente eficaz del secundario* del transformador está relacionada con la corriente de continua del inversor I_{cc} por la expresión:

$$I_2 = \sqrt{\frac{2}{3}} I_{cc} = \sqrt{\frac{2}{3}} \cdot 370,4 = 302,4 \text{ A} \tag{18}$$

y al ser el transformador de relación unidad, la *corriente primaria* que va a la red tiene el mismo valor de 302,4 A.

8.8. Se utiliza un accionamiento Scherbius estático para regular la velocidad de un motor asíncrono trifásico de rotor devanado de 4 polos y que tiene ambos bobinados conectados en estrella. El motor se conecta a una red de 400 V de línea, 50 Hz. La relación de transformación de estátor a rotor igual a 1,5. El inversor del equipo electrónico del rotor se conecta a la red por medio de un transformador Yy de relación de espiras red/inversor igual a 2,5. El motor desarrolla un par de carga de 1000 N · m a una velocidad de 1050 r/min. Calcular:

a) La potencia eléctrica que el motor devuelve a la red a través del inversor.

b) La tensión y la corriente en el bus de corriente continua.

c) El ángulo de encendido de los IGBT del inversor del rotor.

Nota. Se desprecian las impedancias de los devanados del estátor y del rotor del motor.

Solución

Los parámetros del circuito son:

Motor: estrella; 4 polos; U_s(línea) = 400 V; f_s = 50 Hz; impedancias del motor despreciables; relación de transformación del motor: r_{tm} = 1,5; relación de transformación del transformador Y-y: r_t = 2,5.

a) El enunciado nos indica que el motor desarrolla un par de carga de 1000 N · m a una velocidad de 1050 r/min y como quiera que la frecuencia de la red es de 50 Hz y el motor tiene cuatro polos, la velocidad de sincronismo es:

$$n_s = \frac{60 f_s}{p} = \frac{60 \cdot 50}{2} = 1500 \text{ r/min} \tag{1}$$

El deslizamiento del motor es:

$$s = \frac{n_s - n}{n_s} = \frac{1500 - 1050}{1500} = 0,3 \, (30\%) \tag{2}$$

y la potencia mecánica interna del motor P_{mi} vale:

$$P_{mi} = T \, \Omega = 1000 \cdot 2\pi \cdot \frac{1050}{60} \approx 110 \text{ kW} \tag{3}$$

Teniendo en cuenta la relación entre la potencia anterior P_{mi} y la potencia de entrehierro P_g, resulta:

$$P_g = \frac{P_{mi}}{1-s} = \frac{110}{1-0,3} = 157,1 \text{ kW} \tag{4}$$

y, por consiguiente, la potencia de deslizamiento del motor (sP_g), que es la potencia eléctrica que se devuelve a la red a través del inversor vale:

$$sP_g = 0,3 \cdot 157,1 = 47,1 \text{ kW} \tag{5}$$

b) Teniendo en cuenta que la relación de transformación del motor es $r_{tm} = 1,5$ se tiene una tensión en el bus de corriente continua:

$$U_{cc} = \frac{3\sqrt{6}}{\pi} \frac{sU_s \text{ (fase)}}{r_{tm}} = \frac{3\sqrt{6}}{\pi} \frac{0,3 \cdot \left(400/\sqrt{3}\right)}{1,5} \approx 108 \text{ V} \tag{6}$$

y como quiera que el producto de la tensión por la corriente en el bus de c.c. es la potencia de deslizamiento calculada en (5), resulta una corriente I_{cc}:

$$I_{cc} = \frac{sP_g}{U_{cc}} = \frac{47100}{108} = 436 \text{ A} \tag{7}$$

c) Como las relaciones de transformación del accionamiento son: $r_{tm} = 1,4$ y $r_t = 2,5$ y teniendo en cuenta que el deslizamiento está relacionado con el ángulo de encendido α de los IGBT por la expresión:

$$s = -\frac{r_{tm}}{r_t} \cos\alpha \tag{8}$$

al sustituir valores en la ecuación anterior se obtiene:

$$0,3 = -\frac{1,5}{2,5} \cos\alpha \implies \cos\alpha = -0,5 \implies \alpha = 120° \tag{9}$$

8.9. Un accionamiento Scherbius estático se va a utilizar para regular la velocidad de un motor asíncrono trifásico de rotor devanado de 4 polos y que tiene ambos bobinados conectados en estrella. Los datos nominales del motor son: 50 kW; 1440 r/min; 400 V, 50 Hz. La relación de transformación de estátor a rotor igual a 1,2. El inversor del equipo electrónico del rotor se conecta a la red por medio de un transformador Yy de relación de espiras red/inversor igual a 1. Se desea regular la velocidad del motor entre la velocidad nominal de 1440 r/min hasta una velocidad de 150 r/min, trabajando el motor con el par nominal. Calcular para cada una de las velocidades señaladas

a) La potencia eléctrica que el motor devuelve a la red a través del inversor.

b) La tensión y la corriente en el bus de corriente continua.

c) El ángulo de encendido de los IGBT del inversor del rotor.

Nota. Se desprecian las impedancias de los devanados del estátor y del rotor del motor.

Solución

Los parámetros de este accionamiento son:

Motor: estrella, 50 kW; U_s(línea) = 400 V; f_s = 50 Hz; 4 polos; 1440 r/min; impedancias del motor despreciables; relación de transformación del motor: $r_{tm} \approx 1,2$; relación de transformación del transformador Y-y: $r_t = 1$.

La velocidad de sincronismo del motor vale:

$$n_s = \frac{60 f_s}{p} = \frac{60 \cdot 50}{2} = 1500 \text{ r/min} \tag{1}$$

1. **Para la velocidad nominal del motor n = 1440 r/min se obtienen los siguientes resultados:**

a) Deslizamiento del motor:

$$s = \frac{n_s - n}{n_s} = \frac{1500 - 1440}{1500} = 0,04\,(4\%) \tag{2}$$

Como la potencia mecánica nominal del motor y que al no haber pérdidas coincide con la potencia mecánica interna del motor P_{mi} se tiene un par nominal que se deduce de las siguientes expresiones:

$$P_{mec} = 50000 \text{ W} = P_{mi} = T\,\Omega \;\Rightarrow\; T = \frac{P_{mi}}{\Omega} = \frac{50000}{2\pi \cdot 1440/60} \approx 331,6 \text{ N} \cdot \text{m} \tag{3}$$

Teniendo en cuenta la relación entre la potencia mecánica interna P_{mi} y la potencia de entrehierro P_g, resulta:

$$P_g = \frac{P_{mi}}{1-s} = \frac{50000}{1-0,04} \approx 52083,3 \text{ W} \tag{4}$$

y, por consiguiente, la potencia de deslizamiento del motor (sP_g) y que es la potencia eléctrica que se devuelve a la red a través del inversor vale:

$$sP_g = 0,04 \cdot 52083,3 = 2083,3 \text{ W} \tag{5}$$

b) Teniendo en cuenta que la relación de transformación del motor es $r_{tm} = 1,2$ se tiene una tensión en el bus de corriente continua:

$$U_{cc} = \frac{3\sqrt{6}}{\pi} \frac{sU_s\,(\text{fase})}{r_{tm}} = \frac{3\sqrt{6}}{\pi} \frac{0,04 \cdot \left(400/\sqrt{3}\right)}{1,2} \approx 18 \text{ V} \tag{6}$$

Como quiera que el producto de la tensión por la corriente en el bus de c.c. es la potencia de deslizamiento calculada en (5), resulta una corriente I_{cc}:

$$I_{cc} = \frac{sP_g}{U_{cc}} = \frac{2083,3}{18} = 115,7 \text{ A} \tag{7}$$

c) Como quiera que las relaciones de transformación del accionamiento son: $r_{tm} = 1,2$ y $r_t = 1$, teniendo en cuenta que el deslizamiento está relacionado con el ángulo de encendido α de los IGBT por la expresión:

$$s = -\frac{r_{tm}}{r_t}\cos\alpha \tag{8}$$

al sustituir valores en la ecuación anterior se obtiene:

$$0,04 = -\frac{1,2}{1}\cos\alpha \;\Rightarrow\; \cos\alpha = -0,033 \;\Rightarrow\; \alpha = 91,9° \tag{9}$$

2. **Para la velocidad del motor $n = 150$ r/min se obtienen los siguientes resultados:**
a) Deslizamiento del motor:

$$s = \frac{n_s - n}{n_s} = \frac{1500 - 150}{1500} = 0,9 \;(90\%) \tag{10}$$

Como el motor funciona con el par nominal calculado anteriormente, la potencia mecánica interna que desarrolla el motor a la velocidad de 150 r/min es:

$$P_{mi} = T\,\Omega \;\Rightarrow\; P_{mi} = T\,\Omega = 331,6 \cdot 2\pi \cdot \frac{150}{60} \approx 5208,3 \text{ W} \tag{11}$$

teniendo en cuenta la relación entre la potencia mecánica interna P_{mi} y la potencia de entrehierro P_g, resulta:

$$P_g = \frac{P_{mi}}{1-s} = \frac{5208,3}{1-0,9} \approx 52083,3 \text{ W} \tag{12}$$

Por consiguiente, la potencia de deslizamiento del motor (sP_g), que es la potencia eléctrica que se devuelve a la red a través del inversor vale:

$$sP_g = 0,9 \cdot 52083,3 = 46875 \text{ W} \tag{13}$$

b) Teniendo en cuenta que la relación de transformación del motor es $r_{tm} = 1,2$ se tiene una tensión en el bus de corriente continua:

$$U_{cc} = \frac{3\sqrt{6}}{\pi}\frac{sU_s\,(\text{fase})}{r_{tm}} = \frac{3\sqrt{6}}{\pi}\frac{0,9 \cdot \left(400/\sqrt{3}\right)}{1,2} \approx 405,1 \text{ V} \tag{14}$$

Como quiera que el producto de la tensión por la corriente en el bus de c.c. es la potencia de deslizamiento calculada en (13), resulta una corriente I_{cc}:

$$I_{cc} = \frac{sP_g}{U_{cc}} = \frac{46875}{405,1} = 115,7 \text{ A} \tag{15}$$

Nota. Obsérvese que al ser el par del motor constante, la corriente en el bus de c.c. se mantiene inalterable y coincide con el caso anterior, cuando el accionamiento giraba a 1440 r/min; es decir coinciden las corrientes calculadas en (7) y (15).

c) Como quiera que las relaciones de transformación del accionamiento son: $r_{tm} = 1,2$ y $r_t = 1$ y teniendo en cuenta que el deslizamiento está relacionado con el ángulo de encendido α de los IGBT por la expresión:

$$s = -\frac{r_{tm}}{r_t}\cos\alpha \qquad (16)$$

al sustituir los valores en la ecuación anterior se obtiene:

$$0,9 = -1,2\cos\alpha \;\Rightarrow\; \cos\alpha = -0,75 \;\Rightarrow\; \alpha \approx 138,6° \qquad (17)$$

8.10. Un accionamiento Scherbius estático se va a utilizar para regular la velocidad de un motor asíncrono trifásico de rotor devanado de 4 polos y que tiene ambos bobinados conectados en estrella. Los datos nominales del motor son: 100 kW; 1440 r/min; 400 V, 50 Hz. La relación de transformación de estátor a rotor igual a 1,5. El inversor del equipo electrónico del rotor se conecta a la red por medio de un transformador Yy de relación de espiras red/inversor igual a 1. El motor se va a emplear para mover una carga con un par tipo ventilador (el par varía con el cuadrado de la velocidad $T_r = an^2$). Se desea que el rango de regulación de velocidad del motor varíe entre 450 r/min y la velocidad nominal de 1440 r/min. Calcular para cada una de estas velocidades:

a) La potencia eléctrica que el motor devuelve a la red a través del inversor.

b) La tensión y la corriente en el bus de corriente continua.

c) El ángulo de encendido de los IGBT del inversor del rotor.

Nota. Se desprecian las impedancias de los devanados del estátor y del rotor del motor.

Solución

Los parámetros de este accionamiento son:

Motor: estrella, 100 kW; U_s(línea) = 400 V; f_s = 50 Hz; 4 polos; 1440 r/min; impedancias del motor despreciables; relación de transformación del motor: r_{tm} = 1,5; relación de transformación del transformador Y-y: r_t = 1.

La velocidad de sincronismo del motor vale:

$$n_s = \frac{60 f_s}{p} = \frac{60 \cdot 50}{2} = 1500 \text{ r/min} \qquad (1)$$

1. Para la velocidad nominal del motor n = 1440 r/min se obtienen los siguientes resultados:

a) Deslizamiento del motor:

$$s = \frac{n_s - n}{n_s} = \frac{1500 - 1440}{1500} = 0,04 \; (4\%) \qquad (2)$$

Como la potencia mecánica nominal del motor y que al no haber pérdidas coincide con la potencia mecánica interna del motor P_{mi}, el accionamiento trabajará con un par (igual al resistente) que se deduce de las siguientes expresiones:

$$P_{mec} = 100000 \text{ W} = P_{mi} = T\,\Omega \implies T = \frac{P_{mi}}{\Omega} = \frac{100000}{2\pi \cdot 1440/60} \approx 663,1 \text{ N} \cdot \text{m} \qquad (3)$$

y teniendo en cuenta la relación entre la potencia mecánica interna P_{mi} y la potencia de entrehierro P_g, resulta:

$$P_g = \frac{P_{mi}}{1-s} = \frac{100000}{1-0,04} \approx 104166,7 \text{ W} \qquad (4)$$

Por consiguiente la potencia de deslizamiento del motor (sP_g) y que es la potencia eléctrica que se devuelve a la red a través del inversor vale:

$$sP_g = 0,04 \cdot 104166,7 = 4166,7 \text{ W} \qquad (5)$$

b) Teniendo en cuenta que la relación de transformación del motor es $r_{tm} = 1,2$ se tiene una tensión en el bus de corriente continua:

$$U_{cc} = \frac{3\sqrt{6}}{\pi}\frac{sU_s\,(\text{fase})}{r_{tm}} = \frac{3\sqrt{6}}{\pi}\frac{0,04 \cdot \left(400/\sqrt{3}\right)}{1,5} \approx 14,4 \text{ V} \qquad (6)$$

Como quiera que el producto de la tensión por la corriente en el bus de c.c. es la potencia de deslizamiento calculada en (5), resulta una corriente I_{cc}:

$$I_{cc} = \frac{sP_g}{U_{cc}} = \frac{4166,7}{14,4} = 289,3 \text{ A} \qquad (7)$$

c) Como quiera que las relaciones de transformación del accionamiento son: $r_{tm} = 1,5$ y $r_t = 1$ y teniendo en cuenta que el deslizamiento está relacionado con el ángulo de encendido α de los IGBT por la expresión:

$$s = -\frac{r_{tm}}{r_t}\cos\alpha \qquad (8)$$

al sustituir los valores en la ecuación anterior se obtiene:

$$0,04 = -1,5\cos\alpha \implies \cos\alpha = -0,0267 \implies \alpha \approx 91,5° \qquad (9)$$

2. Para la velocidad del motor $n = 450$ r/min se obtienen los siguientes resultados:

a) El par motor se modifica respecto al caso anterior puesto que el par resistente varía con el cuadrado de la velocidad y teniendo en cuenta que el par a 1440 r/min y según se ha calculado en (3) era igual a 663,1 Nm, el par a la velocidad de 450 r/min será:

$$T = 663,1 \cdot \left(\frac{450}{1440}\right)^2 \approx 64,8 \text{ N} \cdot \text{m} \tag{10}$$

y, por ello, la potencia mecánica interna tendrá ahora un valor:

$$P_{\text{mi}} = T \ \Omega = 64,8 \cdot 2\pi \cdot \frac{450}{60} \approx 3051,5 \text{ W} \tag{11}$$

Como quiera que el deslizamiento del motor a 450 r/min vale:

$$s = \frac{n_s - n}{n_s} = \frac{1500 - 450}{1500} = 0,7 \, (70\%) \tag{12}$$

la nueva potencia de entrehierro P_g será:

$$P_g = \frac{P_{\text{mi}}}{1-s} = \frac{3051,5}{1-0,7} \approx 10171,8 \text{ W} \tag{13}$$

y, por consiguiente, la potencia de deslizamiento del motor (sP_g), que es la potencia eléctrica que se devuelve a la red a través del inversor vale:

$$sP_g = 0,7 \cdot 10171,8 = 7120,3 \text{ W} \tag{14}$$

b) Teniendo en cuenta que la relación de transformación del motor es $r_{tm} = 1,5$ se tiene una tensión en el bus de corriente continua:

$$U_{cc} = \frac{3\sqrt{6}}{\pi} \frac{sU_s \, (\text{fase})}{r_{tm}} = \frac{3\sqrt{6}}{\pi} \frac{0,7 \cdot \left(400/\sqrt{3}\right)}{1,5} \approx 252,1 \text{ V} \tag{15}$$

Como quiera que el producto de la tensión por la corriente en el bus de c.c. es la potencia de deslizamiento calculada en (14), resulta una corriente I_{cc}:

$$I_{cc} = \frac{sP_g}{U_{cc}} = \frac{7120,3}{252,1} = 28,2 \text{ A} \tag{16}$$

c) Como quiera que las relaciones de transformación del accionamiento son: $r_{tm} = 1,5$ y $r_t - 1$ y teniendo en cuenta que el deslizamiento está relacionado con el ángulo de encendido α de los IGBT por la expresión:

$$s = -\frac{r_{tm}}{r_t} \cos\alpha \tag{17}$$

al sustituir los valores en la ecuación anterior se obtiene:

$$0,7 = -1,5\cos\alpha \ \Rightarrow \ \cos\alpha = -0,467 \ \Rightarrow \ \alpha \approx 117,8° \tag{18}$$

9

Accionamientos eléctricos con motores de corriente alterna síncronos

9.1. Un motor síncrono trifásico de rotor cilíndrico, con el inducido conectado en estrella, tiene una resistencia de inducido despreciable y una reactancia síncrona de 1,2 Ω por fase. El motor absorbe una potencia de 400 kW cuando se conecta a una red de 1000 V de tensión de línea y se ajusta la corriente de campo de los polos para que la f.e.m. de excitación E_0 sea igual a 1200 V de línea. Calcular la corriente absorbida por el inducido y su factor de potencia.

Nota. Se desprecian las pérdidas del motor.

Solución

Los valores por fase de la tensión y de la f.e.m. de excitación del motor síncrono son respectivamente:

$$U_s = \frac{1000}{\sqrt{3}} = 577,35 \text{ V} \ ; \ E_0 = \frac{1\,200}{\sqrt{3}} = 692,82 \text{ V} \tag{1}$$

La potencia activa que absorbe el motor es de 400 kW y como se sabe es función del ángulo de carga δ y que es el que forman la f.e.m. E_0 y la tensión de alimentación U_s, de acuerdo con la expresión:

$$P = \frac{3E_0 U_s}{X_s} \text{sen} \delta \tag{2}$$

Teniendo en cuenta que la reactancia síncrona es $X_s = 1,2$ Ω/fase, al sustituir valores en (2) se obtiene el ángulo de carga:

$$400000 = \frac{3 \cdot 692,82 \cdot 577,35}{1,2} \operatorname{sen}\delta \;\Rightarrow\; \operatorname{sen}\delta = 0,4 \;\Rightarrow\; \delta \approx 23,6° \qquad (3)$$

En la Figura 9.1 se muestra el diagrama fasorial correspondiente, en el que se ha tomado la tensión aplicada al motor como referencia de fases y en el que se cumple:

$$\underline{U}_s = \underline{E}_0 + j\,X_s\,\underline{I}_i \;\Rightarrow\; 577,35\angle 0° = 692,82\angle -23,6° + j\,1,2 \cdot \underline{I}_i \qquad (4)$$

Al despejar en la Ecuación (4) la corriente del inducido se obtiene:

$$\underline{I}_i = \frac{577,35\angle 0° - 692,82\angle -23,6°}{j\,1,2} \approx 235,9\angle 11,8° \qquad (5)$$

Es decir, la corriente del inducido absorbida por el motor es de 235,9 A y el f.d.p. es $\cos 11,8° = 0,979$ capacitivo o en adelanto.

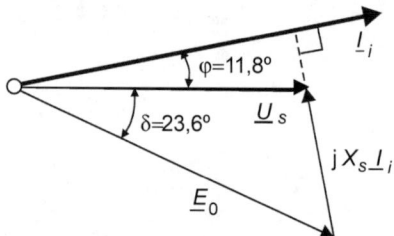

Figura 9.1

> **9.2.** Un motor síncrono trifásico de rotor cilíndrico de 4 polos y conectado en estrella tiene una resistencia de inducido despreciable y una reactancia síncrona de 70 Ω por fase. El motor se conecta a una red de 6,6 kV de tensión de línea, 50 Hz y se ajusta la corriente de campo para que la f.e.m. de excitación E_0 sea de 7,6 kV de línea.
>
> a)   ¿Cuál es la máxima potencia mecánica máxima que puede dar el motor sin que se pierda el sincronismo?
>
> b)   En el caso anterior, calcular el par motor, la corriente absorbida por el inducido y su factor de potencia.
>
> **Nota.** Se desprecian las pérdidas del motor.

Solución

Los parámetros por fase del motor son:

$$U_s = \frac{6600}{\sqrt{3}} = 3810,5 \text{ V} \;;\; E_0 = \frac{7600}{\sqrt{3}} = 4387,9 \text{ V} \;;\; X_s = 70 \ \Omega/\text{fase} \;;\; 2\,p = 4; f = 50 \text{ Hz} \qquad (1)$$

a) La potencia mecánica que absorbe el motor al despreciar las pérdidas coincide con la potencia activa y se expresa de la forma siguiente:

$$P = \frac{3E_0 U_s}{X_s} \operatorname{sen} \delta \tag{2}$$

y la potencia anterior es máxima cuando el ángulo de carga δ es igual a 90°, por lo que el valor de esta potencia es:

$$P_{\text{máx}} = \frac{3E_0 U_s}{X_s} = \frac{3 \cdot 4387,9 \cdot 3810,5}{70} = 716,6 \text{ kW} \tag{3}$$

b) Como quiera que la velocidad de sincronismo del motor vale:

$$n_s = \frac{60 f_s}{p} = \frac{60 \cdot 50}{2} = 1500 \text{ r/min} \tag{4}$$

Teniendo en cuenta que equivale a un valor en radianes mecánicos por segundo:

$$\Omega = 2\pi \frac{n_s}{60} = 2\pi \frac{1500}{60} = 157,08 \text{ rad/s} \tag{5}$$

se tiene un par mecánico desarrollado por el motor cuando trabaja con potencia máxima que es:

$$T = \frac{P_{\text{máx}}}{\Omega} = \frac{716600}{157,08} = 4562 \text{ N} \cdot \text{m} \tag{6}$$

Por otro lado, en el inducido del motor se cumple la siguiente relación de tensiones:

$$\underline{U}_s = \underline{E}_0 + j X_s \underline{I}_i \tag{7}$$

En la Figura 9.2 se muestra el esquema fasorial de la ecuación anterior, donde se ha tomado como referencia de fases la tensión de alimentación U_s y donde se ha tenido en cuenta que el ángulo δ es de 90°, es decir que la f.e.m. E_0 se retrasa 90° respecto a la tensión.

Es por ello que de acuerdo con la Ecuación (7) y el diagrama fasorial de la Figura 9.2 se obtiene el siguiente valor de la corriente del inducido absorbida por el motor:

$$\underline{I}_i = \frac{\underline{U}_s - \underline{E}_0}{j X_s} = \frac{3810,5\angle 0° - 4387,9\angle -90°}{j70} \approx 83\angle -41° \text{ A} \tag{8}$$

Este resultado indica que la corriente absorbida por el motor es de 83 A y que el ángulo φ del diagrama de la Figura 9.2 es de 41°; es decir, la corriente se retrasa respecto a la tensión aplicada 41°, por lo que el factor de potencia del motor es inductivo y vale $\cos \varphi = \cos 41° = 0,755$.

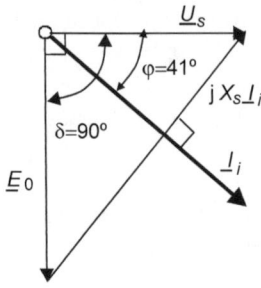

Figura 9.2

9.3. Un motor síncrono trifásico de rotor cilíndrico y con el inducido conectado en estrella tiene una resistencia de inducido despreciable y una reactancia síncrona de 20 Ω por fase. El motor se conecta a una red de 6,6 kV de tensión de línea y trabaja con corriente de excitación constante y se observa que cuando la potencia absorbida de la red es de 1000 kW, el factor de potencia es 0,8 capacitivo. Si la potencia absorbida aumenta hasta los 1500 kW, calcular en esta situación:

a) El ángulo de carga δ con el que trabaja el motor.

b) La corriente del inducido y su factor de potencia.

Nota. Se desprecian las pérdidas del motor.

Los parámetros por fase del motor son:

$$U_s = \frac{6600}{\sqrt{3}} = 3810,5 \text{ V} \; ; \; P = 1000 \text{ kW} \; ; \; \cos \varphi = 0,8 \text{ capacitivo}; \; X_s = 20 \text{ Ω/fase} \qquad (1)$$

a) Como quiera que inicialmente la potencia activa que absorbe el motor es de 1000 kW con f.d.p. 0,8 capacitivo (36,9°), en estas condiciones se tiene una corriente absorbida por el motor que se obtiene de la ecuación siguiente:

$$I_i = \frac{P}{\sqrt{3}U_s \cos\varphi} = \frac{1000000}{\sqrt{3} \cdot 6600 \cdot 0,8} = 109,35 \text{ A} \qquad (2)$$

y en el inducido del motor se cumple la relación de tensiones siguiente::

$$\underline{U}_s = \underline{E}_0 + j\,X_s\,\underline{I}_i \qquad (3)$$

que al sustituir valores da:

$$3810,5\angle 0° = \underline{E}_0 + j\,20 \cdot 109,35\angle 36,9° \qquad (4)$$

En la Figura 9.3a se muestra el diagrama fasorial correspondiente, en el que se ha tomado la tensión aplicada al motor como referencia de fases y de la Ecuación (4) se deduce el valor de la f.e.m. $\underline{E}_0$:

$$\underline{E}_0 = 3810,5\angle 0° - j\ 20 \cdot 109,35\angle 36,87° \approx 5413,24\angle -18,9°\ V \tag{5}$$

Este resultado indica que cuando el motor absorbe 1000 kW, la f.e.m. por fase es de 5413,24 V y que el ángulo de carga es $\delta = 18,9°$, retrasándose la f.e.m. respecto de la tensión de alimentación. Por otro lado, al trabajar el motor con excitación constante, la f.e.m. anterior E_0 permanecerá invariable. Es por ello que cuando a continuación la potencia de entrada al motor aumenta hasta 1500 kW, se cumplirá la siguiente ecuación:

$$P = \frac{3E_0U_s}{X_s}\operatorname{sen}\delta \implies 1500000 = \frac{3 \cdot 5413,24 \cdot 3810,5}{20}\operatorname{sen}\delta \tag{6}$$

de donde se deduce el siguiente resultado:

$$\operatorname{sen}\delta = 0,485 \implies \delta = 29° \tag{7}$$

En la Figura 9.3b se muestra el diagrama fasorial correspondiente a esta nueva situación, donde se observa que este nuevo ángulo δ es de retraso de la f.e.m. E_0 respecto a la tensión de alimentación U_s, que es igual a 29°.

b) De acuerdo con los resultados del apartado anterior, y teniendo en cuenta el diagrama fasorial de la Figura 9.3b, al aplicar la ecuación (3) a esta nueva situación, resulta:

$$\underline{U}_s = \underline{E}_0 + j\ X_s\underline{I}_i \implies 3810,5\angle 0° = 5413,24\angle -29° + j\ 20\underline{I}_i \tag{8}$$

lo que da lugar a la corriente de inducido:

$$\underline{I}_i = \frac{577,35\angle 0° - 5413,24\angle -29°}{j\ 20} = 139,1\angle 19,4°\ A \tag{9}$$

Es decir, la corriente del inducido absorbida por el motor cuando absorbe una potencia de 1500 kW es de 139,1 A y el factor de potencia es cos 19,4° = 0,943 capacitivo o en adelanto.

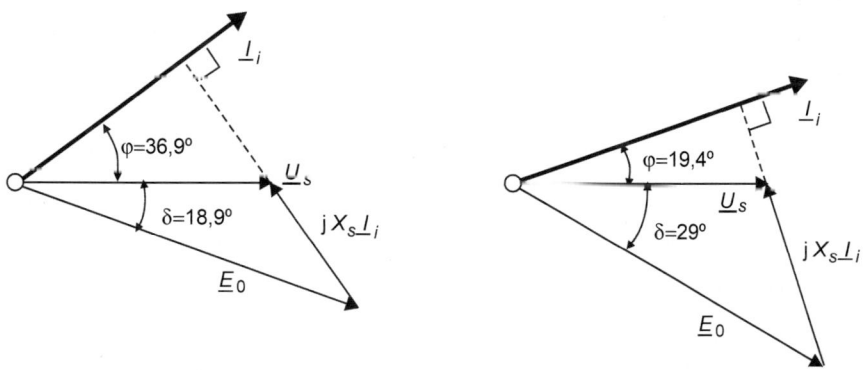

a) Diagrama fasorial con P = 1000 kW   b) Diagrama fasorial con P = 1500 kW

Figura 9.3

9.4. Un motor síncrono trifásico de rotor cilíndrico de seis polos, con el inducido conectado en estrella tiene una resistencia de inducido despreciable y una reactancia síncrona de 35 Ω por fase. El motor se conecta a una red de 6,6 kV de tensión de línea y 50 Hz y trabaja inicialmente moviendo una carga de 350 kW de modo que se ajusta la corriente de excitación para que la corriente absorbida sea mínima. Se eleva a continuación la excitación hasta que la corriente del inducido aumenta en un 50 %. Con esta nueva corriente de excitación, la potencia de la carga se reduce repentinamente a 175 kW, ¿cuál será la nueva corriente absorbida por el motor y su factor de potencia.

Nota. Se desprecian las pérdidas del motor.

Solución

Los parámetros del motor son:

$$U_s = \frac{6600}{\sqrt{3}} = 3810,5 \text{ V} \; ; \; P = 350 \text{ kW} \; ; \; X_s \, 35 \text{ Ω/fase} \; ; \; 2\,p = 6; f = 50 \text{ Hz} \qquad (1)$$

Hay que tener en cuenta que si el motor mueve una carga que absorbe 350 kW (y que al no haber pérdidas en la máquinas esta potencia es la activa que el motor absorbe de la red) y si la corriente que absorbe el inducido es mínima significa que el factor de potencia debe ser igual a la unidad, por lo que el valor de esta corriente sería:

$$I_i = \frac{P}{\sqrt{3}\, U_s \cos\varphi} = \frac{350000}{\sqrt{3} \cdot 6600 \cdot 1} = 30,62 \text{ A} \qquad (2)$$

Si se eleva la excitación hasta que la corriente del inducido aumente un 50 %, la nueva corriente será:

$$I_i = 30,62 \cdot 1,5 = 45,93 \text{ A} \qquad (3)$$

y si se mantiene la potencia de la carga en 350 kW, el nuevo factor de potencia con el que trabaja el motor debe cumplir la ecuación siguiente:

$$I_i = 45,93 = \frac{P}{\sqrt{3}U_s \cos\varphi} = \frac{350000}{\sqrt{3} \cdot 6600 \cdot \cos\varphi} \;\Rightarrow\; \cos\varphi = 0,666 \;\Rightarrow\; \varphi = 48,2° \quad (4)$$

En estas condiciones la f.e.m. E_0 debe cumplir la expresión:

$$\underline{U}_s = \underline{E}_0 + j\, X_s \underline{I}_i \;\Rightarrow\; 3810,5\angle 0° = \underline{E}_0 + j\, 35 \cdot 45,93 \angle 48,2° \qquad (5)$$

de donde se deduce:

$$\underline{E}_0 = 5122,22\angle -12,07° \qquad (6)$$

Si la potencia de la carga se reduce a 175 kW se debe cumplir:

$$P = \frac{3E_0 U_s}{X_s} \operatorname{sen}\delta \ \Rightarrow \ 175000 = \frac{3 \cdot 5122,22 \cdot 3810,5}{35} \operatorname{sen}\delta_2 \tag{7}$$

que da lugar al ángulo de carga siguiente:

$$\operatorname{sen}\delta_2 = 0,1046 \ \Rightarrow \ \delta_2 = 6° \tag{8}$$

Como quiera que se debe cumplir la expresión:

$$\underline{U}_s = \underline{E}_0 + j\,X_s\,\underline{I}_i \ \Rightarrow \ 3810,5\angle 0° = 5122,22\angle -6° + j\,35 \cdot \underline{I}_i \tag{9}$$

se obtiene la nueva corriente de inducido, que vale:

$$\underline{I}_i = 39,74\angle 67,36° \tag{10}$$

es decir, la nueva corriente del inducido del motor es de 39,74 A y se adelanta 67,36° respecto a la tensión aplicada, por lo que el nuevo factor de potencia con el que trabaja la máquina es:

$$\cos\varphi = \cos 67,36° = 0,385 \ \text{en adelanto (capacitivo)} \tag{11}$$

9.5. Se dispone de un motor síncrono trifásico con seis polos salientes y con el inducido conectado en estrella y que tiene una potencia asignada de 400 kW. La resistencia de inducido es despreciable y las reactancias síncronas de eje directo y cuadratura son respectivamente $X_{sd} = 16\ \Omega$ y $X_{sq} = 10\ \Omega$ por fase. El motor se alimenta con un inversor con una relación tensión frecuencia (U/f) constante. Si la tensión producida por el inversor es de 3000 V, 50 Hz y el motor funciona a plena carga con factor de potencia 0,8 capacitivo,:

a) Calcular el ángulo de carga δ y la f.e.m. de excitación E_0.

b) Contestar a la pregunta anterior si el motor funciona a media carga con factor de potencia unidad y una frecuencia de 40 Hz.

Nota. Se desprecian las pérdidas del motor.

Solución

Los parámetros del motor son:

$$U_s = \frac{3000}{\sqrt{3}} = 1732,1\ \text{V} \ ; \ P_N = 400\ \text{kW}; \ X_{sd} = 16\ \Omega/\text{fase};$$
$$X_{sq} = 10\ \Omega/\text{fase}; \ 2p = 6; \ f = 50\ \text{Hz} \tag{1}$$

a) Si el motor síncrono funciona a plena carga o nominal de 400 kW y con f.d.p. 0,8 capacitivo, la corriente absorbida del inversor es:

$$I_i = \frac{P}{\sqrt{3}\ U_s \cos\varphi} = \frac{400000}{\sqrt{3} \cdot 3000 \cdot 0,8} = 96,23\ \text{A} \tag{2}$$

En la Figura 9.4 se muestra el diagrama fasorial de las corrientes en los ejes dircto y cuadratura del motor y la relación entre la f.c.e.m. E_0 del motor, la tensión aplicada U_s y las caídas de tensión en la reactancias síncronas de los ejes directo y cuadratura.

En este diagrama fasorial de la Figura 9.4 y teniendo en cuenta que arcos $0,8 = 36,87°$, se cumplen las siguientes ecuaciones de las componentes en el eje directo y cuadratura:

$$I_{sd} = I_i \operatorname{sen}\gamma = I_i \operatorname{sen}(\varphi+\delta) = 96,23 \cdot \operatorname{sen}(36,87° + \delta) \qquad (3a)$$

$$I_{sq} = I_i \cos\gamma = I_i \cos(\varphi+\delta) = 96,23 \cdot \cos(36,87° + \delta) \qquad (3b)$$

Por otro lado de la composición de la Figura 9.4 se puede escribir la siguiente relación:

$$\operatorname{sen}\delta = \frac{X_{sq}I_{sq}}{U_s} = \frac{10 \cdot 96,23 \cdot \cos(36,87° + \delta)}{1732,1} \qquad (4)$$

y operando esta última ecuación resulta:

$$1732,1\operatorname{sen}\delta = 962,3 \cdot \cos(36,87° + \delta) = 769,84\cos\delta - 577,38\operatorname{sen}\delta \qquad (5a)$$

de donde se deduce el ángulo de carga δ siguiente:

$$2309,48\operatorname{sen}\delta = 769,84\cos\delta \;\Rightarrow\; \operatorname{tg}\delta = 0,333 \;\Rightarrow\; \delta = 18,44° \qquad (5b)$$

Al llevar este resultado a las Ecuaciones (3a) y (3b) se obtienen las componentes en el eje directo y cuadratura de las corrientes y que son, respectivamente:

$$I_{sd} = 96,23 \cdot \operatorname{sen}(36,87° + 18,44°) \approx 79,1 \text{ A} \;;\; I_{sq} = 96,23 \cdot \cos(36,87° + \delta) \approx 54,8 \text{ A} \qquad (6)$$

Del diagrama fasorial de la Figura 9.4 se deduce la siguiente ecuación de la f.c.e.m. E_0 de excitación:

$$\underline{E}_0 = U_s \cos\delta + X_{sd}\underline{I}_{sd} = 1732,1 \cdot \cos 18,44° + 16 \cdot 79,1 \approx 2909 \text{ V} \;\Rightarrow$$
$$\Rightarrow \underline{E}_0(\text{línea}) = 2909\sqrt{3} \approx 5038 \text{ V} \qquad (7)$$

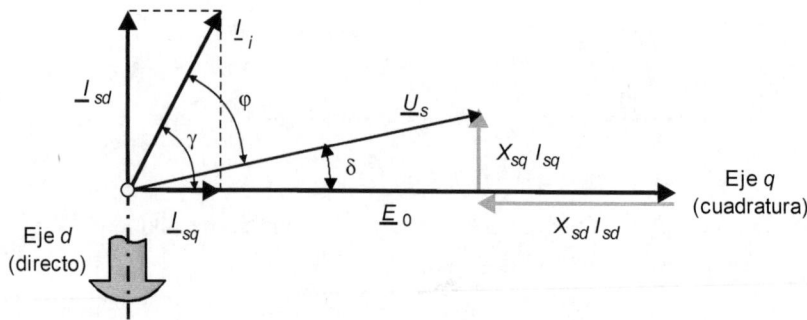

Figura 9.4

b) Si el motor funciona ahora a media carga, con f.d.p. unidad y con una frecuencia de 40 Hz, se tendrá en primer lugar que la tensión aplicada de línea por el inversor, al mantener el cociente tensión frecuencia constante, tendrá un valor:

$$\underline{U}_{s2} = 3000\frac{f_2}{f_1} = 3000\frac{40}{50} = 2400 \text{ V} \tag{8}$$

por lo que la nueva corriente que absorbe el inducido alimentado por el inversor vale:

$$I_{i2} = \frac{P}{\sqrt{3}U_{s2}\cos\varphi_2} = \frac{200000}{\sqrt{3}\cdot 2400\cdot 1} = 48,11 \text{ A} \tag{9}$$

Además hay que tener en cuenta que al cambiar la frecuencia de alimentación a 40 Hz, las nuevas reactancias del motor en el eje directo y en cuadratura son respectivamente:

$$X_{sd2} = X_{sd}\frac{f_2}{f_1} = 16\frac{40}{50} = 12,8 \text{ }\Omega \text{ ; } X_{sq2} = X_{sq}\frac{f_2}{f_1} = 10\frac{40}{50} = 8 \text{ }\Omega \tag{10}$$

por lo que las nuevas corrientes del inducido en el eje directo y cuadratura, teniendo en cuenta que $I_{i2} = 48,11$ A y que $\cos\varphi_2 = 1$, es decir $\varphi_2 = 0°$, son, respectivamente:

$$I_{sd2} = I_{i2}\text{sen}(\varphi_2 + \delta_2) = 48,11\cdot\text{sen}\delta_2 \text{ ; } I_{sq2} = I_{i2}\cos(\varphi_2 + \delta_2) = 48,11\cdot\cos\delta_2 \tag{11}$$

y la ecuación equivalente a (4) es en este caso:

$$\text{sen}\delta_2 = \frac{X_{sq2}I_{sq2}}{U_{s2}} = \frac{8\cdot 48,11\cdot\cos\delta_2}{2400/\sqrt{3}} \Rightarrow \text{tg}\delta_2 = \frac{384,9}{1385,6} = 0,278 \Rightarrow \delta_2 = 15,52° \tag{12}$$

lo que significa que el nuevo ángulo de carga es de 15,52°. Y para calcular la nueva f.c.e.m. hay que utilizar la Ecuación (7) aplicada a la nueva situación, lo que da lugar a:

$$\underline{E}_{02} = U_{s2}\cos\delta_2 + X_{sd2}\underline{I}_{sd2} = \frac{2400}{\sqrt{3}}\cdot\cos 15,52° + 12,8\cdot 48,11\cdot\text{sen}15,52° \approx 1500 \text{ V} \tag{13}$$

que corresponde a una f.c.e.m. de línea:

$$E_0(\text{línea}) = 1500\sqrt{3} \approx 2598 \text{ V} \tag{14}$$

9.6. Se tiene un motor síncrono trifásico con polos salientes y con el inducido conectado en estrella y que se conecta a una red de 11 kV de línea, 50 Hz. La resistencia de inducido es despreciable y las reactancias síncronas de eje directo y cuadratura son respectivamente $X_{sd} = 20$ Ω y $X_{sq} = 12$ Ω por fase. Para una determinada carga el motor absorbe una corriente de inducido de 150 A y con un factor de potencia 0,8 capacitivo. Calcular en esta situación:

a) El ángulo de carga δ y la f.e.m. de excitación E_0.

b) El ángulo de carga y el factor de potencia cuando se duplica la corriente absorbida por el motor y si no se modifica la excitación de la máquina.

Nota. Se desprecian las pérdidas del motor.

Los parámetros del motor son:

$$U_s = \frac{11000}{\sqrt{3}} = 6350{,}9 \text{ V} \; ; X_{sd} = 20 \; \Omega/\text{fase y } X_{sq} = 12 \; \Omega/\text{fase}; f = 50 \text{ Hz} \qquad (1)$$

a) Sabemos que el motor síncrono absorbe una corriente de inducido de 150 A, con un f.d.p. 0,8 capacitivo y responde al diagrama fasorial de la Figura 9.5, en el que se muestran las corrientes en los ejes directo y cuadratura y la relación entre la f.c.e.m. E_0 del motor, la tensión aplicada U_s y las caídas de tensión en la reactancias síncronas de los ejes directo y cuadratura.

De la composición fasorial de la Figura 9.5 y teniendo en cuenta que $I_i = 150$ A, $X_{sq} = 12 \; \Omega$ y $\varphi = 36{,}87°$ se puede escribir la siguiente relación:

$$\operatorname{sen}\delta = \frac{X_{sq}I_{sq}}{U_s} = \frac{12 \cdot 150 \cdot \cos(36{,}87° + \delta)}{6350{,}9} \qquad (2)$$

de donde se deduce:

$$6350{,}9 \operatorname{sen}\delta = 1800 \cos(36{,}87° + \delta) = 1800 \cdot 0{,}8 \cos\delta - 1800 \cdot 0{,}6 \operatorname{sen}\delta \qquad (3)$$

$$\operatorname{tg}\delta = 0{,}177 \;\Rightarrow\; \delta \approx 10° \qquad (4)$$

Del diagrama fasorial de la Figura 9.5 se deduce la siguiente ecuación de la f.c.e.m. E_0 de excitación:

$$\underline{E}_0 = U_s\cos\delta + X_{sd}\underline{I}_{sd} = 6350{,}9 \cos 10° + 20 \cdot 150 \operatorname{sen}(36{,}87° + 10°) = 8443{,}8 \text{ V} \qquad (5)$$

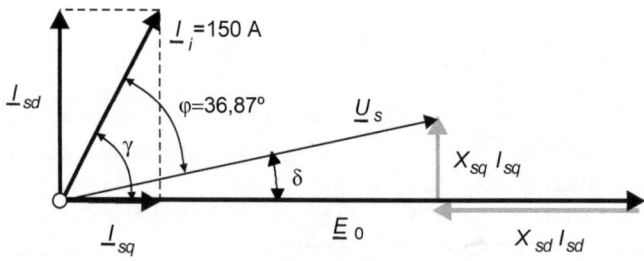

Figura 9.5

que corresponde a un tensión de línea:

$$\underline{E}_0 \left(\text{línea}\right) = 8443,8\sqrt{3} \approx 14,63 \text{ kV} \tag{6}$$

b) Si el motor funciona ahora sin modificar la excitación, es decir, conservando el valor de la f.c.e.m. calculada en el apartado anterior y se duplica la corriente absorbida por el motor, se tiene en esta situación los valores:

$$\underline{E}_{02} \left(\text{fase}\right) = 8443,8 \text{ V} \;\; ; \;\; I_{i2} = 300 \text{ A} \tag{7}$$

por lo que la Ecuación (2) aplicada a este caso nos da:

$$\text{sen}\,\delta_2 = \frac{X_{sq} I_{sq2}}{U_s} = \frac{12 \cdot 300 \, \cos\left(\varphi_2 + \delta_2\right)}{6350,9} \tag{8}$$

de donde se deduce la siguiente relación:

$$6350,9 \,\text{sen}\,\delta_2 = 3600 \, \cos\left(\varphi_2 + \delta_2\right) \;\Rightarrow\; \cos\left(\varphi_2 + \delta_2\right) = 1,764 \,\text{sen}\,\delta_2 \tag{9}$$

Aplicando la Ecuación (5) adaptada a esta situación se cumple:

$$\underline{E}_{02} = U_s \cos\delta_2 + X_{sd} \underline{I}_{sd2} \;\Rightarrow\; 8443,8 = 6350,9 \, \cos\delta_2 + 20\cdot 300 \, \text{sen}\left(\varphi_2 + \delta_2\right) \tag{10}$$

que al simplificar nos da:

$$1,407 = 1,058 \, \cos\delta_2 + \text{sen}\left(\varphi_2 + \delta_2\right) \;\Rightarrow\; \text{sen}\left(\varphi_2 + \delta_2\right) = 1,407 - 1,058 \, \cos\delta_2 \tag{11}$$

De las Ecuaciones (9) y (11) se tiene:

$$\cos\left(\varphi_2 + \delta_2\right) = 1,764 \,\text{sen}\,\delta_2 \,; \qquad \text{sen}\left(\varphi_2 + \delta_2\right) = 1,407 - 1,058 \, \cos\delta_2 \tag{12}$$

de donde se deduce:

$$1,764^2 \,\text{sen}^2\delta_2 + \left(1,407 - 1,058 \, \cos\delta_2\right)^2 - 1 \;\Rightarrow$$
$$\Rightarrow\; 3,111 \,\text{sen}^2\delta_2 + \left(1,98 + 1,12 \, \cos^2\delta_2 - 2,98 \, \cos\delta_2\right) = 1 \tag{13}$$

es decir:

$$1,991 \cos^2\delta_2 + 2,98 \, \cos\delta_2 - 4,091 = 0 \;\Rightarrow\; \cos\delta_2 = 0,8686 \;\Rightarrow\; \delta_2 = 29,7^\circ \tag{14}$$

y sustituyendo el resultado anterior en la Ecuación (9) resulta:

$$\cos\left(\varphi_2 + 29,7^\circ\right) = 1,764 \,\text{sen}\, 29,7^\circ \approx 0,874 \;\Rightarrow\; \varphi_2 + 29,7^\circ = 29,07^\circ \;\Rightarrow\; \varphi_2 \approx -0,63^\circ \tag{15}$$

es decir, el f.d.p. del motor es prácticamente la unidad.

9.7. Se tiene un motor síncrono trifásico con rotor cilíndrico de 4 polos y con el inducido conectado en estrella y cuyos datos nominales son: 20 kW; 400 V, 50 Hz. La
resistencia de inducido es despreciable y la reactancia síncrona a 50 Hz es de 10 Ω
por fase.

a) Calcular el par nominal, la corriente de inducido a plena carga y la f.e.m. de
excitación E_0, cuando el f.d.p. es la unidad.

b) Se desea controlar la velocidad de este motor manteniendo el flujo constante
a través de la relación aplicada U/f constante. Si el motor desarrolla un par
mitad del nominal a una velocidad de 1000 r/min ¿cuál será el valor de la
potencia absorbida de la red, ángulo de carga, corriente del inducido y factor
de potencia con el que trabaja.

Nota. Se desprecian las pérdidas del motor.

Solución

Los parámetros por fase del motor son:

$$U_s = \frac{400}{\sqrt{3}} = 230,9 \text{ V} ; \ P_{\text{mec}} = 20 \text{ kW} ; \ X_s = 10 \ \Omega/\text{fase} ; \text{ f.d.p.} = 1; 2\,p = 4; f = 50 \text{ Hz. (1)}$$

a) La velocidad de sincronismo del motor vale:

$$n_s = \frac{60 f_s}{p} = \frac{60 \cdot 50}{2} = 1500 \text{ r/min} \tag{2}$$

Teniendo en cuenta que equivale a un valor en radianes mecánicos por segundo:

$$\Omega = 2\pi \frac{n_s}{60} = 2\pi \frac{1500}{60} = 157,08 \text{ rad/s} \tag{3}$$

se tiene un par mecánico desarrollado por el motor:

$$T = \frac{P_{\text{mec}}}{\Omega} = \frac{20000}{157,08} = 127,32 \text{ N} \cdot \text{m} \tag{4}$$

La corriente que absorbe el inducido alimentado por el inversor vale:

$$I_i = \frac{P}{\sqrt{3} U_s \cos\varphi} = \frac{200000}{\sqrt{3} \cdot 400 \cdot 1} = 28,87 \text{ A} \tag{5}$$

y la f.e.m. de excitación se obtiene de la relación

$$\underline{E}_0 = \underline{U}_s - j\,X_s \underline{I}_i \ \Rightarrow \ \frac{400}{\sqrt{3}} \angle 0° - j\,10 \cdot 28,87\angle 0° = 369,7\angle -51,34° \text{ V} \tag{6}$$

que corresponde a una f.e.m. de línea:

$$\underline{E}_0 \, (\text{línea}) = 369,7\sqrt{3} = 640,3 \text{ V} \tag{7}$$

b) Si se desea controlar la velocidad del motor síncrono manteniendo el flujo magnético constante, es decir aplicando un cociente U_s/f constante y el motor desarrolla un par mecánico que es la mitad del nominal a una velocidad de 1000 r/min, se tendrá un par:

$$T_2 = \frac{T}{2} = \frac{127,32}{2} = 63,66 \text{ N} \cdot \text{m} \tag{8}$$

y la potencia mecánica producida será:

$$P_{\text{mec2}} = T_2 \Omega_2 = 63,66 \cdot 2\pi \frac{1000}{60} \approx 6666,5 \text{ W} \tag{9}$$

Como el motor no tiene pérdidas, esta potencia será igual a la potencia eléctrica que absorbe el motor de la red. Por otra parte, al cambiar la velocidad del motor sin modificar el flujo magnético, la nueva f.e.m. de excitación será proporcional a la velocidad, por lo que teniendo en cuenta el resultado (6) donde se tenía que $E_0 = 369,7$ V/fase para una velocidad de 1500 r/min, la nueva f.e.m. por fase será ahora:

$$E_{02} = E_0 \frac{1000}{1500} = 369,7 \frac{1000}{1500} = 246,47 \text{ V} \tag{10}$$

y la tensión aplicada por fase al motor, al mantener constante el cociente U_s/f tendrá ahora un valor:

$$U_{s2} \, (\text{fase}) = U_s \, (\text{fase}) \frac{1000}{1500} = \frac{400}{\sqrt{3}} \frac{1000}{1500} \approx 154 \text{ V} \tag{11}$$

Al cambiar la frecuencia de alimentación también variará la reactancia síncrona del motor y de una forma equivalente a (10) será ahora:

$$X_{s2} = X_s \frac{1000}{1500} - 10 \frac{1000}{1500} \approx 6,67 \text{ } \Omega \tag{12}$$

Teniendo en cuenta que la potencia activa eléctrica que absorbe el motor y que es igual a la potencia mecánica calculada en (9), se puede expresar en función del ángulo de carga por la expresión:

$$P_2 = \frac{3E_{02}U_{s2}}{X_{s2}} \text{sen}\,\delta_2 \tag{13}$$

Al sustituir los valores en (13), teniendo en cuenta los resultados (10) (11) y (12), resulta:

$$6666,5 = \frac{3 \cdot 246,47 \cdot 154}{6,67} \text{sen}\,\delta_2 \quad \Rightarrow \quad \text{sen}\,\delta_2 = 0,390 \quad \Rightarrow \quad \delta_2 \approx 23^o \tag{14}$$

que será el nuevo ángulo de carga con el que trabaja el motor. Si se toma la nueva tensión como referencia de fases, se tiene la siguiente relación de tensiones:

$$E_{02} = \underline{U}_{s2} - j\, X_{s2} \underline{I}_{i2} \quad \Rightarrow \quad 246,47\angle -23° = 154\angle 0° - j\, 6,67 \cdot \underline{I}_{i2} \tag{15}$$

lo que da lugar a una corriente:

$$\underline{I}_{i2} = 18,11\angle 37,13° \text{ A} \tag{16}$$

es decir, la nueva corriente es de 18,11 A y el f.d.p. con el que trabaja el motor es $\cos 37,13° = 0,797$ en adelanto o capacitivo.

9.8. Un motor síncrono trifásico con rotor cilíndrico de 4 polos y conectado en triángulo tiene los siguientes datos nominales: 750 kW; 6,6 kV; 50 Hz. La resistencia de inducido es despreciable y la reactancia síncrona a 50 Hz es de 40 Ω por fase.

    a) Si el motor desarrolla la potencia mecánica nominal de 750 kW alimentado con la tensión y frecuencia nominal y con f.d.p. 0,8 capacitivo, calcular la corriente que absorbe el inducido por fase, el par motor en el eje, la f.e.m. por fase y el ángulo de carga en estas condiciones.

    b) Se regula la velocidad de este motor ajustando la corriente de excitación y manteniendo constante el cociente tensión/frecuencia de la alimentación y se observa que para una determinada frecuencia de funcionamiento, el motor desarrolla una potencia mecánica de 500 kW con f.d.p. unidad y que el ángulo de carga es en este caso $\delta = 10,3°$. Calcular con esta información, la f.e.m. de excitación, la frecuencia aplicada, la corriente absorbida por el inducido, la tensión necesaria de la alimentación y el par mecánico desarrollado por el motor.

    Nota. Se desprecian las pérdidas del motor.

Solución

Los parámetros del motor son:

$U_s = 6600$ V ; conexión triángulo; $P_{\text{mec}} = 750$ kW; $X_s = 40$ Ω/fase ; $2\,p = 4; f = 50$ Hz (1)

a) Teniendo en cuenta que el motor está conectado en triángulo y que se conoce la potencia activa con f.d.p. unidad, se tiene una corriente por fase en el inducido que vale:

$$I_i = \frac{P_{\text{mec}}}{3\,U_s \cos\varphi} = \frac{750000}{3 \cdot 6600 \cdot 0,8} = 47,35 \text{ A} \tag{2}$$

y la velocidad de sincronismo nominal del motor es:

$$n_s = \frac{60\,f_s}{p} = \frac{60 \cdot 50}{2} = 1500 \text{ r/min} \tag{3}$$

que equivale a un valor en radianes mecánicos por segundo:

$$\Omega = 2\pi \frac{n_s}{60} = 2\pi \frac{1500}{60} = 157,08 \text{ rad/s} \tag{4}$$

por lo que el par nominal del motor es:

$$T = \frac{P_{\text{mec}}}{\Omega} = \frac{750000}{157,08} = 4774,6 \text{ N} \cdot \text{m} \tag{5}$$

La f.e.m. de excitación por fase se obtiene de la relación:

$$\underline{E}_0 = \underline{U}_s - j X_s \underline{I}_i \Rightarrow \underline{E}_0 = 6600\angle 0° - j\,40 \cdot 47,35\angle 36,87° \approx 7883,3\angle -11° \text{ V} \tag{6}$$

Por consiguiente, la f.e.m. de excitación por fase es de 7883,3 V y el ángulo de carga es de 11°. En la Figura 9.6a se muestra la composición fasorial de las tensiones.

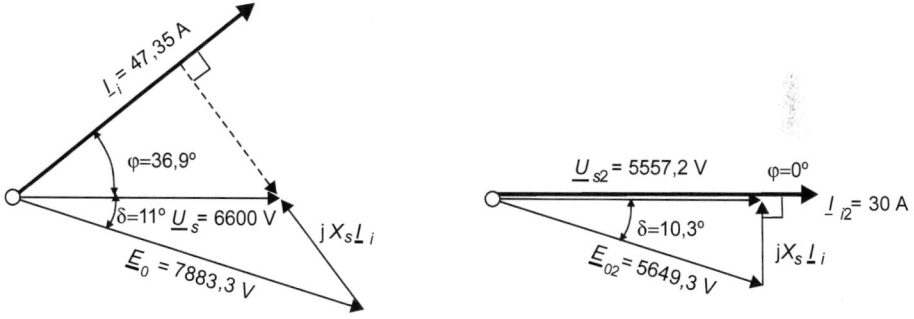

a) Fasores con $U_s = 6600$ V; 50 Hz   b) Fasores con $U_s = 5557,2$ V; 42,1 Hz

Figura 9.6

b) Al regular la velocidad del motor con la aplicación de un cociente U_s/f constante, es evidente que los valores de la nueva tensión aplicada y el valor de la reactancia síncrona cambiarán de la forma siguiente:

$$U_{s2} = U_s \frac{f_{s2}}{50} = 6600\frac{f_{s2}}{50} = 132 f_{s2} \;\; ; \;\; X_{s2} = X_s \frac{f_{s2}}{50} = 40\frac{f_{s2}}{50} = 0,8 f_{s2} \tag{7}$$

En las fórmulas anteriores, f_{s2} es la frecuencia de la nueva tensión aplicada. Como quiera que el motor desarrolla una potencia mecánica de 500 kW con un ángulo de carga $\delta = 10,3°$, se debe cumplir:

$$P_{\text{mec}2} = \frac{3E_{02}U_{s2}}{X_{s2}}\,\text{sen}\,\delta_2 \Rightarrow 500000 = \frac{3E_{02}\cdot 132 f_{s2}}{0,8 f_{s2}}\,\text{sen}\,10,3° \tag{8}$$

De la última ecuación se obtiene la nueva f.e.m. de excitación E_{02} y que vale:

$$E_{02} = \frac{0,8 \cdot 500000}{3 \cdot 132 \cdot \text{sen}\,10,3°} \approx 5649,3 \text{ V} \tag{9}$$

Como la relación de la f.e.m. de excitación con la tensión aplicada y con la caída de tensión en la reactancia síncrona, teniendo en cuenta las relaciones (7) y que la corriente está en fase con la tensión (porque el f.d.p. es la unidad), se puede escribir la siguiente ecuación:

$$\underline{E}_{02} = \underline{U}_{s2} - j\,X_{s2}\underline{I}_{i2} \;\Rightarrow\; \underline{E}_0 = 5649,3\angle -10,3° = 132 f_{s2}\angle 0° - j\,0,8 f_{s2}\cdot I_{i2}\angle 0° \tag{10}$$

Al desarrollar la última Ecuación (10) en forma binómica se obtiene:

$$5649,3\cos 10,3° - j\,5649,3\,\mathrm{sen}10,3° = 132 f_{s2} - j\,0,8 f_{s2} I_{i2} \tag{11}$$

y al igualar en (11) las partes reales e imaginarias se obtiene:

$$5649,3\cos 10,3° = 132 f_{s2} \;\Rightarrow\; 5558,3 = 132 f_{s2} \;\Rightarrow\; f_{s2} = 42,1\ \mathrm{Hz} \tag{12a}$$

$$5649,3\,\mathrm{sen}10,3° = 0,8 f_{s2} I_{i2} \;\Rightarrow\; 1010,1 = 0,8\cdot 42,1\cdot I_{i2} \;\Rightarrow\; I_{i2} \approx 30\ \mathrm{A/fase} \tag{12b}$$

es decir, según estos resultados de las Ecuaciones (12a) y (12b), la frecuencia de funcionamiento es $f_{s2} = 42,1$ Hz y la corriente de inducido es $I_{i2} = 30$ A. Y de acuerdo con la primera Ecuación (7), la tensión aplicada debe ser:

$$U_{s2} = 132 f_{s2} = 132\cdot 42,1 = 5557,2\ \mathrm{V/fase} \tag{13}$$

En la Figura 9.6b se muestra la composición fasorial de las tensiones correspondientes. Y para calcular el par mecánico desarrollado por el motor en esta situación, hay que tener en cuenta que la velocidad de sincronismo a la que se mueve el motor vale:

$$n_{s2} = \frac{60 f_{s2}}{p} = \frac{60\cdot 40,2}{2} = 1206\ \mathrm{r/min} \tag{14}$$

por lo que el par del motor es:

$$T = \frac{P_{\mathrm{mec}}}{\Omega} = \frac{500000}{2\pi(1206/60)} \approx 3959\ \mathrm{N\cdot m} \tag{15}$$

9.9. Se tiene un motor síncrono trifásico con rotor cilíndrico de 10 polos y conectado en estrella y cuya tensión nominal es de 400 V, 50 Hz. La resistencia del inducido es despreciable y la reactancia síncrona a 50 Hz es de 1 Ω por fase. El motor mueve una carga cuyo par resistente es cuadrático y que sigue la ley $T_r = 20\,n^2$, donde T_r se mide en N·m y n es la velocidad angular del rotor en revoluciones por segundo. El factor de potencia con el que trabaja el motor es constante y es igual a 0,8 inductivo, lo que se consigue mediante el control de la corriente de excitación y con una relación constante del cociente tensión/frecuencia aplicado con un inversor. Si la frecuencia aplicada es de 40 Hz, calcular:

a) El par y la potencia de funcionamiento.

b) La corriente que circula por el inducido.

c) El ángulo de carga.

d) El par máximo o de desenganche del motor.

Nota. Se desprecian las pérdidas del motor.

Solución

Los parámetros asignados del motor son:

$$U_s = 400 \text{ V}; P_{\text{mec}} = 750 \text{ kW}; X_s = 1 \text{ }\Omega/\text{fase}; 2\,p = 10; \tag{1}$$
$$f = 50 \text{ Hz}; T_r = 20n^2; \cos\varphi = 0,8 \text{ inductivo}$$

a) Si se aplica al motor una frecuencia de 40 Hz y se mantiene constante el cociente U_s/f, la tensión compuesta que se aplica al motor es:

$$U_s = 400\frac{40}{50} = 320 \text{ V} \tag{2}$$

La reactancia síncrona del motor se modifica con la misma ley, es decir su valor a 40 Hz es:

$$X_s = 1 \cdot \frac{40}{50} = 0,8 \text{ }\Omega \tag{3}$$

y la velocidad de sincronismo nominal del motor a 40 Hz vale:

$$n_s = \frac{60 f_s}{p} = \frac{60 \cdot 40}{5} = 480 \text{ r/min} = 8 \text{ r/s} \tag{4}$$

por lo que el par resistente vale:

$$T_r = 20n^2 = 20 \cdot 8^2 = 1280 \text{ N} \cdot \text{m} \tag{5}$$

Éste es el par electromagnético que debe producir el motor en régimen permanente y por consiguiente la potencia mecánica desarrollada sería:

$$P_{\text{mec}} = T\Omega = 1280 \cdot 2\pi \frac{480}{60} = 64,34 \text{ kW} \tag{6}$$

b) Como quiera que el motor no tiene pérdidas, la potencia anterior será la potencia activa que absorbe el motor de la red y como quiera que el f.d.p. es igual a 0,8 (es decir, $\varphi \approx 36,9°$) se tiene la siguiente corriente absorbida por el inducido:

$$I_i = \frac{P}{\sqrt{3}U_s\cos\varphi} = \frac{64340}{\sqrt{3}\cdot 320 \cdot 0,8} = 145,1 \text{ A} \tag{7}$$

c) La f.e.m. de excitación por fase está relacionada con la tensión aplicada de la red y la caída de tensión en la reactancia síncrona por la ecuación:

$$\underline{E}_0 = \underline{U}_s - \text{j}X_s\underline{I}_i \tag{8}$$

Al sustituir valores, teniendo en cuenta que la tensión de alimentación de fase es $\underline{U}_s = 320/\sqrt{3} = 184,8$ V se tiene:

$$\underline{E}_0 = 184,8\angle 0° - j\, 0,8 \cdot 145,1\angle -36,9° \approx 147,9\angle -38,9°\ \text{V} \tag{9}$$

En la Figura 9.7 se muestra la composición fasorial de la relación anterior, donde se comprueba que el ángulo de carga δ, que es el que forman la f.e.m. E_0 y la tensión U_s es de acuerdo con (9) igual a 38,9°.

d) De acuerdo con el valor del ángulo de carga se puede comprobar que la potencia mecánica desarrollada por el motor es:

$$P_{\text{mec}} = \frac{3E_0 U_s}{X_s}\,\text{sen}\,\delta = \frac{3 \cdot 147,9 \cdot 184,8}{0,8}\,\text{sen}\,38,9° \approx 64360\ \text{W} \tag{9}$$

que lógicamente (salvo los errores de redondeo) coincide con el resultado anterior (6). Evidentemente la potencia anterior será máxima si el ángulo de carga es igual a 90° y en esta situación el par máximo desarrollado por el motor sería:

$$T_{\text{máx}} = \frac{P_{\text{máx}}}{\Omega} = \frac{3E_0\,U_s/X_s}{\Omega} = \frac{3 \cdot 147,9 \cdot 184,8/0,8}{2\pi\,480/60} \approx 2039\ \text{N}\cdot\text{m} \tag{10}$$

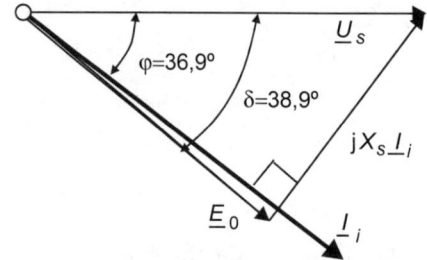

Figura 9.7

9.10. Un motor síncrono trifásico con rotor cilíndrico de 8 polos y conectado en estrella tiene una potencia nominal de 40 kW y una tensión asignada de 400 V, 50 Hz. La resistencia del inducido es despreciable y la reactancia síncrona a 50 Hz es de 1 Ω por fase. Se va a regular la velocidad de este motor mediante un inversor que mantiene una relación constante del cociente tensión/frecuencia. Si el motor funciona con el par de plena carga a una frecuencia de 40 Hz, en estas condiciones:

a) Calcular la corriente del inducido y el ángulo de carga si el motor trabaja con un factor de potencia unidad,

b) Si se mantiene el valor de la corriente del inducido calculada en el apartado anterior y se aumenta la corriente de excitación de los polos un 10 % y suponiendo el circuito magnético lineal, determinar el nuevo ángulo de carga y el factor de potencia con el que trabajará el motor.

c) En el caso anterior, calcular la potencia mecánica que da el motor en el eje.

Nota. Se desprecian las pérdidas del motor.

Solución

Los parámetros del motor son:

$$U_s = 400 \text{ V}; P_{\text{mec}} = 40 \text{ kW}; X_s = 1 \text{ } \Omega/\text{fase}; 2p = 8; f = 50 \text{ Hz}. \tag{1}$$

La velocidad de sincronismo nominal del motor vale:

$$n_s = \frac{60 f_s}{p} = \frac{60 \cdot 50}{4} = 750 \text{ r/min} \tag{2}$$

y como la potencia nominal es de 40 kW, el par asignado es:

$$T = \frac{P_{\text{mec}}}{\Omega} = \frac{40000}{2\pi \, 750/60} = 509,3 \text{ N} \cdot \text{m} \tag{3}$$

a) Si se mantiene constante el cociente U_s/f y la frecuencia aplicada al motor es de 40 Hz, la tensión compuesta que se debe aplicar al motor es:

$$U_s = 400 \frac{40}{50} = 320 \text{ V} \tag{4}$$

La velocidad de sincronismo y la reactancia síncrona a la frecuencia de 40 Hz son, respectivamente:

$$n_s = \frac{60 f_s}{p} = \frac{60 \cdot 40}{4} = 600 \text{ r/min} \; ; \; X_s = 1 \cdot \frac{40}{50} = 0,8 \text{ } \Omega/\text{fase} \tag{5}$$

Como el motor funciona con el par nominal de 509,3 N · m, la potencia mecánica desarrollada a 40 Hz vale:

$$P_{\text{mec}} = T \, \Omega = 509,3 \cdot 2\pi \frac{600}{60} = 32 \text{ kW} \tag{6}$$

y como el motor no tiene pérdidas, es también la potencia eléctrica activa que absorbe de la red. Teniendo en cuenta que el motor funciona con un f.d.p. unidad, la corriente que absorberá de la red será:

$$I_i = \frac{P}{\sqrt{3} U_s \cos\varphi} = \frac{32000}{\sqrt{3} \cdot 320 \cdot 1} = 57,74 \text{ A} \tag{7}$$

El valor de la f.e.m. de excitación por fase se obtiene de la relación:

$$E_0 = \underline{U}_s - j\,X_s\,\underline{I}_i \;\Rightarrow\; E_0 = \frac{320}{\sqrt{3}}\angle 0^\circ - j\,0,8\cdot 57,74\angle 0^\circ \approx 190,4\angle -14^\circ \text{ V} \tag{8}$$

es decir, la corriente de inducido es de 57,54 A y el ángulo de carga es $\delta = 14^\circ$.

b) Si se mantiene la corriente del inducido anterior y se aumenta la corriente de excitación de los polos un 10 % y al suponer que el circuito magnético es lineal, la nueva corriente del inducido será de la forma:

$$\underline{I}_i = 57,74\angle\varphi \tag{9}$$

Como la f.e.m. E_0 tenía un valor de 190,4 V, al aumentar la corriente de excitación un 10 % y siendo el circuito magnético lineal, la nueva f.e.m. será un 10 % superior a la anterior, es decir:

$$\underline{E}_0 = 190,4\cdot 1,1\angle -\delta = 209,44\ \angle -\delta \tag{10}$$

Teniendo en cuenta la relación:

$$\underline{E}_0 = \underline{U}_s - j\,X_s\,\underline{I}_i \;\Rightarrow\; \underline{U}_s = \underline{E}_0 + j\,X_s\,\underline{I}_i \tag{11}$$

y de acuerdo con las Expresiones (9) y (10) se puede escribir:

$$\underline{U}_s = \frac{320}{\sqrt{3}}\angle 0^\circ = 209,44\angle -\delta + j\,0,8\cdot 57,74\angle\varphi \tag{12}$$

que al desarrollar la expresión anterior resulta:

$$184,75\angle 0^\circ = 209,44\angle -\delta + 46,2\angle\left(90^\circ + \varphi\right) \tag{13}$$

Al igualar partes reales e imaginarias en la ecuación anterior se tiene:

$$184,75 = 209,44\,\cos\delta - 46,2\,\mathrm{sen}\,\varphi \;\Rightarrow\; \mathrm{sen}\,\varphi = 4,53\,\cos\delta - 4 \tag{14a}$$

$$209,44\,\mathrm{sen}\,\delta = 46,2\,\cos\varphi \;\Rightarrow\; \cos\varphi = 4,53\,\mathrm{sen}\,\delta \tag{14b}$$

y de las dos últimas ecuaciones resulta:

$$\mathrm{sen}^2\varphi + \cos^2\varphi = 1 = \left(4,53\cos\delta - 4\right)^2 + 4,53^2\,\mathrm{sen}^2\delta \tag{15}$$

de donde se deduce:

$$\cos\delta = \frac{35,52}{36,2} = 0,981 \;\Rightarrow\; \delta = 11,1^\circ \tag{16}$$

Llevando este resultado a la Ecuación (14b) se tiene:

$$\cos\varphi = 4,53\ \mathrm{sen}\ 11,1^\circ \approx 0,873 \;\Rightarrow\; \varphi \approx 29,1^\circ \tag{17}$$

es decir el nuevo ángulo de carga es de 11,1° y el f.d.p. es 0,873 capacitivo (en adelanto). En la Figura 9.8 se muestran los dos diagramas fasoriales, que en el caso a) corresponde a la situación inicial con f.d.p. unidad y en el caso b), cuando manteniendo la corriente de inducido se eleva un 10 % la excitación del motor, con lo cual aumenta la f.e.m. E_0 y la corriente se hace capacitiva adelantándose a la tensión.

c) La potencia eléctrica activa que absorberá el motor en las condiciones del apartado anterior es:

$$P = \sqrt{3}U_s I_i \cos \varphi = \sqrt{3} \cdot 320 \cdot 57,74 \cdot 0,873 \approx 27938 \text{ W} \qquad (18)$$

Como la potencia anterior es la potencia mecánica, se puede comprobar el resultado mediante la ecuación:

$$P_{\text{mec}} = \frac{3E_0 U_s}{X_s} \operatorname{sen}\delta = \frac{3 \cdot 209,44 \cdot 184,75}{0,8} \operatorname{sen}11,1° \approx 27935 \text{ W} \qquad (19)$$

que salvo errores de redondo coincide con el anterior (18).

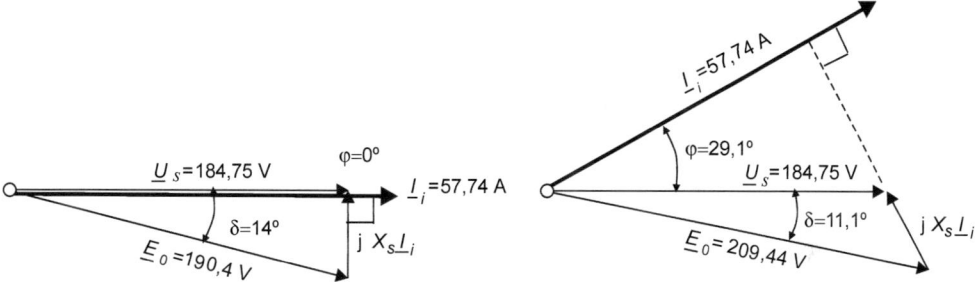

a) Diagrama fasorial con f.d.p. unidad   b) Diagrama fasorial con una f.e.m. un 10 % mayor

Figura 9.8